城市轨道交通建设精细化管理系列指南

城市轨道交通工程系统设备安装工艺精细化管理指南

常州地铁集团有限公司
江苏省土木建筑学会城市轨道交通建设专业委员会
组织编写

中国建筑工业出版社

图书在版编目（CIP）数据

城市轨道交通工程系统设备安装工艺精细化管理指南 / 常州地铁集团有限公司，江苏省土木建筑学会城市轨道交通建设专业委员会组织编写. -- 北京 ：中国建筑工业出版社，2024. 9. --（城市轨道交通建设精细化管理系列指南）. -- ISBN 978-7-112-30483-7

Ⅰ. U239. 5-62

中国国家版本馆 CIP 数据核字第 2024CM5127 号

城市轨道交通系统设备安装作为城市轨道交通建设的核心内容，其施工质量水平对保障城市轨道交通安全高效运营至关重要，系统设备安装工程涵盖专业较多、施工工艺繁杂，原有的管理方式已不能满足高质量发展的要求，迫切需要引入精细化管理理念来提升施工质量和管理水平。

本指南介绍了城市轨道交通工程中供电、站台屏蔽门、通信、信号、综合监控、火灾自动报警及气体灭火、自动售检票以及安防八个子系统的安装工序要求和安装工艺精细化管理要点，综合运用多个学科领域的专业知识，通过精细化管理和技术创新，持续提高安装工程的质量和效率，为城市轨道交通高质量发展贡献力量。

本指南适合城市轨道交通行业管理及技术人员参考使用。

责任编辑：万　李
责任校对：赵　力

城市轨道交通建设精细化管理系列指南
城市轨道交通工程系统设备安装工艺精细化管理指南
常州地铁集团有限公司
江苏省土木建筑学会城市轨道交通建设专业委员会　组织编写
*
中国建筑工业出版社出版、发行（北京海淀三里河路 9 号）
各地新华书店、建筑书店经销
霸州市顺浩图文科技发展有限公司制版
临西县阅读时光印刷有限公司印刷
*
开本：787 毫米×1092 毫米　1/16　印张：19½　字数：471 千字
2024 年 10 月第一版　　2024 年 10 月第一次印刷
定价：**130.00** 元
ISBN 978-7-112-30483-7
（43636）

《城市轨道交通工程系统设备安装工艺精细化管理指南》

主编单位　常州地铁集团有限公司

江苏省土木建筑学会城市轨道交通建设专业委员会

参编单位　中国铁路通信信号上海工程局集团有限公司

中铁十一局集团电务工程有限公司

中铁十二局集团电气化工程有限公司

中国铁建电气化局集团有限公司

南京消防器材股份有限公司

今创集团股份有限公司

重庆赛迪工程咨询有限公司

南京地铁建设有限责任公司

苏州市轨道交通建设有限公司

无锡地铁建设有限责任公司

徐州地铁集团有限公司

南通轨道交通集团有限公司

本书编审委员会

顾　　问　钱七虎　陈湘生　缪昌文　佘才高　金　铭　张　军　叶　军
朱明勇　吴志华

本书编写委员会

主　　任　张大春　徐　卿

副 主 任　董　毅　何伟杰

主　　编　高　爽　万山林

副 主 编　马海波　陆益锋　张健丰

编写人员（按姓氏笔画排序）

王　凯　王开材　王中萍　王文锴　戈泽伟　龙胜华　包　俊
吕晓锋　刘天翔　许　旺　孙　鹏　孙海林　李　飞　李　杰
杨　照　杨仁强　杨建忠　余　龚　狄春分　沈潇雄　宋文光
张　迪　张大春　张永良　张晓波　陈　浩　陈　超　郁宗成
郑业勇　赵东林　俞俊杰　贺雅萍　袁召亮　袁海林　袁德民
夏　兵　郭　凯　陶永龙　黄　超　常琪祯　韩　涛　景若飞
臧　渊　黎　平

本书审定委员会

主　　任　徐学军

委　　员　鲁　屹　罗　兵　尹振宗　黄少熔　孙舒森　李舜康　朱　刚
柳琳琳　肖培龙　秦　兵　贺雅萍　王　涛　雷剑波　刘新平
张　燕

序

城市轨道交通作为现代城市公共交通的骨干，对于缓解城市交通拥堵、提升城市居民出行效率和生活品质具有重要的作用。在城市轨道交通建设过程中，精细化管理理念的引入和应用，为这一庞大而复杂的系统工程注入了强大的动力和活力，是确保工程安全和高品质建设的关键所在。

精细化管理是一种管理理念和管理方式。它以专业化为前提、系统化为保证、数据化为标准、信息化为手段，把关注的重点聚焦到满足使用的需求上。其核心是“精、准、细、严”，强调精在“数据”、细在“创新”、化在“改变”，突出用创新手段提升水平，实现目标效益的最大化。实践证明，将精细化管理贯穿于城市轨道交通规划、设计、施工及运营维护管理的全过程，能够有效优化资源配置，提高工程建设效率，降低成本，确保工程质量和安全，提升项目的整体效益和可持续发展能力，为城市轨道交通建设带来显著的经济效益和社会效益。

本套“城市轨道交通建设精细化管理系列指南”具有以下显著特点：

突出工艺精细化。工艺的精细化是确保城市轨道交通工程质量的核心要素，本系列指南旨在设计、土建、机电、系统安装和装饰装修等专业从工艺上突出精细化，突出对工艺的精准和精细控制。

突出科技创新。随着科技的不断进步和发展，城市轨道交通建设需要持续推进科技创新，用科技创新来不断解决城市轨道交通建设中面临的难题和问题。本系列指南在编写过程中，注重总结在实践中涌现出来的行之有效的新工法和新成果。

突出工程创优。创建精品工程是城市轨道交通建设的重要目标，它不仅体现在工程的外观和质量上，更涵盖了工程的功能性、安全性、可靠性等多个方面。本系列指南总结了长期创优实践中涌现出来的创优经验，通过文字和图片直观反映创建精品工程的标准和要求，为创建精品工程提供参考。

城市轨道交通建设是一项关乎城市发展和民生福祉的重大工程，我们希望本套“城市轨道交通建设精细化管理系列指南”能够成为广大城市轨道交通建设者的得力助手，为提升我国城市轨道交通建设管理水平，推动城市轨道交通事业的高质量发展贡献一份力量。同时，我们也期待着在城市轨道交通建设领域，精细化管理理念能够得到更加广泛的应用和深入的实践，为城市轨道交通的可持续发展注入新的活力。

相信在广大城市轨道交通建设者的共同努力下，我国的城市轨道交通建设事业必将迎来更加辉煌的明天！让我们携手共进，以精细化管理为引领，铸就城市轨道交通建设的新辉煌！

中国工程院院士

2024 年 10 月

前　言

城市轨道交通系统设备安装工程是城市轨道交通建设的重要组成部分，直接关系到轨道交通系统能否顺利运行及后期运营安全和服务质量。随着社会经济的不断发展，人们对其施工质量提出了更高的要求。精细化管理作为一种科学的管理理念与行之有效的方法，着重于对管理过程进行精心的策划、准确无误的执行、精准的控制以及持续不断的精益求精。通过这样全面而细致的管理方式，能够切实提高管理效率，降低成本，显著提升质量。在城市轨道交通系统设备安装工程中，引入精细化管理理念和方法，对于确保系统设备安装的质量、安全和进度，提高城市轨道交通系统的运行效率和可靠性，具有至关重要的作用。江苏省土木建筑学会城市轨道交通建设专业委员会与常州地铁集团有限公司，经过精心筹划，组织建设、监理、施工等有关单位编写了本指南。

本指南编写组在广泛调研近年来省内外部分城市轨道交通系统设备安装工程工艺精细化先进做法的基础上，系统梳理了城市轨道交通系统设备安装工程主要工序中采用的新材料、新工艺、新技术、新方法，全面总结了城市轨道交通系统设备安装工程工艺精细化的典型做法，具有较强的实用性、指导性和可操作性。

本指南共分十一章，涵盖了供电、站台屏蔽门、通信、信号、综合监控、火灾自动报警及气体灭火、自动售检票、安防八个子系统，各系统安装分为工艺流程、精细化施工工艺标准、精细化管控要点、效果示例四个部分。第一章绪论，主要介绍了城市轨道交通系统设备安装工程工艺精细化的重要性、核心要点及理念、现状与展望；第二章总体策划，主要介绍了设计、质量、新技术应用、绿色环保、智能化、接口管理和安全等方面的策划；第三章通用工艺，主要介绍了支架安装、走线架及线槽安装、线缆敷设、桥架安装、防火封堵等各系统均涉及的施工工序；第四～十一章，主要介绍了供电系统、站台屏蔽门系统、通信系统、信号系统、综合监控系统、火灾自动报警系统及气体灭火系统、自动售检票系统、安防系统各自特有终端及柜内配线等安装工序要求，相应章节插入大量工程工艺精细化实景图片和案例。

本指南在编写过程中得到了省内外部分城市轨道交通相关单位和专家的大力支持和帮助，在此表示诚挚的感谢。同时，由于编者水平有限，难免存在一些不足和疏漏，敬请读者提出宝贵的意见和建议。

本书编审委员会
2024 年 10 月

目　　录

第一章

绪　论

城市轨道交通系统设备安装作为城市轨道交通建设的核心内容，其施工质量水平对保障城市轨道交通安全和高效运营至关重要。然而，系统设备安装工程涵盖专业较多、施工工艺繁杂，原有的管理方式已不能满足高质量发展的要求，迫切需要引入精细化管理理念来提升施工质量和管理水平。精细化管理将规范性和创新性结合起来，在系统设备安装工程应用中取得了显著的成效，推动了城市轨道交通系统设备安装工程质量水平的整体提升。

1.1 概述

城市轨道交通系统安装工程是这一庞大工程体系中的关键环节，它涵盖了信号、通信、供电、综合监控等多个核心子系统的安装、调试与系统集成。系统安装工程确保整个城市轨道交通系统的安全、可靠与高效运行，系统安装工程的精细化管理和工艺优化具有不可替代的重要性。

各个子系统的性能和它们之间的协同作用，直接关系到整个城市轨道交通系统的运行效能。因此，在追求精细化管理的过程中，必须对每个施工环节进行严格把控，从施工人员的技术水平、施工设备的性能到施工材料的质量，都必须达到预设的高标准。此外，通过定期的检查与维护，能够及时发现并解决可能存在的问题，从而确保系统的长期稳定运行。

值得一提的是，在推进精细化管理的同时，也高度重视环境保护和节能减排。在施工过程中，积极采取有效措施，力求将对周边环境的影响降到最低，减少噪声和污染物的排放。而在系统运行过程中，致力于通过优化各个子系统的性能，实现更为高效的节能减排，从而提升整体的运营效益。

展望未来，工艺精细化管理将成为推动城市轨道交通系统迈向更高发展水平的核心驱动力。

1.2 系统安装工艺精细化的作用及重要性

城市轨道交通系统安装工程工艺精细化对于确保系统的安全性、可靠性以及运行的高效性具有至关重要的作用。实施工艺精细化管理不仅能够在施工建设多个维度上展现其显著优势，还能为城市轨道交通的后期运营提供坚实的后盾。

1.2.1 系统安装工程工艺精细化的作用

轨道交通系统安装工程，涵盖了众多专业领域和全线所有区域。为了在整个系统中实现规范性和标准化，引入精细化管理显得尤为关键。其主要作用体现在以下 6 点：

1. 提升工程质量。通过精细化管理，包括优化工艺设计、严谨施工、精确调试以及系统集成，能够显著提高安装工程的质量，从而确保各个子系统的性能达到预期标准。这不仅降低了系统故障率，还大幅增强了系统的稳定性和可靠性，为城市轨道交通的安全运营提供了有力保障。

2. 缩短工程周期。精细化管理通过优化施工方案、提升施工效率以及合理安排工程进度，能够在不牺牲工程质量的前提下，有效缩短整体安装周期。这意味着城市轨道交通系统能够更迅速地投入服务，为城市居民提供更加便捷的交通方式，同时也提升了投资回报的速度。

3. 降低工程成本。通过精细化管理，减少不必要的返工和修复工作，能够显著降低工程成本。同时，提升施工效率和资源利用的有效性，进一步实现了成本优化。这对于投资方和运营方而言，是提升项目经济效益和吸引力的关键因素。

4. 增强运营安全。精细化管理提升工程整体质量、出色达到设计各项指标，确保了系统在投入运营后的安全性能，还提高了系统在紧急情况下的应对能力，从而有效保护乘客和运营方的安全。

5. 促进环境友好性。在工程施工过程中，精细化管理有助于减少对周边环境的影响，降低噪声和污染物排放。同时，通过优化各子系统的性能，还能实现节能减排，为城市的可持续发展做出贡献。

6. 推动技术创新和人才培养。在实施精细化管理的过程中，各参建单位将不断探索新工艺技术方法和管理手段，推动行业的技术创新。同时，对人员技能和素质的高要求也将促进行业整体人才水平的提升。

1.2.2　系统安装工程工艺精细化的重要性

工艺在质量管理中占据核心地位，它贯穿于材料准备、工具选择、人员配置到安装完成的整个过程。只有在安装过程中实现工艺精细化管理，安装质量才能得到有效控制。工艺精细化管理的重要性体现在以下 6 个方面：

1. 施工管理的高效性。精细化管理使得施工单位能够从施工准备阶段就开始合理配置人员、机具和材料，从而简化了施工技术交底，提升了工序安排的效率。这对于培养熟练工人、规范施工现场管理也大有裨益。同时，它也为监理、业主和政府监管部门提供了明确的质量管控参照。

2. 施工监管的便捷性。精细化管理通过详细分解每道工序的流程，并指出相应的质量管控要点，为监理、业主和政府监管部门提供了便捷的过程监督手段。这有助于及时发现并整改问题，避免大面积返工和重大质量问题的出现。

3. 施工工期的可控性。尽管城市轨道交通工程的工期较长，但实际上站后建设时间往往非常紧迫。精细化管理通过提升施工准备和组织效率，能有效预估和缩短工期，确保了项目的按时完成。

4. 整体质量的一致性。精细化管理通过统一的方法和标准，确保了安装效果的一致性，从而显著提升了城市轨道交通工程建设的整体质量。

5. 施工技术的提升与创新。精细化管理不仅提升了整体施工技术水平，还为创新工艺的推广提供了平台。

6. 运营维护的简便性。精细化管理使得运营的系统工程整体标准化和规范化，能够指导维护人员及时发现问题并有效解决，从而确保了城市轨道交通系统的稳定运营。

城市轨道交通系统安装工程的工艺精细化管理在提升工程质量、效率、安全性以及推动技术创新等方面发挥着举足轻重的作用。随着城市轨道交通建设的不断深入，精细化管理将成为推动行业高质量发展的关键力量。

1.3　系统安装工程工艺精细化的要点及理念

城市轨道交通系统作为现代城市交通的重要组成部分，其安装工程的质量直接关系到系统的安全、稳定和高效运行。因此，在施工过程中实施工艺的精细化控制和管理至关重要。精细化控制和管理旨在通过精确的工艺设计和控制、先进的施工工艺以及创新的管理方法，确保安装工程的每一个环节都达到最优化的状态。

1.3.1 精细化管理的核心要素

精细化管理的核心在于对工艺的精确设计、把握和对创新的不断追求。在施工过程中，强调对每一项工艺参数的精确测量和记录，确保每一步操作都基于可靠的数据支持。同时，应鼓励施工团队不断探索新的施工方法和技术，通过创新提升施工效率和质量。

1.3.2 轨道交通特点与关键工艺的精细化

城市轨道交通系统安装工程具有其独特性，如供电系统的复杂性、通信信号的精确性要求等。在精细化管理过程中，应特别关注这些特点，并针对关键工艺如轨道铺设、电缆敷设、设备安装等进行精细化操作。通过引入先进的施工设备和技术，以及对施工人员的专业培训，确保每一个施工环节都达到精细化管理的要求。

1.3.3 精细化管理在施工过程中的体现

在施工过程中，精细化管理体现在以下几个方面：

1. 施工方案和计划的精细化制定。根据工程特点和实际情况，制定详细的施工方案和计划，明确每个阶段的目标和时间节点，确保施工进度的精准控制。

2. 施工过程的实时监控。通过引入先进的监控系统，对施工过程进行实时监控和数据采集，及时发现问题并进行调整，确保施工质量。

3. 质量控制的严格执行。在施工过程中，严格按照质量标准进行检查和验收，对不合格项进行及时整改，确保工程质量的精细化控制。

4. 安全管理的全面加强。通过加强安全培训和现场监管，确保施工过程中的安全可控，防范安全事故的发生。

针对轨道交通系统工程的特点和典型工艺，在施工过程中，精细化控制和管理体现在施工计划的制定、施工过程的实时监控、质量控制的严格执行以及安全管理的全面加强等方面。通过这些措施，确保城市轨道交通系统安装工程的质量、安全和效率，为今后的轨道交通系统工程设计和施工提供有力的指导。

1.4 系统安装工程工艺精细化的现状与发展

随着城市轨道交通系统在全球范围内的蓬勃发展，系统安装工程工艺的精细化已成为行业进步的重要标志。精细化不仅关乎工程质量、周期和成本，更代表着行业的创新能力和竞争力。

1.4.1 现状

近年来，城市轨道交通系统安装工程工艺精细化在全球范围内，尤其是先进国家和地区，已取得了显著成果。这些成果主要体现在以下 4 个方面：

1. 技术创新与工具应用。借助计算机技术和信息技术的飞速发展，建筑信息模型（BIM）和地理信息系统（GIS）等先进设计工具已在城市轨道交通系统设计中得到广泛应用。这些工具不仅提高了设计的精准度和效率，还为精细化管理提供了强大的数据支持。

2. 施工工艺方法的革新。在城市轨道交通系统安装工程中，越来越多的项目开始采用模块化、预制化的施工方法。这种方法减少了现场施工的复杂性，大幅提升了施工效率，并有助于保证工程质量。

3. 管理体系的完善。为实现精细化管理，行业内已广泛采用项目管理、质量管理和进度管理等一系列先进的管理手段。这些手段不仅提高了资源的有效利用率，降低了工程成本，还有力保障了工程的进度和质量。

4. 环保与节能的重视。面对全球城市化与环境问题，城市轨道交通系统安装工程领域也在积极响应，采取措施减少对周边环境的影响。同时，在系统运行过程中，通过优化供电、通信、车辆等子系统的性能，努力实现节能减排。

1.4.2 发展

展望未来，城市轨道交通系统安装工程工艺精细化将在5个维度实现更为深远的发展：

1. 智能化与自动化的推进。随着数字化、网络化和智能化技术的不断进步，未来的城市轨道交通系统安装工程将更加依赖智能化设计和施工技术。利用人工智能技术优化设计方案，提高设计质量；同时，智能施工设备和机器人的应用将进一步提升施工过程的自动化水平。

2. AI大数据模型的应用。随着人工智能技术的不断发展，AI大数据模型将在工艺精细化管理中发挥越来越重要的作用。这些模型能够通过对大量历史数据的学习和分析，提供更准确的预测和决策支持。例如，利用AI大数据模型可以对施工过程中的各种风险因素进行实时监测和预警，从而提高工程的安全性和可靠性。

3. 绿色与可持续性的强化。环保和可持续发展将成为未来城市轨道交通系统安装工程的重要考量。通过广泛采用环保材料和技术，以及不断优化系统性能，实现能源的高效利用和运营成本的降低，从而推动行业的绿色发展。

4. 协同与一体化的深化。为实现更高效的精细化管理，未来城市轨道交通系统安装工程将更加注重各环节之间的协同和一体化。通过BIM技术实现设计、施工、运营等各环节的信息共享和协同工作；同时，加强与相关部门和单位的沟通与合作，实现资源的优化配置和高效利用。

5. 国际化与标准化的拓展。随着城市轨道交通系统的全球化发展，中国轨道交通建设力量与国际上的交流与合作将日益频繁。制定并推广统一的国际标准和规范，促进技术和管理经验的共享与传播，将成为行业发展的重要方向。

城市轨道交通系统安装工程工艺的精细化在现状和发展方面都呈现出积极的态势。在未来的发展中，随着技术的不断创新和管理体系的持续完善，城市轨道交通系统将以更加精细、高效、环保的面貌服务于社会大众。

第二章

总体策划

为确保城市轨道交通系统安装工程的工艺精细化，以及实现工程的高效化、安全化和环保绿色化，首先应进行总体策划。旨在为工程的规划、设计、施工及验收等各个环节提供明确的指导，以确保工程质量，并使其具备长久的指导价值和生命力。

2.1 设计策划

1. 前期准备

对城市轨道交通系统安装工程的工艺精细化管理进行全面、详细的设计，必须明确工程所需遵循的技术标准，深入研读施工图纸和设计文件，确保对工程的全面了解；进行现场勘查，明确施工环境、地质条件等实际情况；制定详细的施工组织设计，明确施工工艺流程、施工顺序、施工方法。

2. 人员与技术管理

选拔有经验和专业技能的施工人员。加强技能培训和安全教育，提高施工人员的素质和安全意识。引入先进的施工技术和管理方法，如 BIM 技术、信息化管理系统等。定期对施工人员进行技能考核和评估，确保施工水平持续提升。

3. 材料与设备管理

建立严格的材料进场检验制度，严格把控材料质量，确保所有材料符合工程要求。建立材料追溯制度，确保材料使用的可追溯性。设立临时周转仓库，对不能立即安装的设备进行妥善保管。定期对施工设备进行维护和保养，确保设备状态良好。

4. 风险控制与应对

针对施工过程中可能出现的风险因素进行有效识别，如技术风险、经济风险、自然风险等。制定风险应对措施和预案，确保工程顺利进行。建立风险预警机制，及时发现并处理潜在风险。

2.2 质量策划

1. 施工质量控制

建立严格的质量控制体系是确保施工质量满足设计要求的关键。在施工过程中，应对各环节进行全面监控，包括材料采购、施工工艺、质量检测等。通过定期的质量检查和抽查，及时发现并纠正施工过程中的质量问题，确保工程质量的稳定性和可靠性。

2. 质量控制机制

为确保施工质量，必须建立全面的质量控制机制。该机制包括制定详尽的质量控制计划，明确质量控制目标和各环节要求，并建立科学的质量检测和评价体系。特别重要的是，应实施首件或样板验收制度，通过先行施工并严格验收样板工程，验证施工方案的可行性和施工队伍的技术水平，确保全面施工前已满足质量标准。这一制度的引入，为整体工程的质量提供了有力保障，有效降低了质量风险。通过这一机制，将持续提升城市轨道交通系统安装工程的整体质量。

3. 工程验收流程

工程验收是确保工程质量符合预期要求的最后一道关卡。因此，必须制定明确的工程验收流程，包括验收标准、验收程序、验收人员等。在验收过程中，应严格按照流程进行，确保每一个验收环节都得到有效执行。同时，应建立验收记录和档案管理制度，以便后续查阅和追溯。

4. 质量问题预防与处理

加强质量问题的预防工作是提高工程质量水平的重要手段。在施工过程中，应定期对可能出现的质量问题进行排查和预防，制定相应的预防措施和应急预案。一旦发现质量问题，应立即采取措施进行处理和修复，确保工程质量的稳定性和安全性。同时，应建立质量问题台账和分析报告制度，为后续工程提供经验和借鉴。

2.3　新技术应用策划

1. 技术调研

识别当前城市轨道交通系统安装工程中存在的技术瓶颈和难题，了解国内外在轨道交通系统安装工程中应用的新技术及其发展趋势。对城市轨道交通系统的新技术、新工艺进行调研，了解其实际应用案例和效果。

2. 技术评估

对调研的新技术进行可行性评估，包括技术成熟度、经济效益、安全性等方面。确定其是否适用于城市轨道交通系统安装工程，评估新技术的技术成熟度、稳定性和可靠性；与现有技术体系的兼容性和集成性；对城市轨道交通系统安装工程工期、质量、安全等方面的影响；与现有技术的投资成本和运营成本进行比较分析，并结合实际应用案例，确定是否适合应用。

3. 技术应用方案

根据评估结果，制定具体的新技术应用方案，包括技术引入、人员培训、施工调整等，明确新技术在轨道交通系统安装工程中的应用范围、方法和步骤，确保新技术应用过程中的质量、安全和效率，并建立相应的监控机制，确保新技术应用的顺利进行。

2.4　绿色环保策划

1. 环保、绿色施工策略

制定并实施环保施工策略是减少施工对环境负面影响的有效措施。在施工过程中，应注重节约资源、减少污染排放和保护生态环境等方面的要求。通过采用环保技术和绿色建材等措施，降低能耗和减少废弃物排放，实现绿色建造和可持续发展目标。

2. 绿色建材与技术选择

优先选用绿色建材和环保技术是实现绿色建造的重要途径。在施工过程中应尽量选择具有环保认证、低能耗、无污染或低污染的建筑材料和技术。这不仅可以降低工程对环境的负担，还能提高工程的可持续性和长期效益。同时，应积极推广和应用新型绿色建筑材料和技术，促进环保产业的创新和发展。

3. 绿色施工监控

为确保绿色施工要求的落实，必须对施工过程中的环保措施进行实时监控。通过安装环境监测设备、建立施工现场环境管理台账等方式，对施工现场的噪声、扬尘、废水排放等进行实时监测和记录。一旦发现问题，应立即采取措施进行整改，确保施工活动符合环保法规和标准。

4. 绿色施工评估

为确保绿色施工目标的实现，应建立绿色施工评估机制。定期对绿色施工的实施情况进行检查和评估，评估内容应包括绿色建材的使用情况、节能技术的应用效果以及施工过程中的环保措施执行情况等。评估结果应作为工程质量管理的重要依据，并及时向相关部门和社会公众公布，接受社会监督。同时，应根据评估结果不断完善绿色施工方案和措施，提高绿色施工水平。

2.5 智能化策划

1. 智能化系统规划

智能化系统规划决定了整个系统的结构、功能、性能和运行效率。在规划阶段，需要考虑以下几个方面：

（1）需求分析。根据城市轨道交通系统的实际需求和未来发展趋势，分析系统所需的功能和性能要求，明确智能化系统的主要任务和目标。

（2）系统设计。基于需求分析的结果，设计智能化的轨道交通系统架构，包括信号系统、供电系统、通信系统等各个子系统的设计和优化。

（3）技术方案选择。根据系统设计的要求，选择适合的技术方案，包括采用先进的自动化、信息化和智能化技术，提高系统的运行效率和安全性。

2. 智能化设备选型

设备选型直接关系到系统的稳定性和可靠性，需要综合考虑其性能、兼容性、可靠性和成本等因素。根据系统设计的要求，选择具有高性能、高可靠性和高安全性的设备，确保系统能够稳定运行；同时考虑设备的兼容性和可扩展性，确保不同设备之间能够相互协作，满足系统升级和扩展的需求；在满足性能要求的前提下，选择性价比高的设备，降低系统的建设和运营成本。

3. 智能化集成

智能化集成是将各个子系统和设备集成到一个统一的智能化系统中，实现信息的共享和交互，提高系统的整体运行效率和服务质量。在智能化集成时，需要考虑以下几个方面：

（1）制定统一的数据接口标准，确保不同子系统和设备之间的数据能够相互传输和共享。

（2）通过信息集成技术，将各个子系统的信息集成到一个统一的平台上，实现信息的集中管理和处理。

（3）加强网络安全防护，确保系统数据的安全性和保密性，防止网络攻击和数据泄露等安全问题。

2.6 接口管理策划

1. 接口需求分析

城市轨道交通系统安装工程的接口管理，是确保系统各部分顺利集成、高效运行的关键环节。首先需明确系统所需的接口类型（如信号与通信接口、车辆与轨道接口等），分析接口的功能需求，包括数据传输速率、稳定性、安全性等，考虑接口与其他系统的兼容性和扩展性，以满足未来系统的升级和扩展。

2. 接口设计

根据接口需求，制定统一的接口设计规范，包括数据格式、通信协议、接口参数等，设计合适的接口方式和协议，确保系统之间的互联互通。设计硬件接口时，确保设备之间的稳定连接和信号传输质量。设计软件接口时，明确接口函数、调用方式、返回值等，确保软件之间的无缝对接。在设计中充分考虑系统的安全性，采取数据加密、访问控制等安全措施。

3. 接口测试

制定详细的测试计划，包括测试目标、测试方法、测试环境等。编写覆盖所有接口功能的测试用例，确保接口功能的全面测试。对接口进行测试并记录测试结果和验证，确保接口的正确性和稳定性。对发现的问题进行及时修复和验证。

4. 接口文档管理

建立接口文档管理制度，确保接口文档的准确性和完整性。对接口文档进行定期更新和维护。

2.7　安全策划

1. 安全施工规范

制定并执行施工安全规范是保障施工人员和工程安全的重要措施。在施工过程中，应严格遵守安全操作规程和施工安全标准，确保施工人员的生命安全和身体健康。同时，应定期对施工现场进行安全检查和安全评估，及时发现并纠正安全隐患。

2. 风险管理与应对措施

预测并评估施工风险是保障工程顺利进行的重要环节。在施工过程中，应对可能出现的风险进行预测和评估，制定相应的应对措施和应急预案。通过加强风险管理，降低施工过程中的不确定性和风险因素，确保工程的顺利进行和人员的安全。

3. 安全培训与应急响应

加强施工人员的安全培训是增强安全意识的有效途径。在施工过程中，应定期对施工人员进行安全教育和培训，增强他们的安全意识和操作技能。同时，应建立完善的应急响应预案和救援体系，确保在突发事件发生时能够及时响应和处理。通过加强应急响应能力建设，最大程度地减少事故损失和人员伤亡。

第三章

通用工艺

通用工艺是针对多个系统都有所涉及的同一个工序，制定出统一化、标准化的精细化要求。本章将系统安装工程通用工艺划分为区间支架安装、区间环网电缆敷设、区间漏缆敷设、区间光电缆敷设、区间光电缆引入、区间通信设备安装、保护管安装、桥架安装、走线架及线槽安装、设备房线缆敷设、机柜及底座安装、蓄电池安装、接地安装、防火封堵、系统标识标牌等内容。

3.1 区间支架安装

区间支架分为强电支架和弱电支架，原则上强弱电支架应分开安装。区间支架是区间35KV环网电缆、区间光电缆的敷设通道，根据隧道壁形状可分为弧形支架和直臂支架。车站明挖段支架固定方式宜采用后扩底锚栓、化学锚栓；盾构区间应采用预埋槽道或预埋套筒方式安装支架。

3.1.1 施工流程

1. 安装支架宜在轨道铺设完成后进行。

2. 安装前应核对疏散平台步梯、人防门穿缆孔洞、联络通道等位置。

3. 车站端头井及其他特殊部位根据现场情况定制特殊支架。

区间支架安装施工流程如图3-1-1所示。

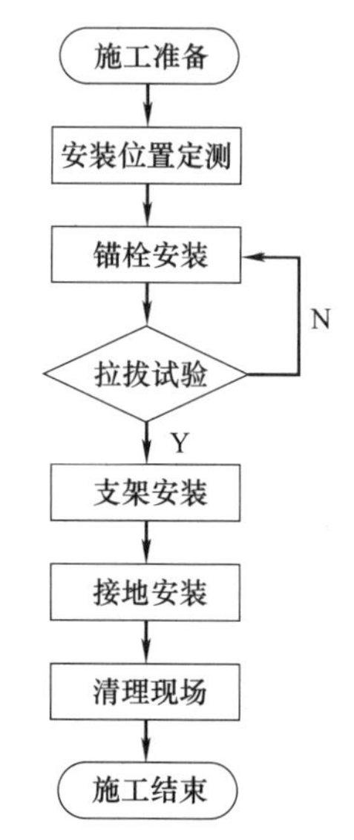

图3-1-1 区间支架安装施工流程图

3.1.2 精细化施工工艺标准

1. 区间支架及附件进场时应进行检查，其型号、规格、质量应满足设计要求。

2. 支架的安装位置、安装方式、安装间距应满足设计要求。

3. 锚栓/螺栓安装应符合下列规定：

(1) 锚栓/螺栓的规格、位置、紧固应符合设计要求。

(2) 锚栓安装时，锚栓的孔径、深度、强度应满足规范及设计要求，并应按国家规定进行相关测试。

(3) 采用T形螺栓安装时，应连接牢固无滑动。

(4) 预埋套筒专用配套螺栓的规格型号应与管片内预埋套筒匹配。

4. 支架不应安装在具有较大振动、热源、腐蚀性滴液及排污沟道的位置，也不应安装在具有高温、高压、腐蚀性及易燃易爆等介质的工艺设备、管道及能移动的构筑物上。

5. 支架应安装牢固，支架之间应按设计要求电气连接，并应在站端与综合接地体连接；当区间有接地极时，支架应与区间接地极连接；接地连接处应进行防腐处理。

6. 当支架在带有坡度的隧道内安装时，支架应与隧道的坡度相平行；当支架在带有弧度的隧道壁上安装时，支架应与隧道壁的弧度吻合密贴。

7. 支架在安装前应经热镀锌等防腐处理。安装用锚栓应垂直于安装面，胀管应全部在面下。当采用预埋槽时，应采用T形锚栓连接牢固。

8. 支架安装应横平竖直、整齐美观；在同一直线段上的支架安装间距应均匀，同层托臂应在同一水平面上。

9. 接地安装应符合下列规定：

（1）支架接地应采用镀锌扁钢或铜覆钢连接，在车站端与综合接地体连接。

（2）镀锌扁钢采用螺栓搭接时，应采用双螺栓连接，两接地扁钢间的搭接长度不得小于扁钢宽度的2倍。采用焊接时，接地扁钢搭接处的焊接长度应为接地扁钢宽度的2倍，至少有3个棱边满焊，焊接牢固，焊缝周围光滑平整，焊缝处应涂刷防锈漆防腐。

（3）采用铜覆钢连接时，铜覆钢应置于支架底层托臂用Ω形夹具固定连接，两根铜覆钢连接应采用放热式焊接，搭接长度应不小于直径的6倍。

3.1.3　精细化管控要点

1. 同层电缆支架应与钢轨中心线走向平行，同一电缆支架的锚栓连线应垂直于钢轨中心线，电缆支架不得安装在盾构管片手孔的上方。

2. 采用后扩底锚栓安装时，应按规定位置、深度和孔径钻孔，孔深误差范围±2mm。用气筒清孔保证孔壁清洁，放置固定物后，利用力矩扳手根据该锚栓的力矩要求值锁紧螺母并扭紧至规定力矩值。

3. 采用化学锚栓安装时，应按规定位置、深度和孔径钻孔，孔深误差范围－3/＋5mm。用气筒及钢刷清孔，保证孔壁清洁。旋入锚杆至合适预埋深度，在初凝时间不允许扰动螺栓。

4. 采用T形螺栓安装时，应去除锚栓安装位置滑槽内防护条，将T形螺栓插入滑槽旋转90°，锚栓固定端卡在滑槽内。

5. 锚栓/螺栓安装完成后，应与隧道壁垂直。

6. 每个区间或每一段锚栓安装完成后，应进行拉拔力试验。

7. 全线接地扁钢应保持电气连通，在伸缩缝及沉降缝处采取补偿措施。

3.1.4　效果示例

1. 安装示意图

弧形支架及直臂支架安装示意图如图3-1-2、图3-1-3所示。

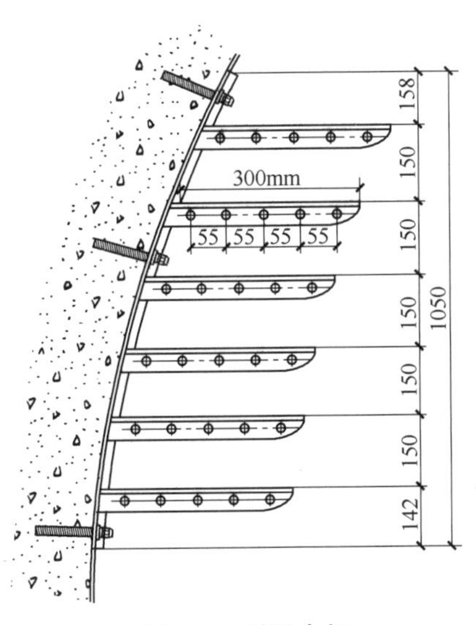

图3-1-2　弧形支架

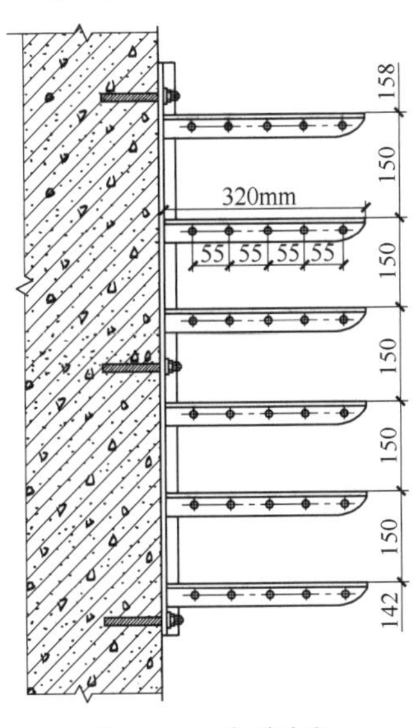

图3-1-3　直臂支架

2. 实物效果图

各类安装实物效果图如图 3-1-4～图 3-1-9 所示。

图 3-1-4　弧形支架安装

图 3-1-5　直壁支架安装

图 3-1-6　联络通道处支架安装

图 3-1-7　预埋槽支架安装

图 3-1-8　支架铜覆钢接地

图 3-1-9　支架扁钢接地

3.2 区间环网电缆敷设

环网电缆是将主变电所与站场牵引降压变电所之间联通起来，形成中压网络，并进行电能传输的通道。

3.2.1 施工流程

1. 外部环境和接口检查

（1）施工前应对电缆敷设路径进行摸排，根据图纸及现场实际情况确定电缆的具体敷设路径。

（2）电缆盘吊装入位时应检查出线方向是否正确，电缆用牵引车组敷设时，电缆应从电缆盘上方引出，往车尾方向敷设。吊装严格按照相关规范及管理办法进行，过程中加强安全防护。

2. 流程图

环网电缆施工流程如图 3-2-1 所示。

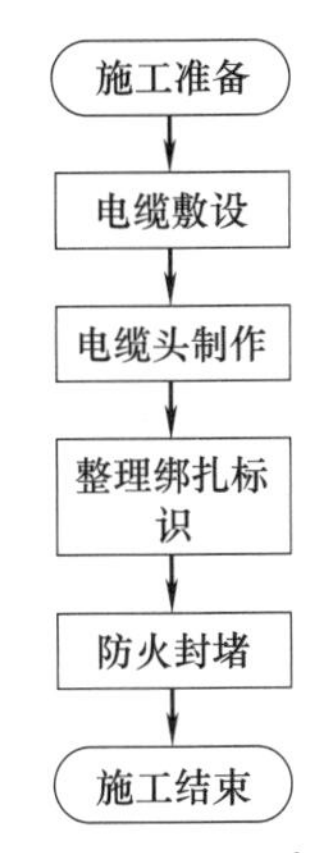

图 3-2-1 环网电缆施工流程图

3. 施工后注意事项

（1）电缆敷设完成后在转角、伸缩缝、中间头两端、进出变电所电缆夹层等处，应留有一定余量，不能出现外观磨损等情况。

（2）电缆头制作后，应内实外美，不应出现鼓包等情况。

3.2.2 精细化施工工艺标准

1. 作业车应严格控制行进速度，不超过 5km/h。

2. 合理布置转角滑轮、地滑轮。在电缆出作业车处、电缆转角处和其他电缆会摩擦的地方应布置转角滑轮；在电缆放在地上的区段每隔 8～10m 放置地滑轮，避免出现电缆损伤。

3. 车站内敷设电缆，施工人员应有良好的协同性，由专人统一指挥，施工人员听从口令统一执行。

4. 电缆在敷设过程中，在拐弯处、中间接头、电缆竖井和终端头处应按设计要求留有一定余量，在电缆竖井处确保电缆预留弧度和弯曲半径符合设计要求，并用电缆卡箍固定。

5. 敷设过程中如需切割电缆，切割后应当立即使用专用的热缩封帽对切割处进行保护。

6. 电缆头制作过程严格按照生产厂商提供的说明书进行剥离，各项参数符合要求。

7. 电缆在接头两侧应预留，预留量不少于 2000mm。

8. 终端头处应在电缆夹层内预留，预留量不少于 5000mm。

9. 电缆在终端头、中间接头、拐弯处、电缆夹层内及竖井的两端、电缆入井等处设标识牌，标识牌字迹清晰，挂装牢固。电缆相序排列为面向受电侧从左至右依次是 A 相、B 相和 C 相。

10. 防火封堵应密实可靠，防火堵料厚度不小于 20mm。

3.2.3 精细化管控要点

1. 电缆进场验收应符合下列规定：

（1）型号、规格、质量应符合设计和合同要求；

(2) 合格证、质量检验报告等质量证明文件应齐全；

(3) 电缆应无绞线、压扁、护套损伤、表面严重划伤等缺陷。

2. 电缆单盘测试应符合相关规范要求。

3. 电缆在敷设过程中，每隔 100m、电缆过轨处、电缆竖井上下口、中间接头和终端头均用白色记号笔标记，标记内容包括电缆编号、电缆的起点、终点、电缆的相序。

4. 电缆引入到车站开关柜下，应做好预留。

5. 电缆保护管口光滑、无毛刺，固定牢靠，防腐良好，弯曲半径不小于电缆的最小允许弯曲半径，保护管口封闭严密。

6. 在拐角处、与建筑物接触的边、沿、角及过轨处应垫橡胶皮，以避免电缆热胀冷缩造成电缆的磨损。

7. 电缆头制作，从外护套剥离到完成应连续作业，一次性完成，防止受潮。

8. 在接入设备时，应使用无水乙醇和无尘纸清洁终端头和设备插孔。

3.2.4 效果示例

1. 安装示意图

电缆头安装示意图如图 3-2-2 所示。

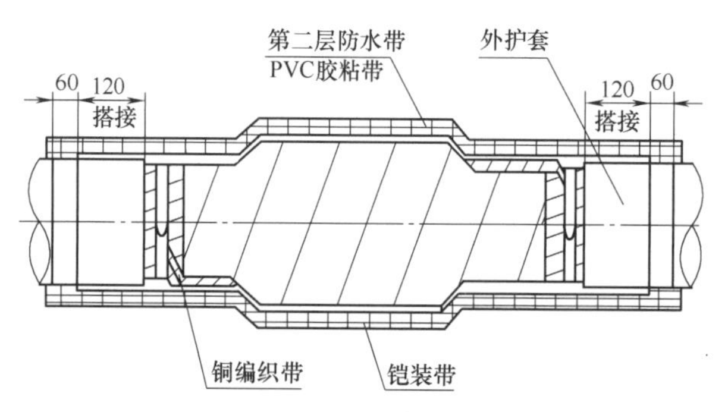

图 3-2-2 电缆头安装示意图

2. 实物效果图

各类安装实物效果图如图 3-2-3～图 3-2-7 所示。

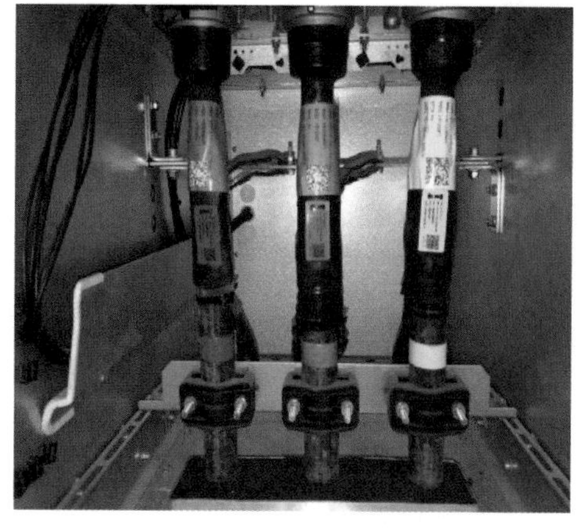

图 3-2-3 电缆头安装

图 3-2-4 电缆标识安装清晰

图 3-2-5　人防门处电缆分层排布

图 3-2-6　环网电缆刚性固定牢靠

图 3-2-7　电缆预留弧度一致

3.3　区间漏缆敷设

区间漏缆是为了让无线通信系统的信号能够覆盖区间，使无线通信系统功能在区间得到应用。区间漏缆一般采用漏缆夹具固定，在端头井等特殊部位可采用钢丝承力索吊挂。

3.3.1　施工流程

应组织径路复测，明确各区段漏缆固定方式及长度，统计各类型漏缆夹具、支架、钢丝承力索的规格型号和数量。

区间漏缆敷设施工流程如图 3-3-1 所示。

3.3.2　精细化施工工艺标准

1. 漏缆、馈线及配套器材进场验收应符合下列规定：

（1）型号、规格、质量应符合设计和订货合同要求；

（2）合格证、质量检验报告等质量证明文件应齐全；

（3）漏缆和馈线应无压扁、护套损伤、表面严重划伤等缺陷。

2. 漏缆单盘检测应符合下列规定：

（1）内外导体直流电阻、绝缘介电强度、绝缘电阻等直流电气特性应符合设计要求。

（2）特性阻抗、电压驻波比、标称耦合损耗、传输衰减等交流电气特性应符合设计和订货合同要求。

3. 单盘检测结束，应使用热缩封帽对漏缆两端进行密封。

4. 漏缆夹具的安装应符合下列规定：

（1）漏缆夹具的安装位置、间隔、强度及距钢轨面的高度应符合设计要求。

（2）当漏缆夹具固定在支架上时，支架的安装位置、安装强度及距钢轨面的高度应符合设计要求。

（3）漏缆防火夹具的设置应符合设计要求。

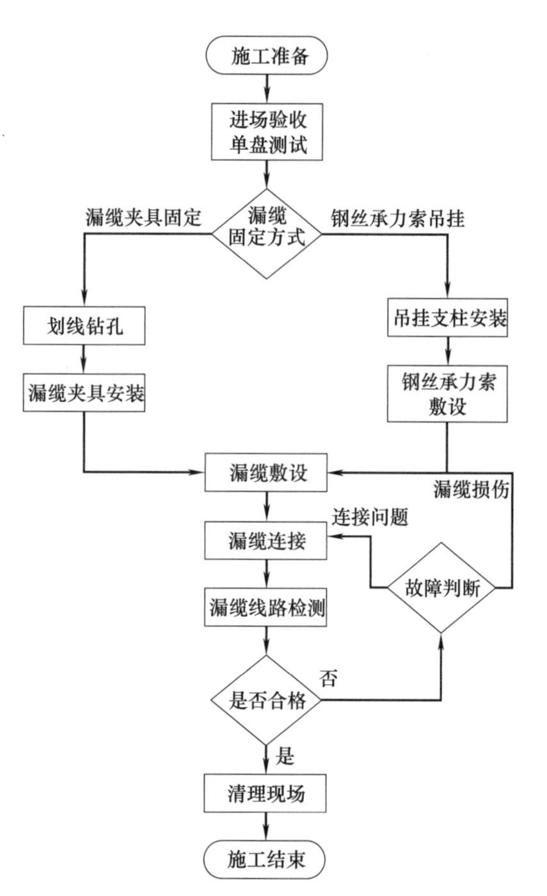

图 3-3-1　区间漏缆敷设施工流程图

5. 用十字点标注夹具位置，水平方向间距 1000mm，多条基准线的夹具位置上下对齐；预埋滑槽的隧道内夹具间距以预埋滑槽间距为准。

6. 漏缆夹具应安装稳固，开口方向应一致。

7. 漏缆吊挂支柱安装应符合下列规定：

（1）位置、高度及埋深应符合设计要求。

（2）防雷接地应符合设计要求。

（3）基础的浇筑方式和强度应符合设计要求。

（4）漏缆吊挂支柱不得侵入设备限界。

8. 漏缆吊挂在接触网杆上时，吊挂高度应符合设计要求，支架与接触网杆应连接牢固。

9. 漏缆吊挂用吊线敷设的安装方式应符合设计要求，并应吊挂牢固。

10. 沿漏缆路径敷设钢丝承力索，一个敷设段完成后应及时拉紧，钢丝承力索与支架连接应牢固。

11. 漏缆敷设应符合下列规定：

（1）漏缆应固定牢靠，安装件的固定间隔应符合设计要求。

（2）隧道内漏缆架挂位置、漏缆的开口方向应符合设计要求。

（3）漏缆不应急剧弯曲，弯曲半径应符合该型号规格漏缆产品的工程应用指标要求。

（4）漏缆敷设不得侵入设备限界。

12. 隧道外区段漏缆吊挂后最大下垂幅度应在150～200mm范围内。

13. 敷设过程中，漏缆不得在地面拖行。

14. 漏缆接头应连接可靠，装配后接头外部应按设计要求进行防护。

15. 连接漏缆的跳线盘圈固定在隧道壁上，盘圈直径一般为350～400mm。

16. 测试漏缆线路下列指标应符合设计要求：

（1）内、外导体直流电阻，绝缘介电强度，绝缘电阻。

（2）工作频段内电压驻波比和传输衰减。

3.3.3　精细化管控要点

1. 根据路线复测台账和漏缆单盘长度，应合理配盘，尽量减少漏缆接头数目。

2. 漏缆敷设宜采用人工抬放。若采用机械施工，电缆盘不得卡阻，载运轨道车不得猛启动或急刹车。

3. 漏缆的外导体槽孔方向应朝向列车方向，漏缆护套标识线应朝向漏缆夹具。

4. 锯断漏缆时，应及时清除断口处的锯屑和杂物，防止锯屑和杂物进入漏缆内部。

5. 漏缆接续后的测试中，轻轻敲击接头处，观察万用表数值变化，以检查漏缆接头的电气连接是否牢固、可靠。

3.3.4　效果示例

1. 安装示意图

漏缆连接示意图如图3-3-2所示。

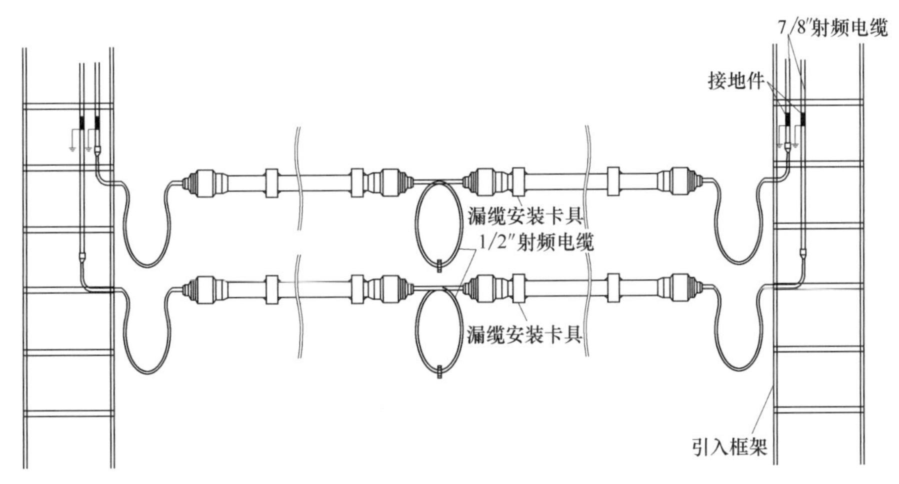

图3-3-2　漏缆连接示意图

2. 实物效果图

安装实物效果图如图3-3-3、图3-3-4所示。

图 3-3-3　漏缆夹具固定

图 3-3-4　钢丝承力索吊挂

3.4　区间光电缆敷设

区间光电缆一方面是为了沟通车站之间的系统设备，实现系统功能，另一方面是连接区间设备及终端，是系统功能对区间的延伸覆盖。

3.4.1　施工流程

1. 应组织径路复测，明确各区段光缆、电缆长度。

2. 根据径路复测结果，结合线缆引入口至设备房敷设长度、结构层高度、区间径路长度及预留长度，确定合适的光缆、电缆盘长。

3. 应检查人防门孔洞、过轨预留管道情况，区间支架已完成施工。

区间光电缆敷设施工流程如图 3-4-1 所示。

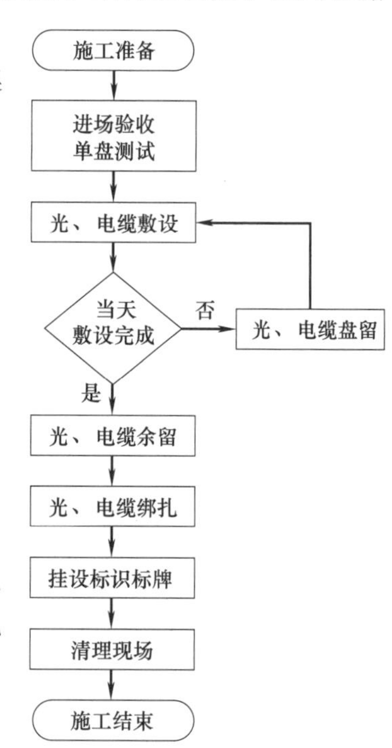

图 3-4-1　区间光电缆敷设施工流程图

3.4.2　精细化施工工艺标准

1. 光、电缆及配套器材进场验收应符合下列规定：

（1）型号、规格、质量应符合设计和订货合同要求。

（2）合格证、质量检验报告等质量证明文件应齐全。

（3）光、电缆应无压扁、护套损伤和表面严重划伤等缺陷。

2. 光、电缆单盘测试应符合下列规定：

（1）单盘光缆长度、衰耗应符合设计和订货要求。

（2）市话通信电缆的单线电阻、绝缘电阻、电气绝缘强度等直流电性能应符合该型号规格电缆的产品技术标准的规定；单盘电缆应不断线、不混线。

3. 光、电缆敷设前应核实盘号、盘长，并确认 A、B 端。

4. 光、电缆敷设应符合下列规定：

（1）敷设径路及光、电缆的端别应符合设计要求。

（2）光、电缆在支架上敷设位置应符合设计要求，并应固定牢靠。

（3）区间光、电缆的敷设，不得侵入设备限界。

5. 光、电缆在区间支架上应摆放整齐，不得重叠交叉和扭绞，自然伸展应力释放。

6. 敷设过程中，光、电缆不得在地面拖行，应保证光、电缆外护层（套）完整无损坏，不得使光、电缆受冲击和重物碾压。

7. 光、电缆穿越人防门孔洞、过轨时，孔位的使用应符合设计要求。

8. 光、电缆与其他管线、设施的间隔距离应符合设计要求。

9. 光、电缆敷设、固定安装时的弯曲半径不应小于光电缆外径的 15 倍。

10. 光、电缆敷设不能一次完成时，选取合理的盘留位置和盘留方式，且绑扎固定牢固，不得侵入限界。

11. 光、电缆线路在电缆间、隧道进出口、人防门、区间终端设备处等特殊地段应做好预留，预留的设置位置和长度应符合设计要求。

12. 光、电缆绑扎时需对每个支架上的线缆进行绑扎固定，每根光缆、电缆单独固定，绑扎线排列整齐、方向一致。

13. 光、电缆每隔 100m 挂设标识标牌，在电缆井、电缆间、人防门孔洞两侧、过轨处、区间设备终端处等应加设标识标牌。

3.4.3 精细化管控要点

1. 光、电缆的牵引力不应超过光、电缆允许张力，主要牵引应加在光缆的加强件（芯）上。
2. 敷设过程中，轨行区转角处和人防门处应增加保护套。
3. 穿越区间轨道底部的金属管线需设置非金属材质的外护套，保证与钢轨的绝缘。
4. 光、电缆在敷设过程中应避免重叠、交叉、扭绞。
5. 光、电缆在伸缩缝及沉降缝处采取补偿措施。
6. 光电缆敷设后应及时绑扎，不能及时绑扎时应采用每 10m 临时绑扎的方式固定。

3.4.4 效果示例

安装实物效果图如图 3-4-2、图 3-4-3 所示。

图 3-4-2 光电缆敷设（隧道）

图 3-4-3 光电缆敷设（高架）

3.5 区间光电缆引入

区间光电缆引入主要是将来自区间的光、电缆经爬架引入至对应的引入间，在引入间按照设计要求进行盘留，同时对光、电缆进行区间、车站两侧绝缘。

3.5.1 施工流程

1. 应检查孔洞预留情况，爬架、线槽、走线架已完成施工。

2. 光缆、电缆配套器材的型号、规格应和光缆、电缆相匹配。

区间光电缆引入施工流程如图 3-5-1 所示。

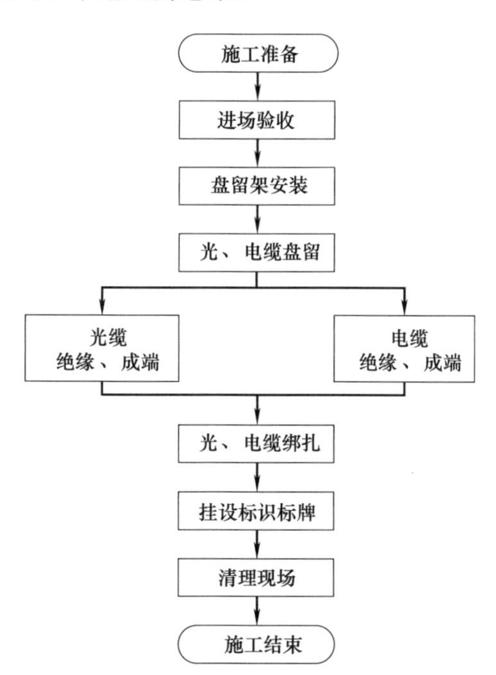

图 3-5-1 区间光电缆引入施工流程图

3.5.2 精细化施工工艺标准

1. 光、电缆配套器材进场验收应符合下列规定：

（1）型号、规格、质量应符合设计和订货合同要求。

（2）合格证、质量检验报告等质量证明文件应齐全。

2. 在通信、信号引入间，通过设计落地或壁挂式光电缆盘留架，每根光、电缆盘留走向清晰，便于后期线缆定位查找，整体效果美观。

3. 盘留架根据设计要求及现场情况定做，盘留架应光洁、无毛刺，在地面、吊顶或侧墙上固定牢固。

4. 根据编排顺序有序对光、电缆进行盘留，光缆一般不少于 10m，电缆一般不少于 5m，光、电缆弯曲半径不应小于光、电缆外径的 15 倍。

5. 光、电缆引入时应排列有序、整齐，避免重叠交叉。

6. 光缆引入应符合下列规定：

（1）光缆引入时，其室内、室外金属护层及金属加强芯应断开，并应彼此绝缘分别接地。

（2）光缆引入应在光缆配线架上或光终端盒中终端，并标识清晰。

（3）引入室内的光缆应进行固定并安装牢固。

7. 光缆接头处的弯曲半径不应小于护套外径的 20 倍，光缆接续后预留 2000～3000mm 长度。

8. 光纤收容时的余长单端引入引出长度不应小于 800mm，两端引入引出长度不应小于 1200mm。光纤收容时的弯曲半径不应小于 40mm。

9. 电缆引入应符合下列规定：

（1）电缆引入室内时，其室内、室外两侧的屏蔽钢带及金属护层应电气绝缘；外线侧的屏蔽钢带及金属护层应可靠接地：设备侧的屏蔽钢带及金属护层应悬浮。

（2）电缆引入室内应终端在配线架或分线盒上，并应标识清楚。

（3）电缆引入防护应符合设计要求。

10. 分歧电缆接入干线的端别应与干线端别相对应。

11. 线缆绑扎时应与爬架保持平齐，多层线缆绑扎时，绑扎位置统一、整齐。

12. 光、电缆引入室内时，其型号、规格、起止点及上下行标识应清晰准确。

13. 标牌采用防水、防腐（PVC 或铝合金）材料制作，字体清晰；标牌悬挂于同一位置，整齐美观。

3.5.3　精细化管控要点

1. 提前做好线缆数量、路径、预留量等规划，施工时严格把控。

2. 光缆引入时，其室内、室外金属护层及金属加强芯应断开，并应彼此绝缘分别接地。

3. 分歧电缆接入干线时，A、B 端应与干线电缆的 A、B 端相对应。

4. 光缆、电缆在引入口爬架、配线架等位置标识清晰。

3.5.4　效果示例

安装实物效果图如图 3-5-2～图 3-5-4 所示。

图 3-5-2　光电缆引入

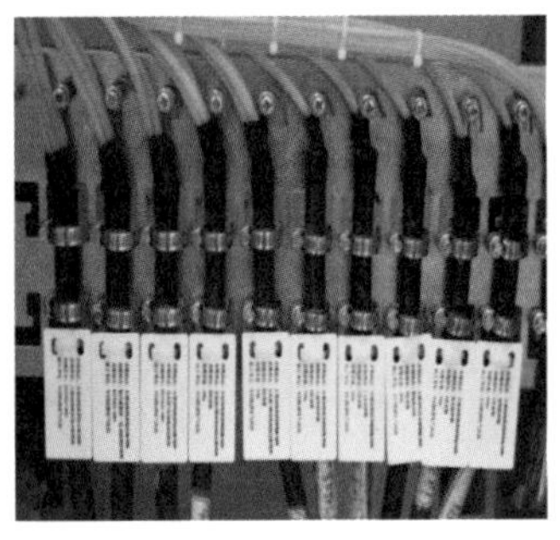

图 3-5-3　机柜引入处标识

图 3-5-4　光电缆引入间

3.6　区间通信设备安装

区间通信设备主要包括直放站、RRU 等设备，区间通信设备主要完成区间无线覆盖，是无线通信系统的重要组成部分。

3.6.1　施工流程

1. 现场环境具备安装条件，漏缆、电缆已敷设到位。

2. 根据图纸测定设备安装位置。

区间通信设备安装施工流程如图 3-6-1 所示。

3.6.2 精细化施工工艺标准

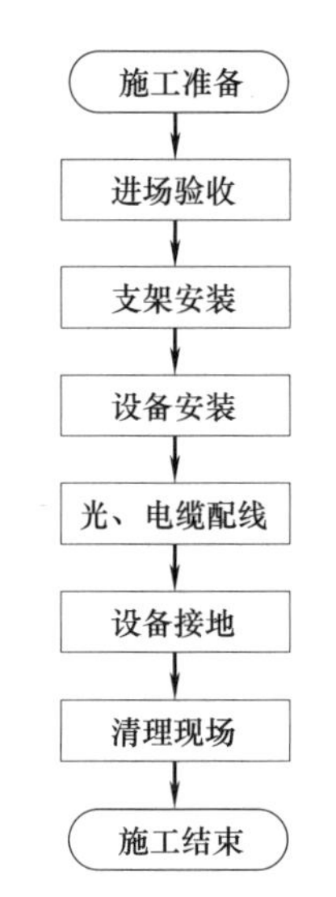

图 3-6-1 区间通信设备安装施工流程图

1. 设备进场验收应符合下列规定：

（1）数量、型号、规格和质量应符合设计要求。

（2）图纸和说明书等技术资料，合格证和质量检验报告等质量证明文件应齐全。

（3）设备及附件应无变形、表面应无损伤，镀层、漆饰应完整无脱落，铭牌、标识应完整清晰。

（4）设备内的部件应完好，连接应无松动；应无受潮、发霉和锈蚀。

2. 直放站、RRU 的安装方式及防护等级应符合设计要求。

3. 支架安装应符合本指南“3.1 区间支架安装”的要求。

4. 支架安装时，应考虑设备下端为基准面，安装平齐，间距均匀。

5. 用螺栓将直放站、RRU 固定在支架上，连接应牢固。

6. 无线通信系统区间设备安装不得侵入设备限界。

7. 直放站、RRU 配线应符合下列规定：

（1）配线应走向合理并绑扎牢固，与设备连接应可靠。

（2）出线部分应采取适当的防护措施。

8. 光纤熔接应符合本指南“6.3 配线架配线”中“光纤熔接”的要求。

9. 光、电缆布放应横平竖直、自然弯曲、下沿一致，绑扎牢固。

10. 设备进线口应按照产品说明书做好防水措施。

11. 高架及地面区间直放站、RRU 的地线设置及接地电阻应符合设计要求。

3.6.3 精细化管控要点

1. 区间设备壁挂安装时应避开盾构片接缝处，各设备底面应在同一水平线上，水平方向间隔为 300～500mm。

2. 电力线缆、光跳纤、馈线布放时不应破损、扭曲、折皱。

3. 馈线敷设时，顺平布放、严禁生拉硬拽，弯曲半径符合产品技术要求。

4. 区间设备所有引出线缆均应套管防护，且应由下向上引入设备，引出孔必须做防水处理。

5. 设备应可靠接地，接地线根据实际走线长度截取。

6. 设备未使用的天馈接口，不得取下防尘帽，进线口应有防水措施。

3.6.4 效果示例

安装实物效果图如图 3-6-2、图 3-6-3 所示。

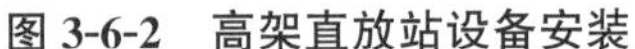

图 3-6-2 高架直放站设备安装

图 3-6-3 隧道直放站设备安装

3.7 保护管安装

保护管根据安装方式分为明配管和暗配管两种，主要用于对线缆的保护。明配管是将线管固定在车站、场段等场所的墙壁、顶板、梁、柱、钢结构、支架或区间隧道壁上；暗配管是将线管预埋在车站、场段等场所的墙壁、楼板或顶板内。

3.7.1 施工流程

保护管安装施工流程如图 3-7-1 所示。

3.7.2 精细化施工工艺标准

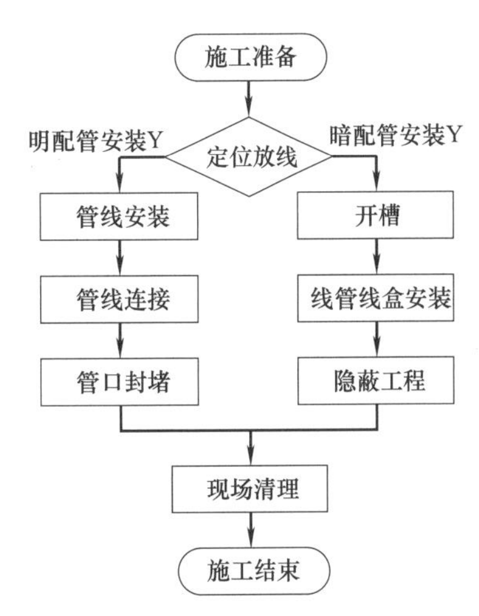

图 3-7-1 保护管安装施工流程图

1. 保护管及配件进场时应进行检查，其型号、规格、质量应满足设计要求。

2. 保护管的安装位置、安装方式、安装间距应满足设计要求。

3. 保护管煨管应符合下列规定：

（1）弯曲角度不小于 90°。

（2）弯曲半径不小于管外径的 6 倍。

（3）弯扁度不大于该管外径的 1/10。

（4）弯曲处应无凹陷、裂缝。

（5）单根保护管的直角弯不应超过两个。

4. 保护管管口应采用防火材料进行密封处理。

5. 切割保护管时，切口端面倾斜偏差不应大于管外径的 1%，且不大于 3mm。

6. 金属保护管应可靠接地，金属保护管连接后应保证整个系统的电气连通性。

7. 埋入墙或混凝土内的保护管宜采用整根材料；当需连接时，应在连接处进行防水处理。预埋保护管管口应进行防护处理。

8. 保护管安装在经过建筑沉降缝或伸缩缝时应预留变形间距。

9. 保护管不应有变形及裂缝，管口应光滑、无锐边，内外壁应光洁、无毛刺，尺寸应准确；金属保护管管径、壁厚、镀锌层厚度应符合设计要求。

10. 保护管增设接线盒或拉线盒的位置应符合设计要求，接线盒或拉线盒开口朝向应方便施工。预埋箱、盒位置应正确，并应固定牢固。与预埋保护管连接的接线盒（底盒）的表面应与墙面平齐，误差应小于 2mm。

11. 明配管安装应符合下列规定：

(1) 水平或垂直敷设明配管，管路在 2m 以内时，允许偏差值不应大于 3mm，全长不应超过管子内径的 1/2，伸入箱、盒内的长度不应小于 5mm。

(2) 明敷钢管在终端、弯头终点或柜、台、箱、盘等边缘的距离 150～500mm 范围内需设有管卡。

12. 暗配管预埋应符合下列规定：

(1) 伸入箱、盒内的长度不应小于 5mm，并应固定牢固，多根管伸入时应排列整齐。

(2) 预埋的保护管引出表面时，管口宜伸出表面 200mm；当从地下引入落地式盘（箱）时，宜高出盘（箱）底内面 50mm。

(3) 预埋的金属保护管管外不应涂漆。

(4) 当预埋保护管埋入墙或混凝土内时，保护层厚度不应小于 15mm，其中消防类配管保护层厚度不宜小于 30mm。

13. 保护管应排列整齐、固定牢固。用管卡固定或水平吊挂安装时，管卡间距或吊杆间距应符合设计要求。

14. 保护管在使用丝杆或圆钢吊杆吊挂安装时，圆钢直径不应小于 8mm，水平直线段每 20～30m 应设置防晃支架，在距离盒（箱）、分支处或端部 300～500mm 处应设置固定支架。

15. 镀锌钢管与管、盒之间采用螺纹连接时，连接处的两端接地线应采用专用接地卡固定跨接，两接地卡间连接线应采用黄绿相间铜芯软导线，截面积不小于 4mm^2。镀锌钢管严禁采用焊接方式连接。

3.7.3 精细化管控要点

1. 根据图纸标注的位置与 1 米线的高度测定线盒位置及钢管路径，借助激光水平仪、水平尺等划出管线路径。

2. 暗配管开槽时，用切割机沿划线切割，槽底应平整，开槽不得切断墙内钢筋，应避开结构梁，采用强度不小于 M10 的水泥砂浆抹平保护。

3. 保护管切割后应用锉刀将管口清理光滑，并用金属刷清理。

4. 保护管在隐蔽前在管内预留直径 ϕ1.5mm 的钢丝，并做好管口封堵。

5. 暗配管安装完成后，应进行隐蔽工程验收，留存隐蔽工程验收记录。

6. 接线盒安装开槽前，应确认墙面厚度，确保信息面板安装平齐。

7. 采用紧定管时，应采用与之配套的附件。采用无螺纹扣压型紧定时，应将锁紧头旋转 90°紧定；当采用有螺纹紧定型紧定时，旋紧螺钉至螺母脱落。

3.7.4　效果示例

1. 安装示意图

安装示意图如图 3-7-2～图 3-7-4 所示。

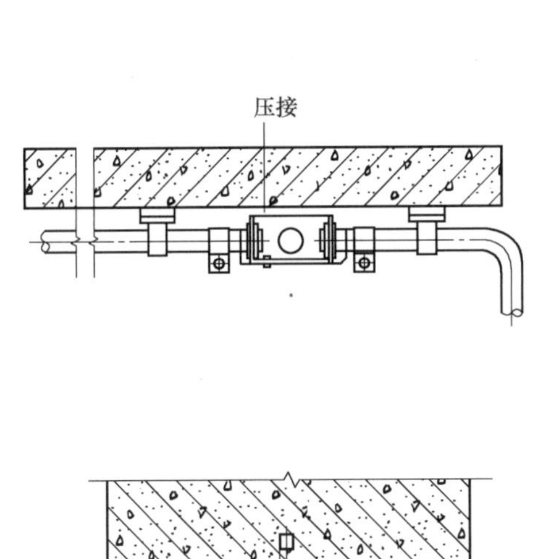

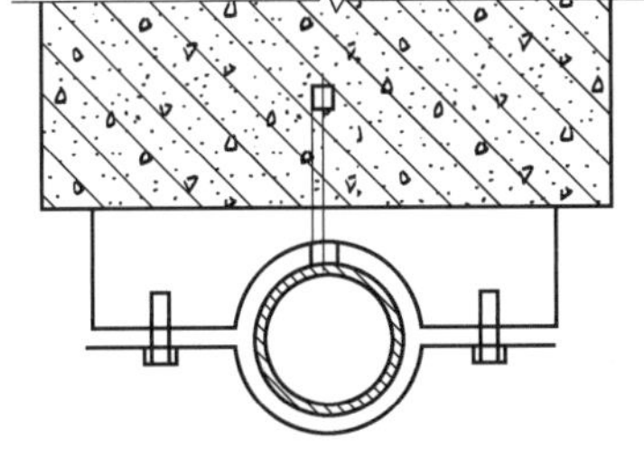

图 3-7-2　线管沿墙、顶板安装示意图

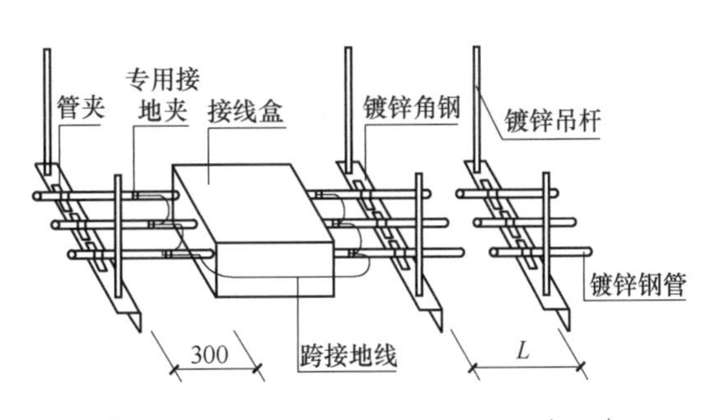

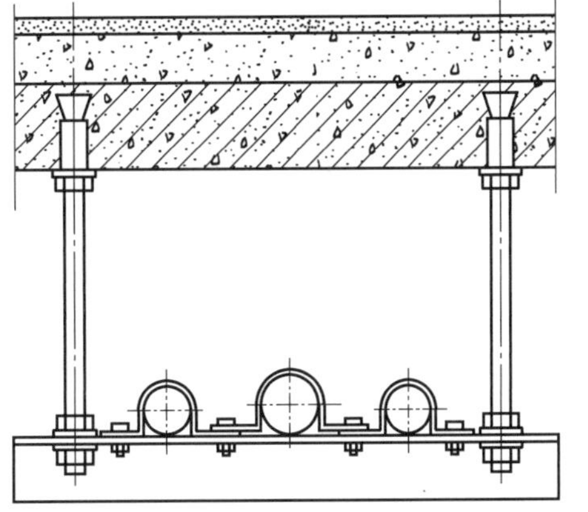

图 3-7-3　线管沿吊架安装示意图

L—相邻吊架间距

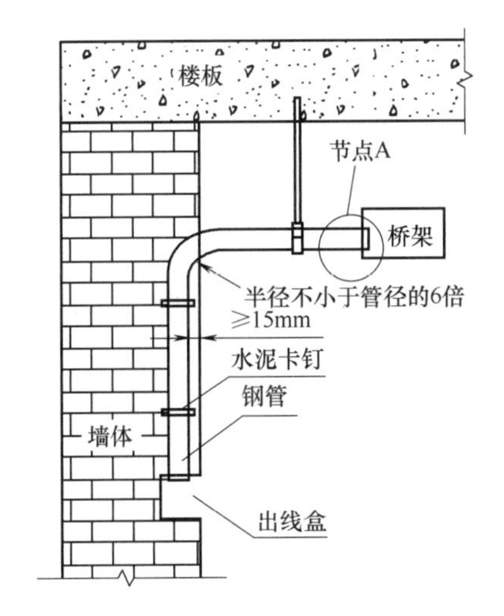

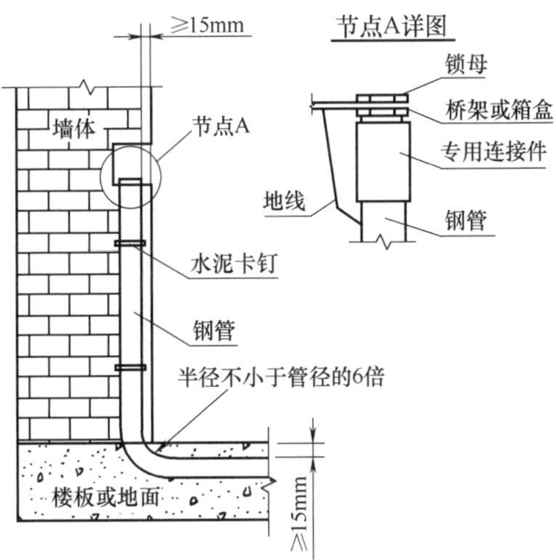

图 3-7-4　暗配管安装示意图

2. 实物效果图

安装实物效果图如图 3-7-5～图 3-7-12 所示。

图 3-7-5　配管与槽、盒跨接地线

图 3-7-6　配管与线槽连接

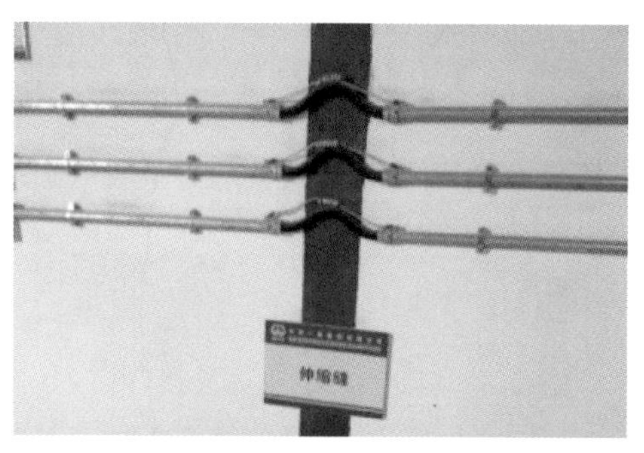

图 3-7-7　线管跨越伸缩缝软接设置

图 3-7-8　配管沿顶板布设

图 3-7-9　预埋管埋设墙面抹平

图 3-7-10　多根预埋管排列

图 3-7-11　底盒安装

图 3-7-12　底盒预埋

3.8　桥架安装

桥架安装于站厅、站台及设备区顶部，用于支撑、固定和保护线缆；由线槽、支吊架和安装附件等组成；安装方式分为水平和垂直方式安装。

3.8.1　施工流程

1. 确认线缆桥架径路和预留孔洞，现场复测安装位置、桥架尺寸。

2. 采用 BIM 技术深化设计。

桥架安装施工流程如图 3-8-1 所示。

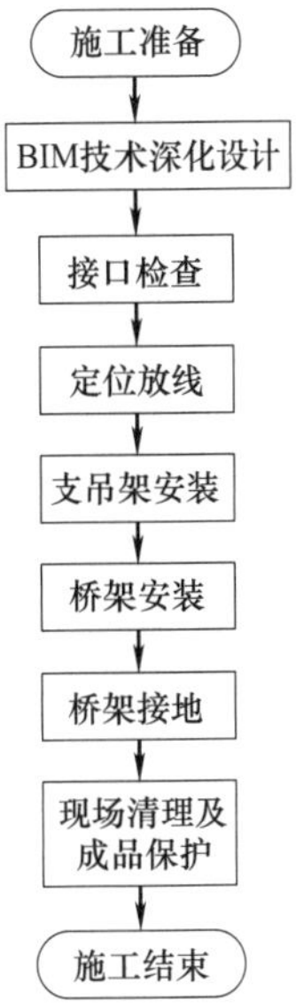

施工准备 → BIM技术深化设计 → 接口检查 → 定位放线 → 支吊架安装 → 桥架安装 → 桥架接地 → 现场清理及成品保护 → 施工结束

图 3-8-1　桥架安装施工流程图

3.8.2　精细化施工工艺标准

1. 桥架及配件到达现场应进行检查，其型号、规格和质量应符合设计要求。

2. 桥架安装位置及安装方式应符合设计要求，并应固定牢固；桥架的各臂应连接牢固。桥架安装不得侵入设备限界。

3. 桥架不应安装在具有较大振动、热源、腐蚀性液滴及排污沟道的位置，也不应安装在具有高温、高压、腐蚀性及易燃易爆等介质的工艺设备、管道及能移动的构筑物上。

4. 桥架的镀锌要求和尺寸应符合设计要求；切口处不应有卷边，表面应光洁、无毛刺。

5. 当桥架安装在有坡度、弧度的建筑物构架上时，其安装坡度、弧度应与建筑物构架的坡度、弧度相同。

6. 桥架安装应横平竖直、整齐美观，安装位置偏差不宜大于 50mm。在同一直线段上的支架、吊架应间距均匀，同层托臂应在同一水平面上。

7. 安装金属线槽及保护管用的支架、吊架间距应符合设计要求。

8. 支架、吊架安装间距应符合设计文件要求，设计文件无要求时，水平敷设宜为 800～1500mm，垂直敷设时宜为 1000mm。

9. 桥架直线长度超过 30m 时应设置伸缩节，跨越建筑物或变形缝处设置补偿措施。

10. 桥架的安装应横平竖直、排列整齐；安装过程上下翻弯或转弯、分歧，应采用专用的转角/三通，桥架上下翻弯应采用 45°角；多层桥架安装时，在拐角、上坡处桥架安装角度应保持一致。

11. 吊顶内桥架安装时，桥架底部距离吊顶顶面高度不宜小于 100mm，桥架顶部距梁底不宜小于 200mm。

12. 桥架与支架间螺栓、桥架连接板螺栓应固定紧固无遗漏，螺母应位于桥架外侧。桥架开孔处应设置护圈或胶条防护。

13. 桥架接地应符合下列规定：

（1）桥架全长不大于 30m 时，与保护导体连接不应少于 2 处；全长大于 30m 时，应每隔 20～30m 增加与保护导体的连接点。

（2）电缆桥架的起始端和终点端应与保护导体可靠连接；采用软铜线或成品接地线作接地跳线。

（3）桥架之间不跨接保护联结导体时，连接板每端不应少于 2 个有防松螺母或防松垫圈的连接固定螺栓。

（4）桥架与引入、引出的金属导管间应接地连接，喷塑或喷涂防火材料桥架跨接端子须配爪型垫片，接地连接线不得遗漏。

14. 桥架宜根据专业类型设置不同颜色，便于维护。

3.8.3 精细化管控要点

1. 桥架安装路径不得随意变动。

2. 桥架锌层厚度及防火涂料应符合设计文件要求。

3. 安装时应严格控制桥架变形，如因桥架过宽引起变形，应加设板筋或支吊架。

4. 当供电电缆和信号电缆在同一径路用桥架敷设时，宜分线槽敷设。当需敷设在同一桥架内时，应分腔敷设。

5. 桥架与桥架连接时，左右偏差不应大于 10mm，高低偏差不大于 5mm。桥架长度大于 1500mm 时，应设有绑线装置。

6. 桥架安装在车控室时，终端应做成喇叭口样式，避免多专业线缆在出线口区域发生交叉。

3.8.4 效果示例

1. 安装示意图

桥架整体及连接件安装示意图如图 3-8-2、图 3-8-3 所示。

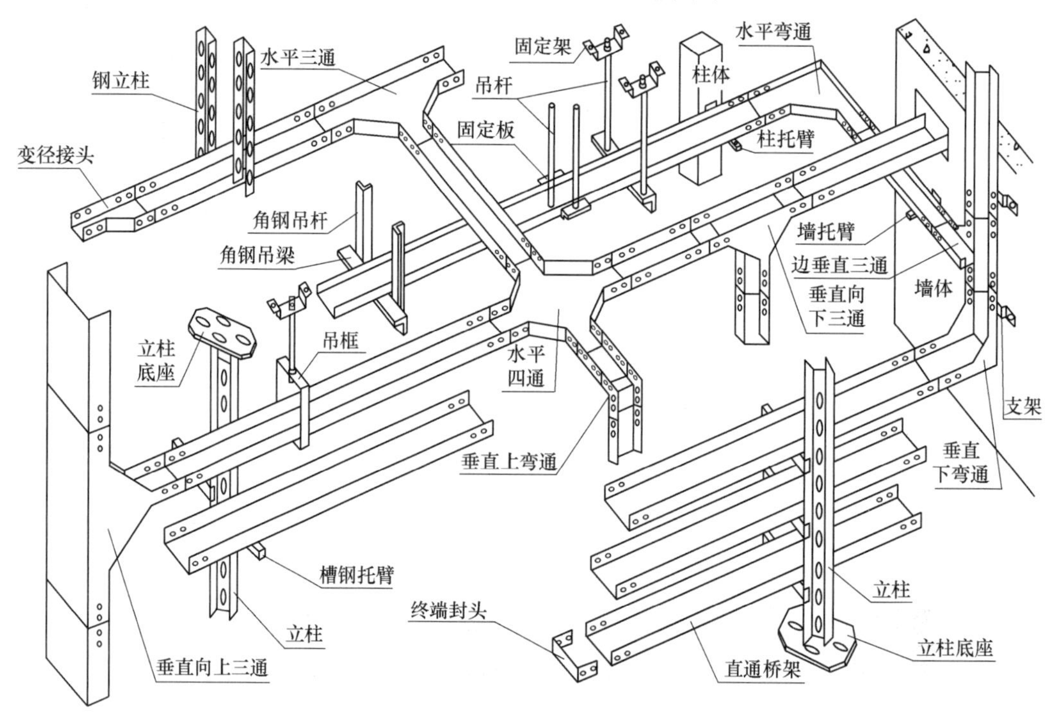

图 3-8-2　桥架整体安装示意图

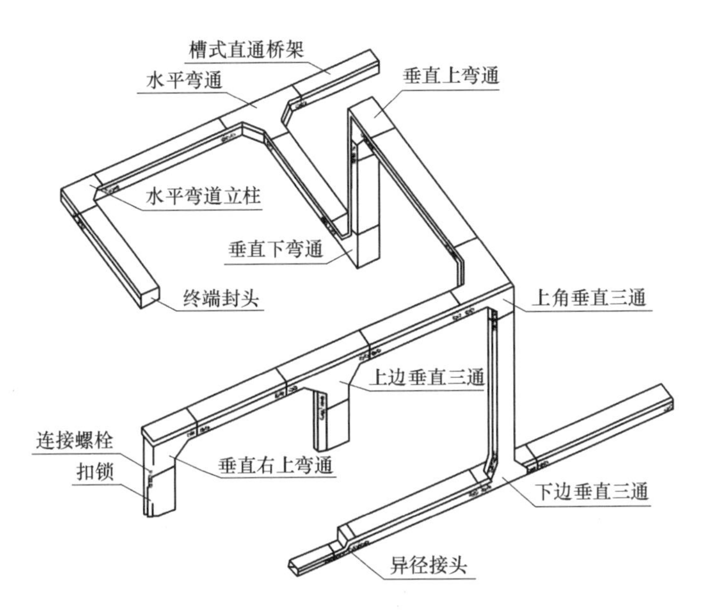

图 3-8-3　桥架连接件安装示意图

2. 实物效果图

各类安装实物效果图如图 3-8-4～图 3-8-6 所示。

图 3-8-4　桥架安装及连接

图 3-8-5　桥架弯头安装

图 3-8-6　伸缩节安装

3.9 走线架及线槽安装

走线架及线槽是安装于地面，用于保护线缆的通道；由走线架、线槽及安装附件等组成。

3.9.1 施工流程

1. 走线架及线槽安装前地面绝缘漆刷涂、防静电地板网格线应施工完成。

2. 安装完成后，在通道处应设置防护踏板，防止踩踏。

走线架及线槽安装施工流程如图 3-9-1 所示。

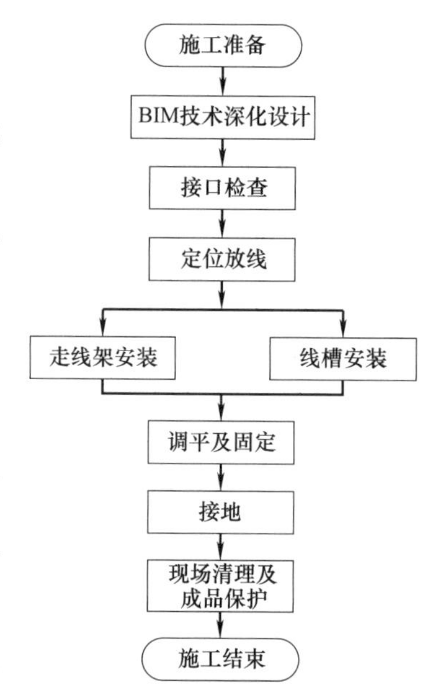

图 3-9-1 走线架及线槽安装施工流程图

3.9.2 精细化施工工艺标准

1. 走线架及线槽及附件进场时应进行检查，其型号、规格、质量应满足设计要求。

2. 走线架及线槽的安装位置、安装方法应满足设计要求。

3. 走线架及线槽应可靠接地，线槽接缝处应电气连通。

4. 线槽安装位置和安装方式应符合设计文件要求，多层水平线槽垂直排列时，布放宜按强电、弱电的顺序从上至下排列。

5. 走线架及线槽形成环状时，不应电气闭合。

6. 走线架及线槽及各部位连接应牢固可靠。

7. 走线架及线槽安装在经过建筑沉降缝或伸缩缝时应预留变形间距。

8. 金属线槽焊接时应牢固，内层应平整，不应有明显的变形，埋设时焊接处应防腐处理。

9. 线槽终端应进行防火、防鼠封堵。

10. 线槽的安装应横平竖直、排列整齐，槽与槽之间、槽与设备盘（箱）之间、槽与盖之间、盖与盖之间的连接处，应对合严密。

11. 当线槽的直线长度超过 50m 时，应采取热膨胀补偿措施。

12. 走线架通常采用地面安装和机柜顶部安装方式：

（1）采用下走线安装方式时，走线架及线槽需与支撑连接，用膨胀螺栓固定在地面上，支撑高度宜为 50mm，支撑间距宜为 1500mm。

（2）采用上走线架的安装方式时，走线架应与支撑连接，用连接螺栓固定在机柜顶部，支撑高度和支撑间距与下走线架安装要求一致；走线架终端应与墙体进行固定。

13. 线槽采用螺栓连接或固定时，应采用平滑的半圆头螺栓，连接螺母应在线槽的外侧。走线架各部位应采用不锈钢固定件连接牢固。

14. 走线架及线槽应按电源线和数据线分开设置。

15. 走线架及线槽在机柜分支处伸出长度宜为 200mm，中心线与机柜底座中心线一致。

16. 当采用双层走线架时，光纤走线槽应沿地面敷设。

17. 线槽内宜铺设阻燃隔垫，线槽边缘应设橡胶垫圈，利于线缆防护。

3.9.3 精细化管控要点

1. 走线架及线槽各部分固定件安装连接应牢固可靠。

2. 当铺设防静电地板时，走线架及线槽安装应距设备底座 100～150mm，预留防静电地板支撑安装位置；走线架及线槽应成一直线，偏差不应大于 3mm。

3. 走线架的横档间隔距离宜为 300mm，拐弯处应适当加密，横档应在同一水平面上。

4. 上走线架安装要求：

（1）水平走线架应与列架保持垂直，水平度偏差不超过 2mm。

（2）竖直走线架应与地面保持垂直，垂直度偏差不超过 3mm。

（3）沿墙安装走线架时，墙体连接件应牢固可靠，连接件间隔距离均匀。

5. 线槽布放时，应避开静电地板支撑位置。

6. 自动售检票系统采用上走线槽安装时应符合下列要求：

（1）上走线线槽通过墙面、柱面线槽与自动售检票终端设备地面预埋管槽连通，用于公共区线缆敷设，有效解决地面标高不足、预埋线槽渗水引起的问题。

（2）在防水线槽与上走线线槽对接处应设置变高防水弯整体线槽，防水弯应满足线缆弯曲半径的要求。

3.9.4 效果示例

1. 安装示意图

走线架安装示意图如图 3-9-2 所示。

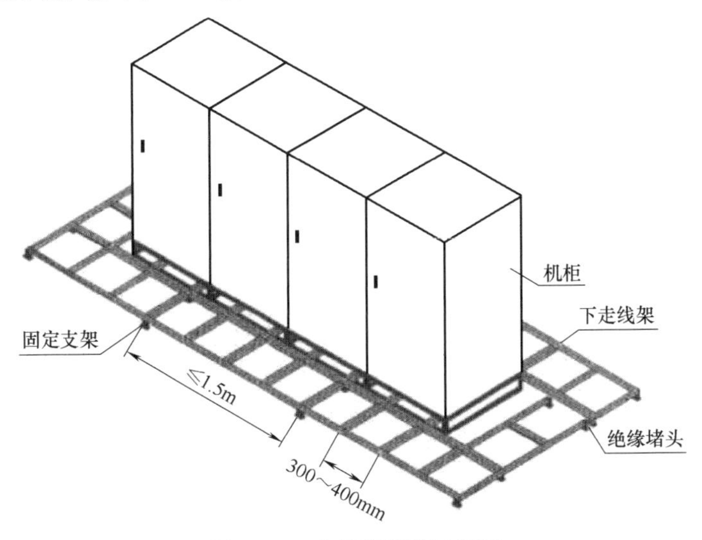

图 3-9-2 走线架安装示意图

2. 实物效果图

走线槽及走线架安装实物效果图如图 3-9-3、图 3-9-4 所示。

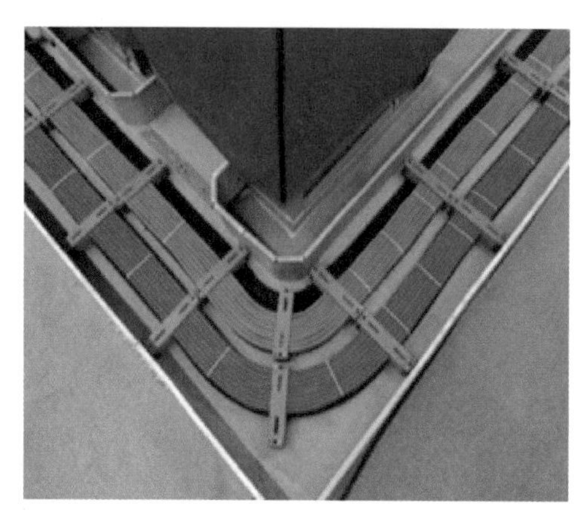

图 3-9-3　走线槽安装

图 3-9-4　走线架安装

3.10　设备房线缆敷设

设备房线缆敷设主要明确机房内各类线缆的敷设、绑扎、标识要求，线缆包括电力线缆、信号线缆、接地线缆、光缆等。

3.10.1　施工流程

1. 应组织径路复测，明确各敷设段电力线缆、信号线缆长度。

2. 应检查孔洞预留情况，保护管、桥架、走线架（槽）已完成施工。

设备房线缆敷设施工流程如图 3-10-1 所示。

3.10.2　精细化施工工艺标准

1. 设备配线光电缆及配套器材进场验收应符合下列规定：

（1）数量、型号、规格和质量应符合设计和订货合同的要求。

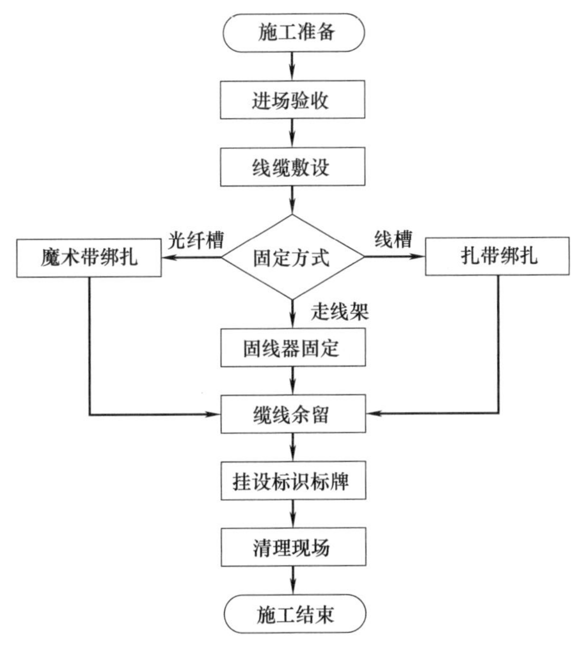

图 3-10-1　设备房线缆敷设施工流程图

(2) 合格证、质量检验报告等质量证明文件应齐全。

(3) 缆线外皮应无破损、挤压变形，缆线应无受潮、扭曲和背扣。

2. 配线电缆、光跳线的芯线应无错线或断线、混线，中间不得有接头。

3. 设备电力线缆、信号线缆和接地线缆应分开布放；若必须在同一槽道内，线缆间距符合规范要求，使用同一线槽应分别敷设在隔断的两侧。

4. 光跳线应在**光纤槽内**单独布放，并应采用垫衬固定，不得挤压和扭曲。

5. 各种缆线在防静电地板下、走线架或槽道内应均匀绑扎固定、松紧适度，其中软光纤应加套管或线槽保护。

6. 线缆布放时应顺直、整齐，无交叉、扭绞，线缆弯曲时应均匀，圆滑一致，不应直角转弯或起伏不平，光缆、同轴电缆、馈线的弯曲半径不应小于线缆外径的 15 倍，大对数对绞电缆的弯曲半径不应小于线缆外径的 10 倍。

7. 电力线缆、信号线缆在管内或线槽内不应有接头和扭结。

8. 在通信、信号系统线缆敷设中，采用不同颜色的电力电缆、接地线缆、信号线缆，同时使用不同颜色的固线器固定电力线缆、接地线缆和信号线缆，为系统开通后运营维护提供便利。

9. 固线器根据径路合理选择，固定间距约 300mm，线缆固定后松紧适度、自然顺直。

10. 绑扎光纤宜使用魔术带，松紧适度。

11. 在垂直的线槽或爬架上敷设时，应进行绑扎固定，其固定间距不宜大于 1000mm。

12. 当缆线接入设备或配线架时，应留有余长。

13. 缆线两端的标签，其型号、序号、长度及起止设备名称等标识信息应准确。

3.10.3 精细化管控要点

1. 电力线缆、信号线缆线间绝缘、组间绝缘应符合设计要求。

2. 当多层水平线槽垂直排列时，布放应按强电、弱电的顺序从上至下排列。

3. 当采用屏蔽电缆或穿金属保护管以及在线槽内敷设时，线缆与具有强磁场和强电场的电气设备之间的净距离应大于 800mm。屏蔽线应单端接地。

4. 电力线缆与信号线缆应分开布放；当交叉敷设时，应呈直角；当平行敷设时，相互间的距离应符合设计要求。

5. 电力线缆、信号线缆布放经过伸缩缝、接线盒及线缆终端处时应留有余量。

6. 线槽敷设截面利用率不宜大于 50%，保护管敷设截面利用率不宜大于 40%。

7. 室内光缆宜在线槽中敷设；当在桥架敷设时应采取防护措施。光缆连接线两端的预留应符合工艺要求。

3.10.4 效果示例

安装效果如图 3-10-2～图 3-10-5 所示。

图 3-10-2 接地线缆敷设

图 3-10-3 电力线缆敷设

图 3-10-4 网线敷设

图 3-10-5 整体效果

3.11　机柜及底座安装

机柜是电气设备的组成部分，是电气控制设备的载体，可以提供对电气设备的防水、防尘、防电磁干扰等防护作用。底座是支撑机柜的底部结构，是机柜稳定性的基础。

3.11.1　施工流程

机柜底座安装前应检查下列条件：

（1）地面绝缘漆、室内顶部风管、线管、空调施工全部完成。

（2）室内预留孔洞符合设计文件要求。

机柜及底座安装施工流程如图3-11-1所示。

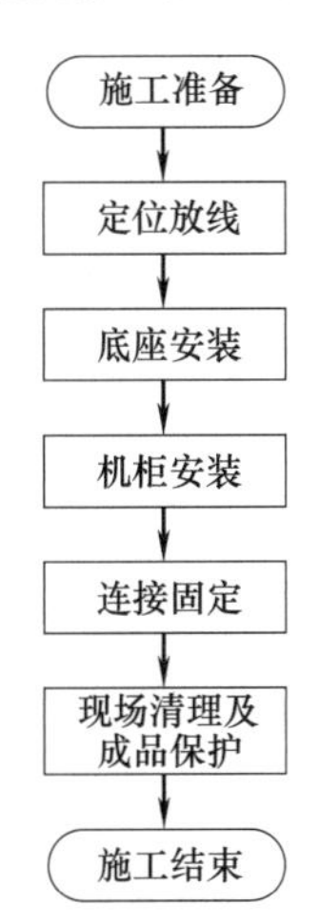

图3-11-1　机柜及底座安装施工流程图

3.11.2　精细化施工工艺标准

1. 设备机柜进场时应进行检查，其型号、规格、质量应满足设计要求。

2. 机房内机柜的平面布置、安装位置、柜面朝向、柜间距应满足设计要求。

3. 机柜安装应符合下列规定：

（1）机柜固定方式应满足设计要求，机柜底座与地面固定应平稳、牢固，当机房内铺设有防静电地板时，底座应与防静电地板等高。

（2）机柜安装应横平竖直、端正稳固，倾斜度偏差应小于机柜高度的1‰。同排机柜正面应处于同一平面，底部应处于同一直线；相邻机柜间隙应不大于2mm，成列盘面偏差不应大于5mm。

（3）除有特定的绝缘隔离、散热、电磁干扰等要求外，机柜应相互紧密靠拢，或采用螺栓连接。

（4）当机柜间需绝缘隔离时，绝缘装置应安装齐全、无损伤。

（5）当机柜有抗震要求时，机柜的抗震加固措施应满足设计要求。

（6）机柜进线孔应封堵。

4. 机柜排间距、与墙面间距应不小于1000mm；电源机柜与墙面距离应不小于1200mm，其他机柜排间距应不小于1500mm。

5. 机柜内所有设备的紧固件应安装完整、牢固，零配件应无脱落。

6. 机柜铭牌文字和符号标识应正确、清晰、齐全。

7. 机柜漆面色调应一致，并应无脱漆现象；机柜金属底座应经热镀锌等防腐处理。

8. 当机房未铺设防静电地板，机柜采用落地式安装时，机柜不宜直接安装于地面，应通过底座进行连接，底座高度宜为50mm。

9. 底座安装应符合下列规定：

（1）机柜底座与地面固定应平稳、牢固，当机房内铺设有防静电地板时，底座应与防静电地板等高。

（2）底座应用锚栓固定牢固。

（3）相邻底座的正面应平齐、顶面应在同一水平面。

10. 机柜安装完成后应采用防护罩进行防护。

3.11.3 精细化管控要点

1. 空调风口和照明灯具不应设置在机柜正上方。
2. 机柜、底座应可靠接地。
3. 机柜与底座之间用连接螺栓固定，安装时采用对角固定原则。
4. 底座应经热镀锌等防腐处理，连接孔位应根据机柜实际孔位尺寸加工。
5. 采用激光测距仪测量安装位置。
6. 采用红外线垂准仪控制机柜垂直度及间距。
7. 上进线机柜的进出线宜采用新型一体化密封系统，以提高机柜的防水、防潮性能。

3.11.4 效果示例

1. 安装示意图

机柜、底座安装示意图如图 3-11-2、图 3-11-3 所示。

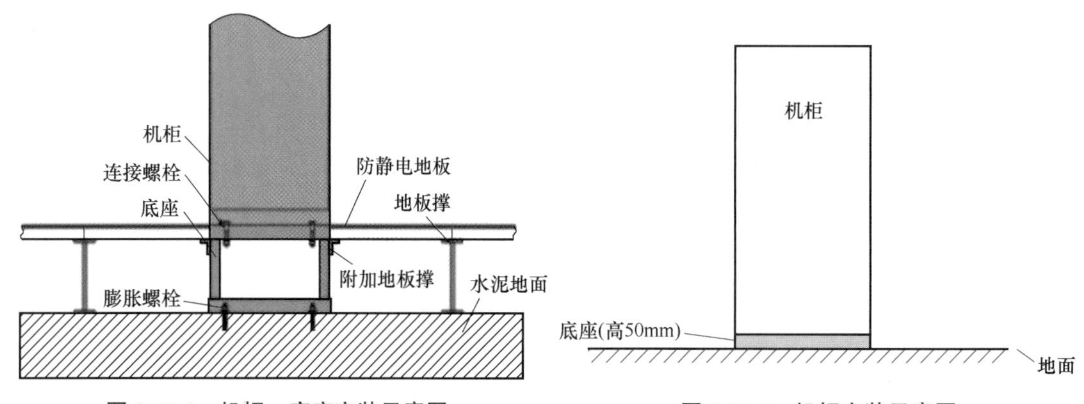

图 3-11-2 机柜、底座安装示意图（有防静电地板）

图 3-11-3 机柜安装示意图（无防静电地板）

2. 实物效果图

机柜、底座安装实物效果图如图 3-11-4、图 3-11-5 所示。

图 3-11-4 机柜安装

图 3-11-5　底座安装

3.12　蓄电池安装

蓄电池柜（架）及蓄电池是 UPS 系统的配套设备，用于电能存储，在断电时能将电能通过逆变器向各系统供电，实现不间断供电。

3.12.1　施工流程

办理设备电源室移交手续，检查设备电源室满足进场条件：地面绝缘漆刷涂、防静电地板网格线、墙面刷白、顶部管线安装等主要作业完成，室内预留孔洞符合设计要求。

蓄电池安装施工流程如图 3-12-1 所示。

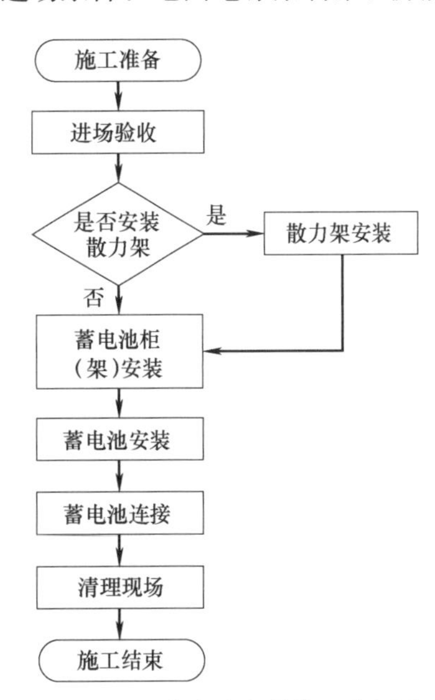

图 3-12-1　蓄电池安装施工流程图

3.12.2　精细化施工工艺标准

1. 电源设备的进场验收应符合下列规定：

（1）数量、型号、规格和质量应符合设计要求。

（2）图纸和说明书等技术资料、合格证和质量检验报告等质量证明文件应齐全。

（3）机柜（架）、设备及附件应无变形，表面应无损伤，镀层和漆饰应完整无脱落，铭牌和标识应完整清晰。

（4）机柜（架）、设备内的部件应完好、连接无松动；应无受潮、发霉、锈蚀。

2. 蓄电池柜（架）的加工形式、规格尺寸和平面布置、抗震加固方式应符合设计要求。

3. 使用散力架时，应符合设计要求。

4. 散力架的安装应符合本指南“3.11 机柜及底座安装”中的要求。

5. 蓄电池柜（架）水平及垂直度应符合设计要求，漆面应完好，螺栓、螺母应经过防腐处理。

6. 蓄电池柜（架）安装应符合本指南“3.11 机柜及底座安装”中的要求。

7. 散力架、蓄电池柜（架）应可靠接地。

8. 应采用不燃材质的蓄电池防漏液托盘，避免因蓄电池漏液短路造成的电气火灾，蓄电池防漏液托盘应摆放整齐、间隔均匀。

9. 蓄电池安装应排列整齐，距离应均匀一致，间隔偏差不应大于5mm。

10. 蓄电池摆放时应根据馈电母线走向确定正负极出线位置。

11. 电池安装完毕后，在蓄电池架（柜）、蓄电池体外侧应有编号标识。

12. 蓄电池连接应可靠，接点和连接条应经过防腐处理。

（1）蓄电池之间的连接条应平整，螺栓、螺母应拧紧。

（2）根据产品说明书要求，在连接条、螺栓、螺母上安装绝缘罩、绝缘帽。

（3）蓄电池组连接前应检查极性，并测试电池组端电压。

（4）蓄电池监测器件安装位置、固定方式应满足设计要求。

3.12.3 精细化管控要点

1. 蓄电池架（柜）安装时需保证架（柜）平齐，外表无凹凸、无裂痕、无划痕。

2. 使用的各种安装固定件、螺栓等应采用防腐材料。

3. 蓄电池搬运及安装时要轻拿轻放，防止磕碰。

4. 电池摆放要整齐，避免电池之间的直接接触。

5. 蓄电池连接正负极性应正确，连接应牢固。

6. 蓄电池组连接前应检查极性，并测试电池组端电压符合产品说明书要求。

3.12.4 效果示例

1. 安装示意图

防漏液托盘示意图如图3-12-2所示。

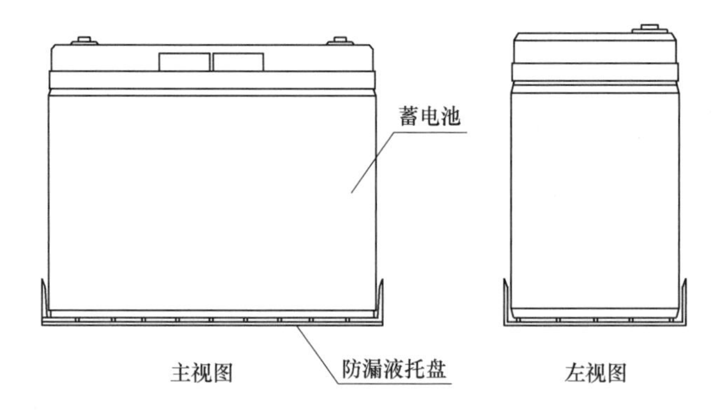

图 3-12-2 防漏液托盘示意图

2. 实物效果图

蓄电池组及配线连接实物效果图如图3-12-3、图3-12-4所示。

图 3-12-3　蓄电池组

图 3-12-4　配线连接

3.13　接地安装

接地是为保证电气设备正常工作和人身安全而采取的一种用电安全措施，通过金属导线与接地装置连接来实现。各类接地统一汇入接地箱。

3.13.1　施工流程

接地安装施工流程如图 3-13-1 所示。

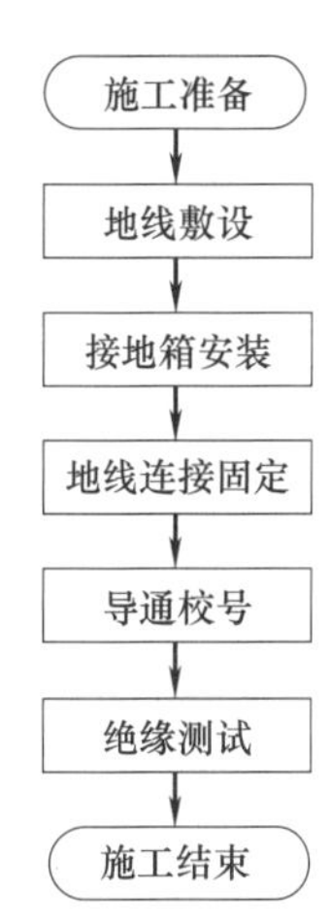

图 3-13-1　接地安装施工流程图

3.13.2　精细化施工工艺标准

1. 接地箱及其附件进场时应进行检查，其型号、规格、质量应满足设计要求。
2. 接地箱的安装位置、安装方式及引入方式应符合设计要求。
3. 设备室接地箱与综合接地箱之间的接线应连接正确、可靠，接地电阻应符合设计要求。采用综合接地时，接地电阻不应大于 1Ω。
4. 接地箱进线口位置应做钝化处理，并加贴齿形封边条防护。
5. 地线压接端子应稳定、可靠、无松动。
6. 接地线线径应符合设计要求，标识应齐全、内容正确。
7. 接地连接线应采用冷压端子压接牢固，并采用热缩管防护，不得压接外皮。

3.13.3　精细化管控要点

1. 接地箱固定于墙面时，墙体开孔应避免破坏墙体内管线。
2. 接地线与铜排连接应一线一孔，连接牢固、可靠。
3. 压接端子与铜排连接后应逐一检查、紧固，防止压接端子与铜排连接松动。

3.13.4 效果示例

1. 安装示意图

接地箱内部构造示意图如图 3-13-2 所示，机械室接地系统示意图如图 3-13-3 所示。

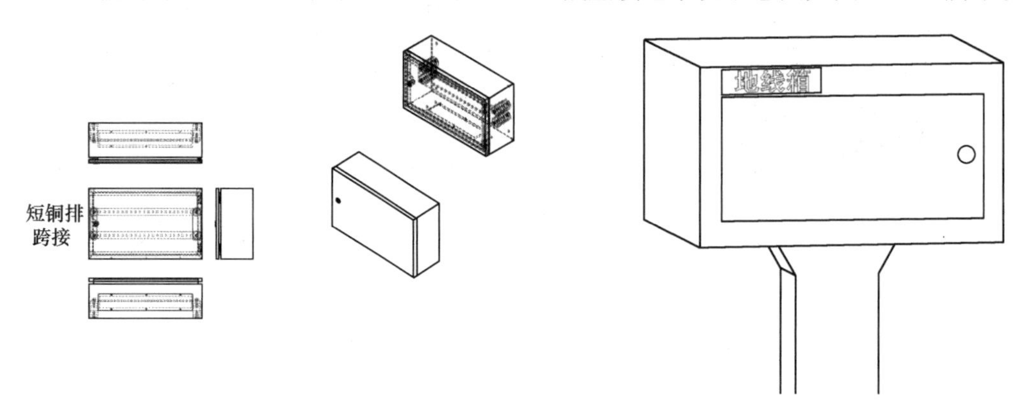

图 3-13-2 接地箱内部构造示意图

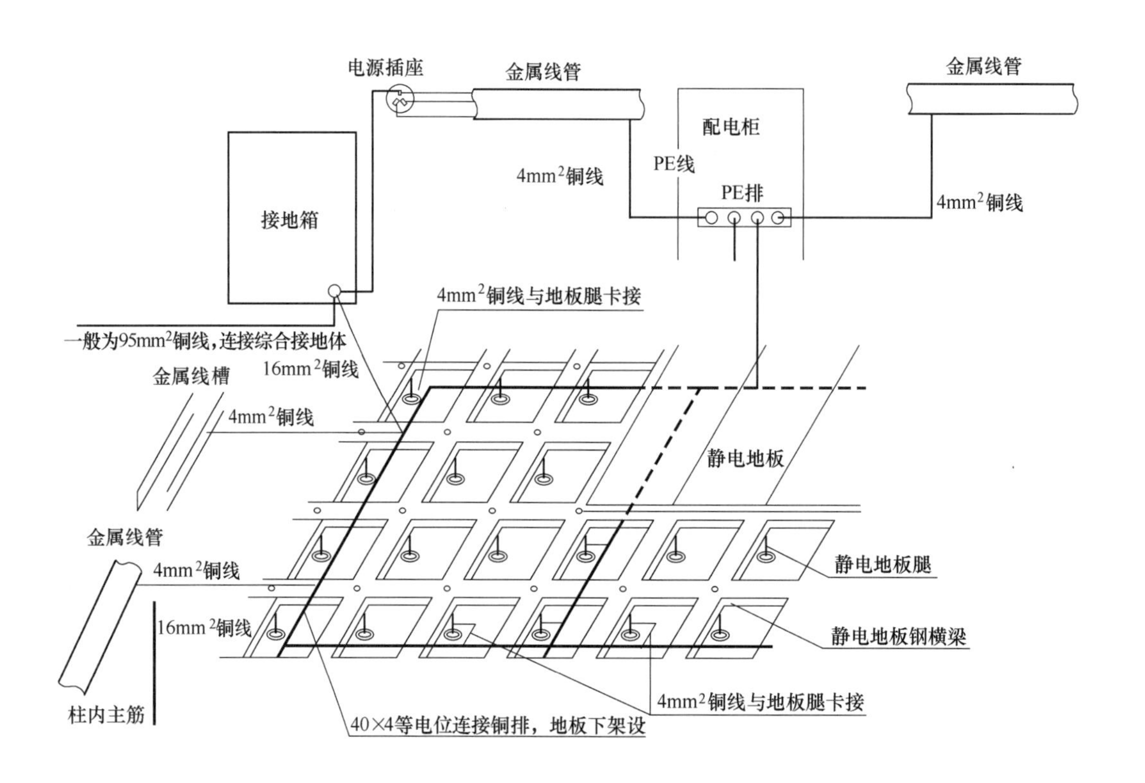

图 3-13-3 机械室接地系统示意图

2. 实物效果图

接地箱安装实物效果图如图 3-13-4 所示。

图 3-13-4　接地箱安装

3.14　防火封堵

防火封堵是指用防火封堵材料在电缆穿线孔洞和电器孔洞做隔断，作用是防止由于电缆自身发热自燃或外界明火使火灾蔓延，达到保护人员和设备安全的目的。

防火封堵的部位包含：各类贯穿物（风管、水管、电缆、电缆槽盒、镀锌钢管）穿越车站内防火分区、防烟分区隔墙的孔洞处；各类贯穿物穿越车站及区间隧道内各类设有防火门、密闭门的房间及竖井侧墙的孔洞处；各类贯穿物穿越车站内各层楼板及站台板孔洞处、区间隧道内土建风道的各层楼板处；各类贯穿物穿越站台板下车站两端侧墙的孔洞处；贯穿物与孔洞之间的缝隙以及电缆槽盒内部；人防门门框孔洞。

3.14.1　施工流程

1. 防火封堵应充分考虑地铁施工空间狭小的特点，合理组织施工工序，大型风管孔洞宜采取边安装风管、边封堵的办法。

2. 防火封堵前应将贯穿物和被贯穿物上的油污、灰尘、松散物等清理干净。

3. 施工完成后，应将封堵的孔洞及四周清理干净，使防火封堵组件表面平整，并填充密实。

防火封堵施工流程如图 3-14-1 所示。

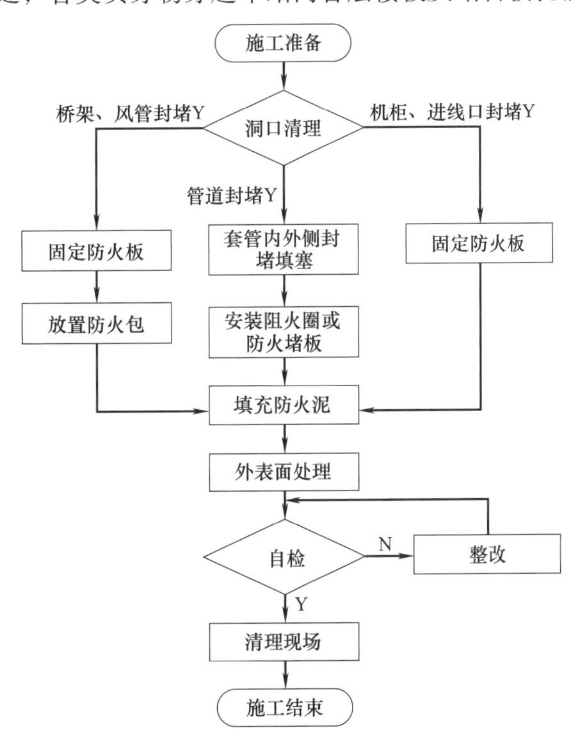

图 3-14-1　防火封堵施工流程图

3.14.2 精细化施工工艺标准

1. 防火材料进场时应进行检查，其型号、规格、质量应满足设计要求。

2. 电缆及桥架穿墙防火封堵应符合下列规定：

（1）电缆、槽盒与防火板间的缝隙应采用柔性有机防火堵料密封。

（2）防火板上应填塞阻火包，并与防水台及楼板平齐。

（3）金属网架与楼板搭接处应采取牢固措施。

（4）电缆槽盒四周空隙均应采用阻火包封堵严密。

3. 电缆穿楼板防火封堵应符合下列规定：

（1）电缆束间隙应采用防火泥进行填充，电缆束外围包裹厚度不小于 20mm。

（2）电缆束与孔洞之间采用交叉错缝方式堆砌防火包，防火包与电缆及墙体之间用防火泥封堵严密。

（3）防火板与桥架间隙处应采用防火泥进行填充。

4. 电缆穿楼板防火封堵应符合下列规定：

（1）线缆与孔洞间隙应采用防火包进行填充。

（2）孔洞与桥架及线缆间隙大于 300mm 时，应安装防火材料承托支架。

（3）防火板与桥架间隙处应采用防火泥进行填充。

5. 电缆进柜、箱防火封堵时，防火板与电缆束间隙、防火板边缘处应采用防火泥进行填充。

6. 风管穿墙、穿楼板防火封堵应符合下列规定：

（1）风管穿过的孔洞四周安装金属套管，套管与风管间隙应不大于 50mm。

（2）套管安装做到牢固、准确、美观，套管与防火墙体之间应采用砂浆填补饱满，不得出现空鼓现象。套管两侧要与防火墙两侧平齐或者嵌入不大于 5mm。

（3）风管与套管之间应使用防火岩棉塞填密实，两侧应使用水泥砂浆填实。

（4）保温风管穿越防火墙时，风管保温层应连续。

（5）风管穿越楼板封堵，套管底部与楼板底部平齐，上部高出完成面 30mm，套管与楼板钢筋间焊接固定。

7. 水管穿墙、穿楼板防火封堵应符合下列规定：

（1）水管穿墙时，应安装套管，套管的规格大于管道两个规格。

（2）管道安装完毕后应将套管固定完善，水平度、长度、位置应满足规范要求，水平方向与管道同心。

（3）套管与墙面间空隙应填充密实。

（4）水管穿楼板时，套管外侧围绕套管应用砂浆浇筑一圈承台，承台高度与套管高度一致，厚度 20mm。套管内侧应用岩棉或橡塑保温棉填塞密实。

8. 楼板、竖井孔洞处的防火封堵材料应能承受巡视人员的荷载，否则应采取加固措施。

9. 在阻火墙紧靠两侧不少于 1000mm 区段所有电缆上涂刷防火涂料、缠阻燃包带，或设置挡火板等。防火涂料涂层厚度应达到 1mm。

3.14.3 精细化管控要点

1. 防火封堵前将孔洞处杂物清除干净，电缆间隙、与防火板间隙均填充防火泥，边角及表面整理平齐。

2. 防火封堵应避开电气端子正上方的进出线孔，防止防火泥掉落引发设备故障。

3. 电缆与桥架穿墙、电缆穿楼板及电缆进柜、箱防火封堵应完整、无遗漏。

4. 防火封堵施工应综合考虑贯穿物尺寸、贯穿孔口大小、封堵部位的方向以及环境温度、湿度、振动条件等因素；对于现场较大的孔口应考虑采用土建措施进行缩孔后，再用防火材料进行封堵。

3.14.4 效果示例

1. 安装示意图

各种防火封堵示意图如图 3-14-2～图 3-14-4 所示。

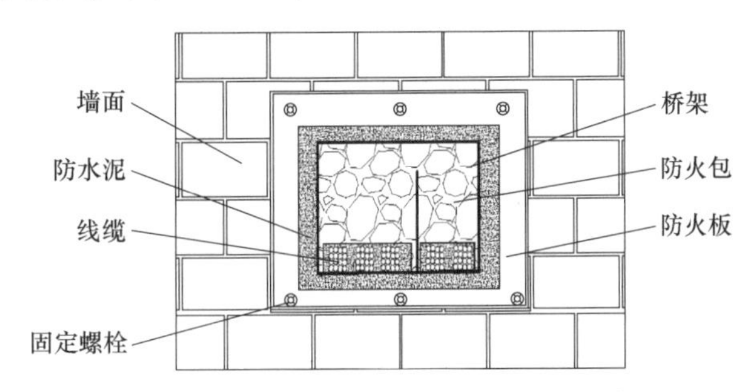

图 3-14-2 电缆及桥架穿墙防火封堵示意图

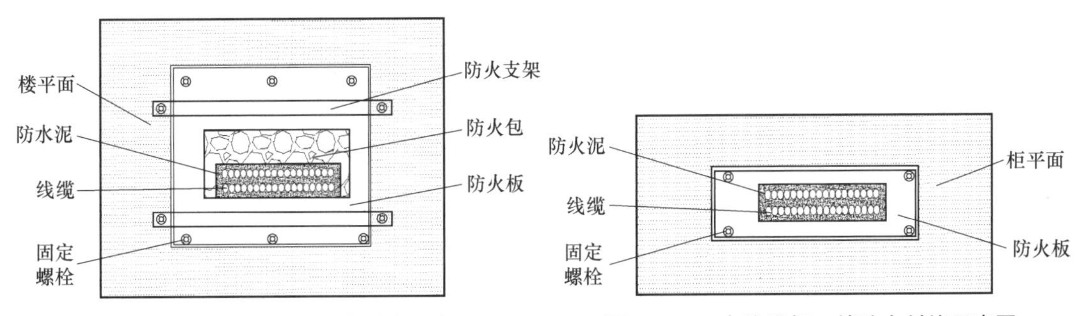

图 3-14-3 电缆穿楼板防火封堵示意图　　图 3-14-4 电缆进柜、箱防火封堵示意图

2. 实物效果图

各种防火封堵实物效果图如图 3-14-5～图 3-14-10 所示。

图 3-14-5 柜内防火封堵

图 3-14-6 地面线缆防火封堵

图 3-14-7　穿墙线缆防火封堵

图 3-14-8　弱电井防火封堵

图 3-14-9　水管穿墙防火封堵

图 3-14-10　风管穿墙防火封堵

3.15　系统标识标牌

系统标识标牌被标识在线缆、设备、管线等部位之上，通过挂设铭牌、喷涂标识等方式，用以区分其功能、路径等信息的标记。

3.15.1　施工流程

弱电标识标牌安装施工流程如图 3-15-1 所示。

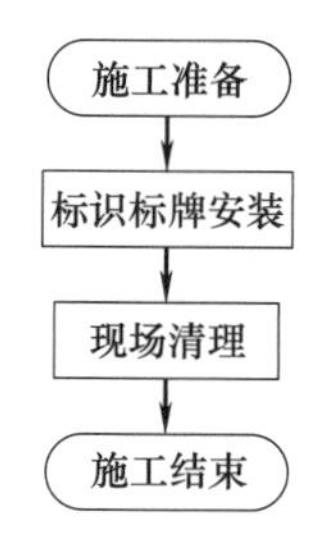

图 3-15-1　弱电标识标牌安装施工流程图

3.15.2　精细化施工工艺标准

1. 标识的名称及编号书写、标识的位置应满足设计要求。

2. 机柜及柜内线缆标识标牌应符合下列规定：

（1）标识标牌颜色应与室内主体机柜的颜色协调。

（2）机柜铭牌应采用不锈钢加铆钉安装。铭牌尺寸应为

250mm×35mm（长×宽）。

（3）线缆引入室内及配线架或光缆终端盒时，其型号、规格、起止点及上下行标识应清晰准确；光缆配线架上的标志应齐全、清晰、耐久可靠；光缆终端区光缆进、出应有标识。

（4）同一设备房内标识标牌或号码管的规格型号、颜色应统一。

3. 站厅站台敷设的线缆在首端、末端、转弯及50m处，应设标识标牌，标志内容清晰齐全，挂装整齐。

4. 区间线缆标识标牌应符合下列规定：

（1）区间隧道内每条光、电缆每100m应设置1个标识标牌，在光、电缆始末端、拐弯处、电缆井、过轨处、过人防门、引入孔下方、区间设备终端处等地点应增设标识标牌，标识标牌应采用扎带绑扎固定。

（2）标识标牌采用防水、防腐（PVC或铝合金）材料制作，字体清晰，悬挂于同一位置，整齐美观。

（3）标识标牌应根据专业要求采用不同颜色加以区分。

5. 信号区间设备标识标牌应采用不锈钢材质，安装应牢固可靠。

6. 系统专业通过线缆色彩分配可以迅速区分不同功能、类型的线缆，极大地提高了维护和检修工作的效率。系统专业线缆色彩分配可按表3-15-1执行。

系统专业线缆色彩分配表　　　　**表3-15-1**

专业	色系	缆线类别	具体颜色	色号
通信	蓝	专用数据线	标准蓝	Process Blue C
		专用电源线	油漆蓝	Hexachrome Cyan C
		公安数据线	深蓝	293 C
		公安电源线	浅蓝	292 C
		接地线	原色	
信号	橙	数据线	油漆橙	HexachromeOrange C
		电源线	粉橙	714 C
		接地线	原色	
综合监控/BAS	紫	综合监控数据线	标准紫	Purple C
		综合监控电源线	暗紫	689 C
		门禁数据线	深紫	268 C
		门禁电源线	粉紫	530 C
		接地线	原色	
FAS	红	数据线	标准红	Red 032 C
		电源线	浅红	182 C
		接地线	原色	
站台屏蔽门	绿	数据线	油漆绿	Hexachrome Green
		电源线	草绿	Black C
		接地线	原色	
AFC	黑	数据线	黑	422 C
		电源线	50%灰	
		接地线	原色	

注：以上色系仅供参考，可根据实际情况自行规划。

3.15.3 精细化管控要点

1. 配线号码管应在配线前穿入，应在配线端标记号码管或条形标签，内容包含线缆用途、起止点。

2. 室外设备标识宜采用喷涂或制作安装标识标牌。

3. 标识标牌字体清晰、大小适中一致。

4. 标识标牌方向一致，便于辨识。

5. 材质等同或高于线缆阻燃等级。

3.15.4 效果示例

1. 安装示意图

标识标牌安装示意图如图 3-15-2～图 3-15-4 所示。

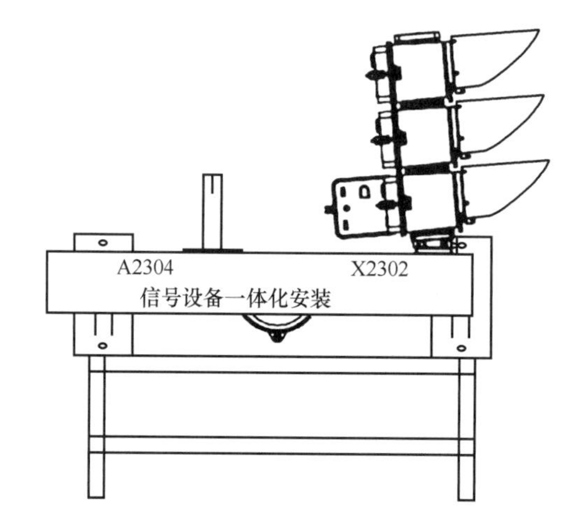

图 3-15-2　区间设备标识标牌安装示意图

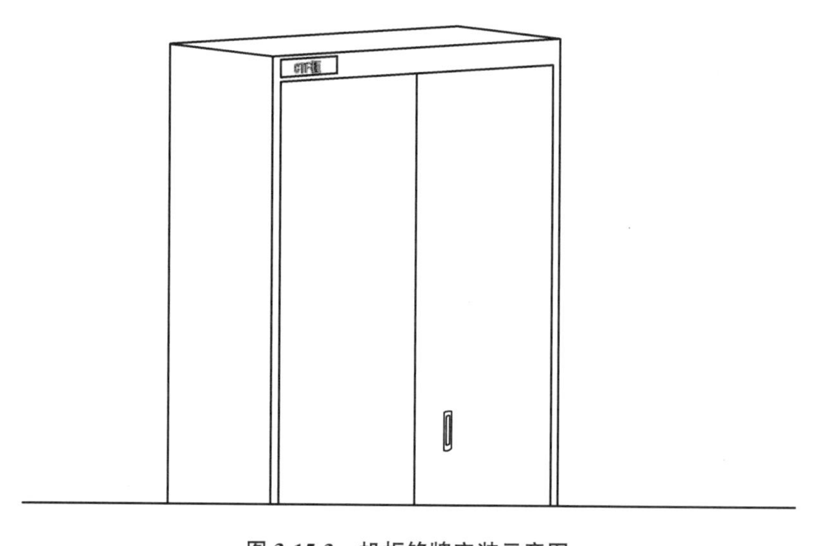

图 3-15-3　机柜铭牌安装示意图

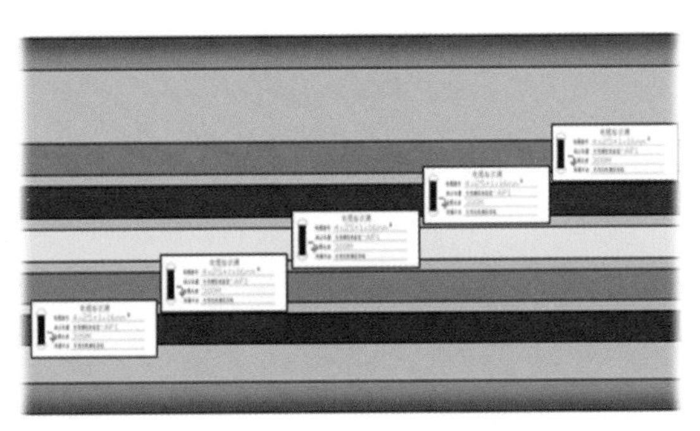

图 3-15-4　线缆标识示意图

2. 实物效果图

各类标牌实物效果图如图 3-15-5～图 3-15-10 所示。

图 3-15-5　柜内光电缆标牌

图 3-15-6　柜内网线标牌

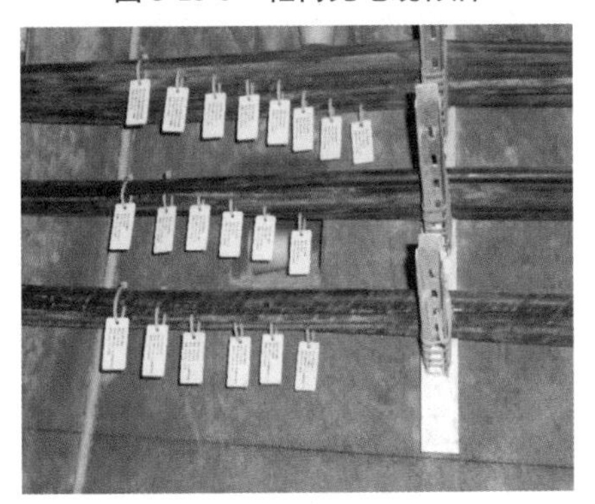

图 3-15-7　区间光电缆标牌

图 3-15-8　柜内配线套管

图 3-15-9　设备标牌

图 3-15-10　箱盒标牌

第四章

供电系统

供电系统是为城市轨道交通运营提供电力支持的关键系统。本章将供电系统安装工程划分为柔性接触网安装、刚性接触网安装、接触轨安装、杂散电流防护、变电所工程五部分。

4.1 柔性接触网支柱基础制作

柔性接触网的主要支撑部件为钢支柱，支柱基础是接触网钢支柱的地基，起到稳固及承载支柱的作用。

4.1.1 施工流程

1. 外部环境和接口检查

(1) 土建场地已经平整、压实，场地已进行移交，符合开挖条件。

(2) 与轨道单位交桩且复核坐标无误。根据轨道中心线、轨面高程的调线调坡资料进行放样。

(3) 对场段内轨道铺设情况展开调查，做好防止道床污染等准备工作。

2. 流程图

柔性接触网支柱基础制作施工流程如图 4-1-1 所示。

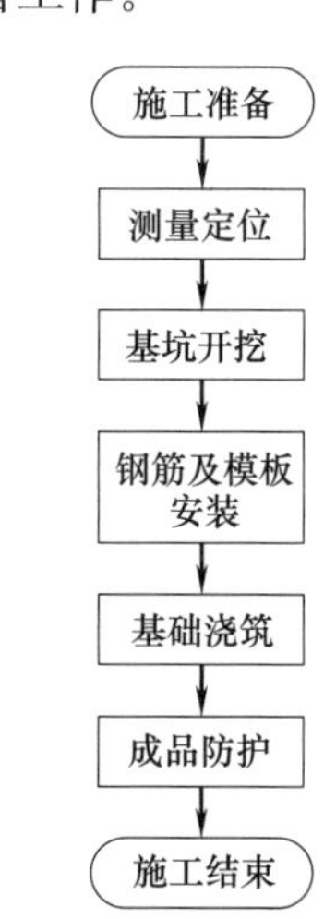

图 4-1-1 柔性接触网支柱基础制作施工流程图

3. 施工后注意事项

基础脱模后，应及时将基础面使用沙子、稻草垫或塑料薄膜等进行覆盖，四周采用防护旗等进行防护，并按要求进行定期浇水养护。

4.1.2 精细化施工工艺标准

1. 基础型号、开挖尺寸、方向等应满足设计要求。

2. 检查地脚螺栓、模板等型号、规格、质量应满足设计要求。

3. 选择固定的道岔岔心为起测点，测量时应选用钢卷尺，不允许用皮尺。

4. 曲线段沿曲线外轨进行测量，测量过程中随时复核，防止累积误差。

5. 同一组门型架两个基础中心连线或单支柱基础应垂直于股道，并保证基础顶面平齐，同一组门型架基础相对误差不超过 50mm。

6. 基坑的深度误差为－0/＋100mm，长宽误差为－0/＋50mm，限界误差为长宽误差为－0/＋50mm。

7. 模板宜采用金属材质，每次使用前应清除干净并涂抹脱模剂。

8. 地脚螺栓框架应固定在模型中心，垂直线路误差为±5mm，顺线路误差为±10mm。

9. 基础混凝土强度等级不宜低于 C25，每浇入混凝土 300mm 厚用振捣器进行振捣一遍，至基础完成为止；在浇制过程中应不断校核基础螺栓的间距。

10. 浇筑完成后，根据基础标高进行收面处理，基础表面应光滑平整。

4.1.3 精细化管控要点

(1) 严格按照设计图纸位置定位，确保使用的放样仪器在有效检测时间内。在基础浇筑前进行二次复测，确保基础位置准确无误。

（2）使用商品混凝土，保证混凝土配合比及质量，模板表面应清理干净，浇筑过程中严格按照规定进行振捣。对局部出现的蜂窝、麻面进行修补，不得出现露筋情况。基础拆模后应按要求进行养护。

（3）基础开挖后，对基坑进行承载力测试，不满足要求应进行砂石换填，增加基坑的开挖面积。严格按照图纸要求，进行垫层浇筑。

（4）预埋前严格控制好地脚螺栓、钢板的垂直度及水平度，并对地脚螺栓和钢板进行相应固定，在浇筑混凝土时反复多次核对预埋件的尺寸，如有偏差及时纠正，避免出现预埋件歪斜不平整现象。

4.1.4　效果示例

1. 安装示意图

支柱及拉线基础埋置图如图 4-1-2、图 4-1-3 所示。

2. 实物效果图

支柱及拉线基础实物效果图如图 4-1-4、图 4-1-5 所示。

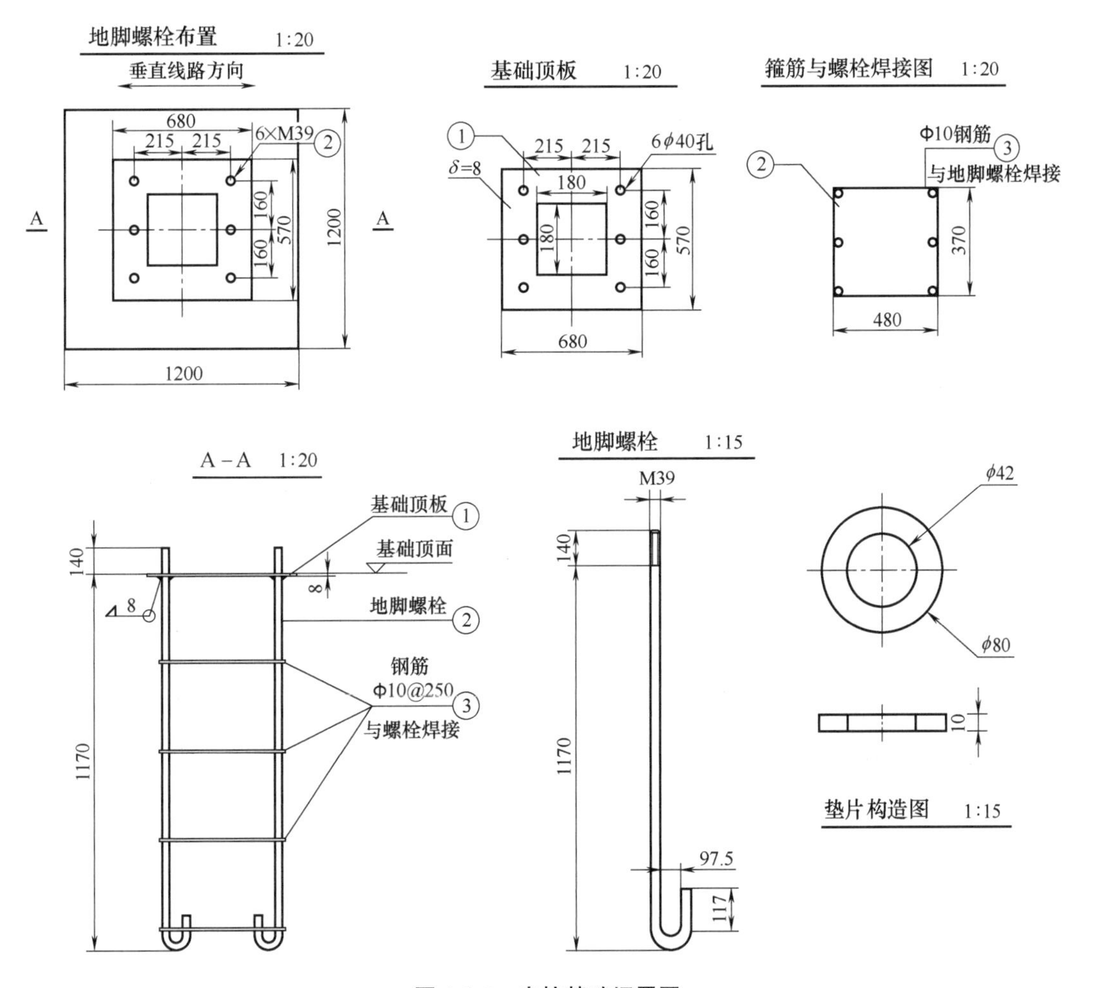

图 4-1-2　支柱基础埋置图

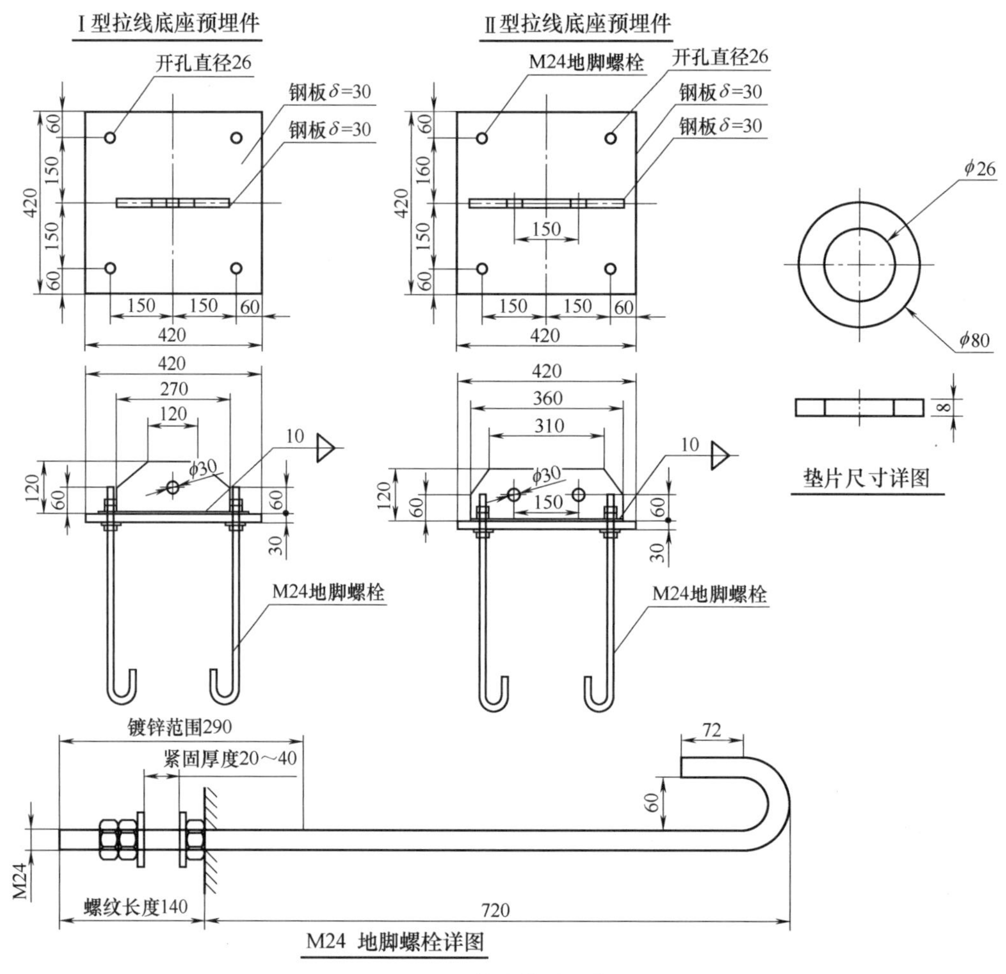

图 4-1-3 拉线基础埋置图

图 4-1-4 支柱基础

图 4-1-5 拉线基础

4.2 柔性接触网支柱组立及门型梁架设

支柱和门型梁承载柔性接触网的全部力量，其安装位置及高度的准确性关乎接触网的调整参数。

4.2.1　施工流程

1. 外部环境和接口检查

（1）支柱组立前，应检查基础外观、地脚螺栓螺纹是否有损坏情况。

（2）高架区段支柱组立前，应与声屏障单位对接全封闭声屏障的安装区段、高度等，避免后期支柱与声屏障发生冲突。

2. 流程图

柔性接触网支柱组立及门型梁架设施工流程如图 4-2-1 所示。

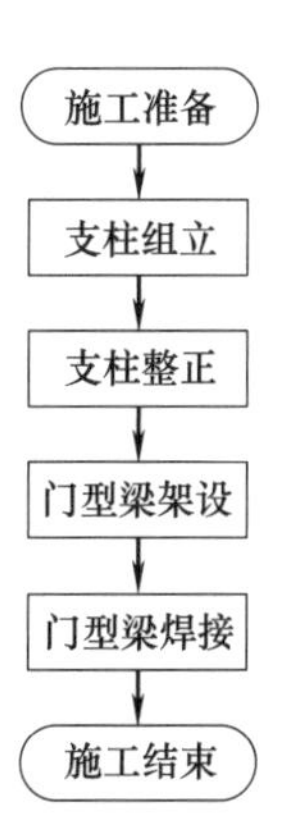

图 4-2-1　柔性接触网支柱组立及门型梁架设施工流程图

3. 施工后注意事项

（1）门型梁架设完成后，支柱应保持直立，梁体应起拱 0.3%L（L 表示横梁跨度）。

（2）对焊接完成的焊缝进行检查，确保焊缝饱满、无漏焊、无虚焊。

（3）焊接完成的焊缝防腐达到相应要求。

4.2.2　精细化施工工艺标准

1. 焊接构件均采用 E4315 系列焊条，用连续焊接方式焊接。

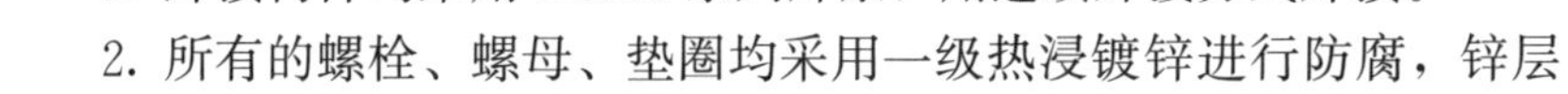

2. 所有的螺栓、螺母、垫圈均采用一级热浸镀锌进行防腐，锌层厚度≥50μm，其余的钢结构均采用热浸镀锌防腐，镀锌层厚度应符合设计要求。

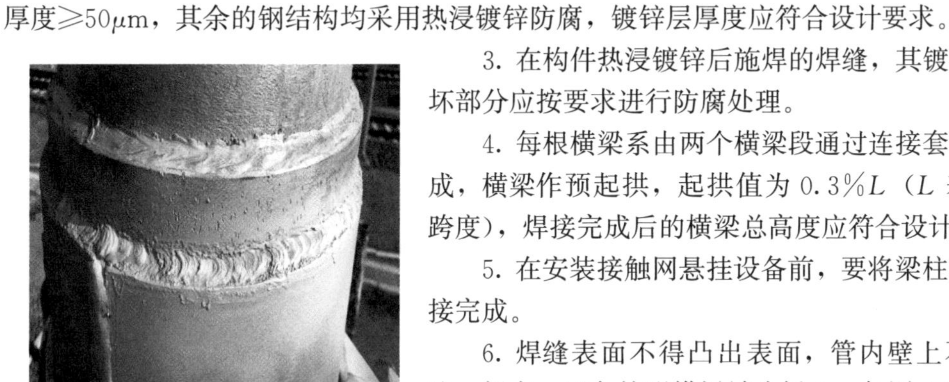

图 4-2-2　门型梁接缝焊接及镀锌

3. 在构件热浸镀锌后施焊的焊缝，其镀锌层被破坏部分应按要求进行防腐处理。

4. 每根横梁系由两个横梁段通过连接套管连接而成，横梁作预起拱，起拱值为 0.3%L（L 表示横梁跨度），焊接完成后的横梁总高度应符合设计要求。

5. 在安装接触网悬挂设备前，要将梁柱连接处焊接完成。

6. 焊缝表面不得凸出表面，管内壁上不得有焊渣、焊点，以免妨碍横梁端头插入，如图 4-2-2 所示。

7. 支柱整正时应复核支柱限界是否符合设计要求。

4.2.3　精细化管控要点

1. 运输过程中采取有效的保护措施避免支柱间互相剐蹭，到货后及时进行镀锌层检测，对小面积的镀锌层磕碰应及时进行喷锌处理。支柱组立后及时做好成品防护。

2. 焊接时焊渣等应及时清除，保证焊缝饱满，无夹渣、虚焊等情况。

3. 完成一处焊缝时，立即对该处焊缝进行检验，焊缝部位应按要求进行防腐处理。

4. 热喷锌前应对焊缝进行加热，使焊缝每一个部位都均匀附锌，无漏喷情况。

5. 调整时应根据支柱类型不同分别进行不同斜率的整正。

6. 调整的垫片应使用专用垫片，垫片应放置在基础螺栓处，一般不超过 3 片。

7. 基础地脚螺栓螺母在支柱调整后应按照设计要求进行紧固。

8. 螺栓紧固完成后应对支柱斜率进行复核。

4.2.4 效果示例

1. 安装示意图

支柱及门型梁安装示意图如图 4-2-3、图 4-2-4 所示。

支柱在路基段安装示意图
H
支柱
预埋地脚螺栓
地面
基础
支柱在高架桥安装示意图
H
支柱
预埋地脚螺栓
桥面

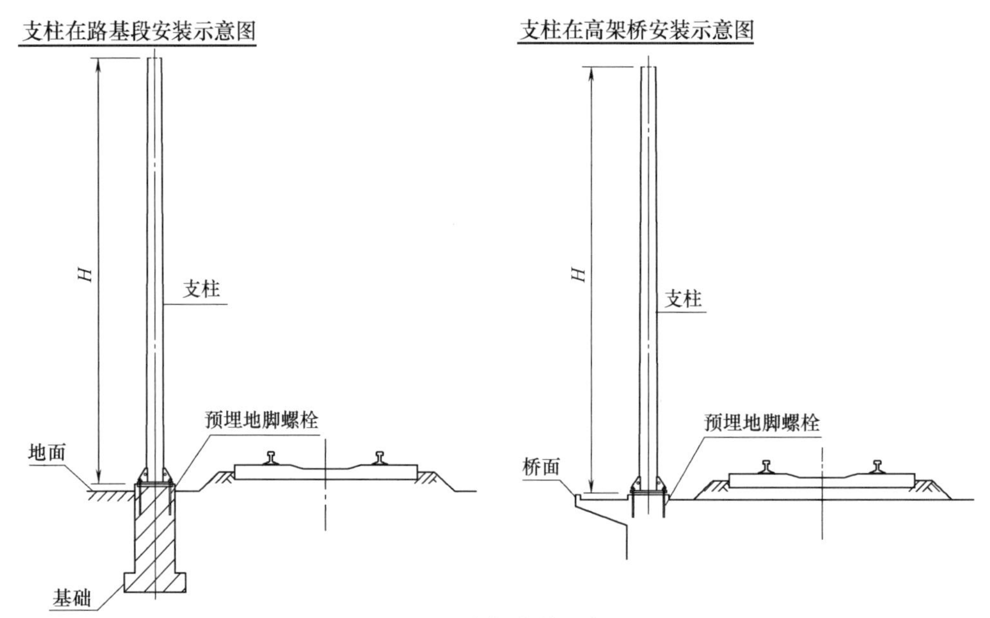

图 4-2-3 支柱安装示意图

H—支柱高度

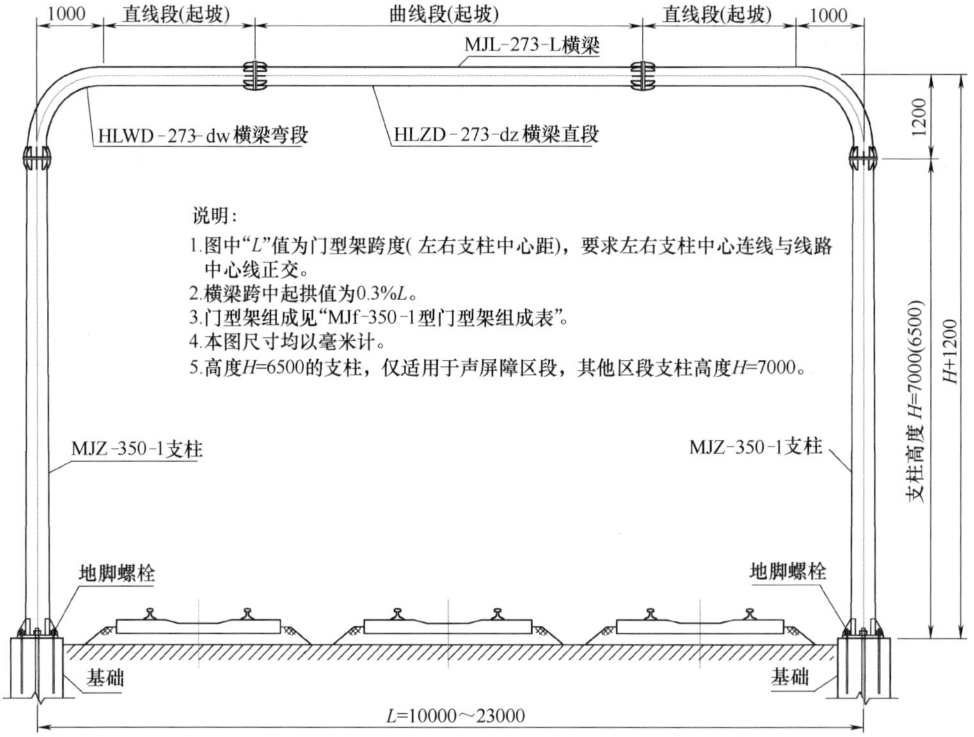

1000
直线段(起坡)
曲线段(起坡)
直线段(起坡)
1000
MJL-273-L横梁
HLWD-273-dw横梁弯段
HLZD-273-dz横梁直段
1200
说明:
1.图中“L”值为门型架跨度(左右支柱中心距)，要求左右支柱中心连线与线路中心线正交。
2.横梁跨中起拱值为0.3%L。
3.门型架组成见“MJf-350-1型门型架组成表”。
4.本图尺寸均以毫米计。
5.高度H=6500的支柱，仅适用于声屏障区段，其他区段支柱高度H=7000。
MJZ-350-1支柱
MJZ-350-1支柱
支柱高度 H=7000(6500)
H+1200
地脚螺栓
地脚螺栓
基础
基础
L=10000～23000

图 4-2-4 柔性接触网门型梁安装示意图

2. 实物效果图

支柱组立及门型梁安装实物效果图如图 4-2-5～图 4-2-7 所示。

图 4-2-5　支柱组立

图 4-2-6　门型梁焊接

图 4-2-7　门型梁架设

4.3　柔性接触网悬挂安装

柔性接触网悬挂通过底座安装在接触网支柱或门型梁上，主要用于柔性接触网的支撑及固定。主要安装部件包括腕臂、棒式绝缘子、承力索、定位器、吊弦、定位管等。

4.3.1　施工流程

1. 外部环境和接口检查

(1) 检查支柱的整正斜率、螺栓紧固等情况，如有出现偏斜会导致腕臂等计算误差，从而影响安装质量。

（2）检查安装的各个零部件，确保质量合格。

（3）确认轨面标高满足设计要求。

2. 流程图

柔性接触网悬挂安装施工流程如图 4-3-1 所示。

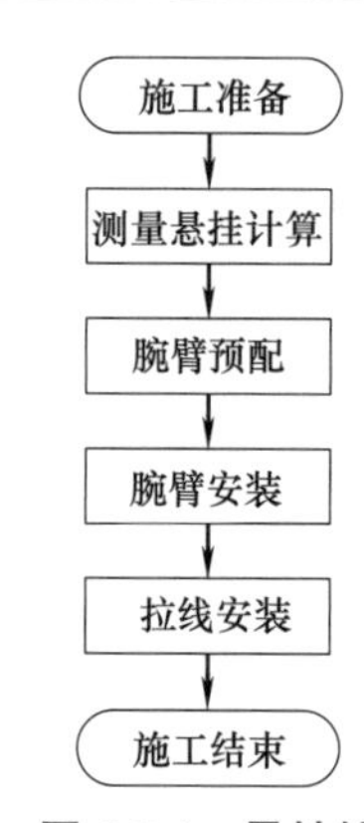

图 4-3-1 柔性接触网悬挂安装施工流程图

3. 施工后注意事项

（1）腕臂和棒式绝缘子应成一直线。

（2）所有连接件螺栓应紧固，不得松动。

（3）开口销掰开角度不小于 120°。

（4）拉线回头与本线用 ϕ1.6～2.0mm 镀锌钢丝绑扎 100mm，施工偏差为±10mm，绑扎密实整齐。

4.3.2 精细化施工工艺标准

1. 瓷件应轻搬、轻放，以防损坏。

2. 定位环的方向应与铁帽压板螺栓方向相反，缺口向棒式绝缘子侧安装。

3. 紧固件螺栓要按设计扭矩用力矩扳手拧紧，保证弹簧垫片压平。

4. 装配过程中注意漏水孔方向应向下。

5. 预配过程中应适当采取敲击、拧动等措施，对各配件间咬合、匹配力度进行检验。

6. 下锚角钢安装时，螺栓的螺母应在拉线方向。

7. LX 型楔形线夹螺栓销，应从上向下穿。

8. 楔形线夹的受力面应朝向线路侧。

4.3.3 精细化管控要点

1. 在标记轨面线时，使用水准仪从基准点引出标高，并复核，使用软件对数据进行复核。严格参照施工表安装，施工表上明确安装支柱号、安装孔位层数、安装高度、支柱类型等。

2. 严格按照预配表数据进行卡控，预配人员尽量不调换，严格保证螺栓穿向一致，预配完成后应重复检查，如有问题应及时整改。

3. 严格按照测量长度进行预配。

4. 在拉线预配时应根据不同安装方式将各个零部件螺栓紧固到位。

5. 拉线安装时应使用专用安装工具进行安装，使拉线适当受力，各个楔形线夹处拉线与楔子密贴无缝隙。

4.3.4 效果示例

1. 安装示意图

柔性接触网悬挂安装示意图如图 4-3-2、图 4-3-3 所示。

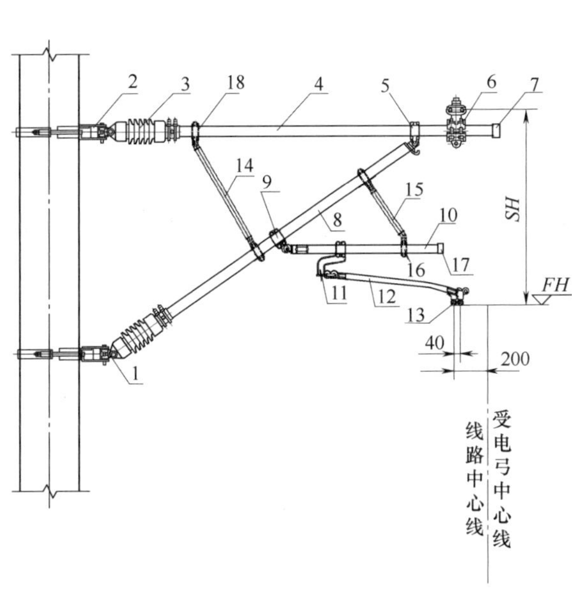

序号	代号	名称	材料	单位	数量	单重	附注
1	—	腕臂下底座	Q235A	套	1		
2	—	腕臂上底座	Q235A	套	1		
3	BJ-1.5/26	棒式绝缘子	瓷	套	2		
4	CJL61(P2200)-98	P2200型腕臂	20#	件	1		
5	JL14(G2)-96	G2型套管双耳	Q235A	套	1		
6	TB/T 2075.1E (6SA)-10	承力索座	Q235A	套	1		
7	JL07(2)-99	2型管帽	尼龙	套	1		
8	CJL61(X2000)-98	X2000型斜腕臂	20#	件	1		
9	JL12(G2)-92	G2型定位环	Q235A	套	1		
10	CJL62(48-1000)-98	48-1000型定位管	20#	件	1		
11	DTL0167	长定位双环	Q235A	套	1		
12	DTL0162(ZL1)	ZL1型定位器	20#	套	2		
13	JL9901-01	定位线夹	CuNi2Si	套	2		
14	JL375(720)-02	720型定位管支撑	Q235A	件	1		
15	JL375(400)-02	400型定位管支撑	Q235A	件	1		
16	JL35(Z48)-06	Z48型支撑管卡子	Q235A	套	1		
17	JL07($1\frac{1}{2}$)-89	$1\frac{1}{2}$型管帽	尼龙	套	1		
18	JL35(Z60)-06	Z60型支撑管卡子	Q235A	套	3		

说明：

1.本图适用于双承双导链形悬挂直线段正定位中间柱在等径圆钢柱上的安装。

2.本安装图中所示腕臂、定位管支撑及定位管长度型号应根据施工现场测量预配确定。

3.接触网导高(*FH*)、结构高度(*SH*)：
车辆段内接触线悬挂高度*FH*=5500，结构高度一般情况下*SH*=1100mm，特殊情况下，导高及结构高度参照平面布置图。

图 4-3-2　柔性接触网悬挂安装示意图（一）

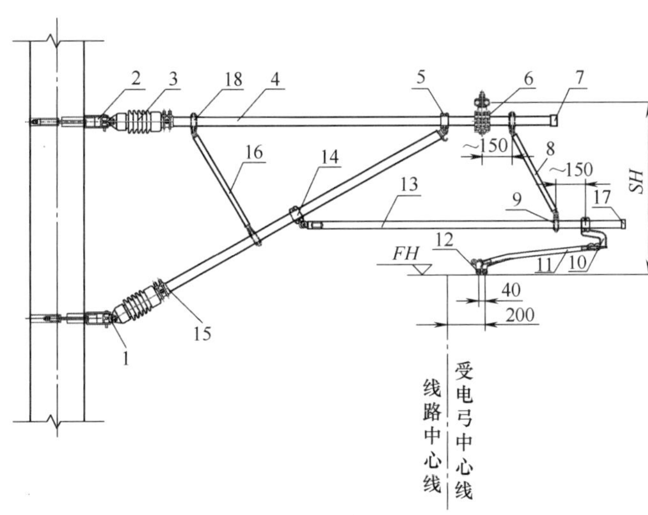

序号	代号	名称	材料	单位	数量	单重	附注
1	CJL28-05	腕臂下底座	Q235A	套	1		
2	CJL70-05	腕臂上底座	Q235A	套	1		
3	BJ-1.5/26	棒式绝缘子	瓷	套	2		
4	CJL61(P2700)-98	P2700型腕臂	20#	件	1		
5	JL14(G2)-96	G2型套管双耳	Q235A	套	1		
6	TB/T 2075.1E (GSA)-10	承力索座	Q235A	套	1		
7	JL07(2)-99	2型管帽	尼龙	套	1		
8	JL375(700)-02	700型定位管支撑	Q235A	件	1		
9	JL35(Z48)-06	Z48型支撑管卡子	Q235A	套	1		
10	DTL0167	长定位双环	Q235A	套	1		
11	DTL0162(ZL2)	ZL2型定位器	20#	套	2		
12	JL9901-01	定位线夹	CuNi2Si	套	2		
13	CJL62(48-2300)-98	47-2300型定位管	20#	件	1		
14	JL12(G2)-92	G2型定位环	Q235A	套	1		
15	CJL61(X2300)-98	X2300型斜腕臂	20#	件	1		
16	JL375(820)-02	820型定位管支撑	Q235A	件	1		
17	JL07($1\frac{1}{2}$)-99	$1\frac{1}{2}$型管帽	尼龙	套	1		
18	JL35(Z60)-06	Z60型支撑管卡子	Q235A	套	3		

说明：

1. 本图适用于双承双导链形悬挂直线段反定位中间柱在等径圆钢柱上的安装。
2. 本安装图中所示腕臂、定位管支撑及定位管长度型号应根据施工现场测量预配确定。
3. 接触网导高(*FH*)、结构高度(*SH*)：
车辆段内接触线悬挂高度*FH*=5500，结构高度一般情况下*SH*=1100mm，特殊情况下，导高及结构高度参照平面布置图。

图 4-3-3　柔性接触网悬挂安装示意（二）

2. 实物效果图

腕臂等安装实物效果图如图 4-3-4～图 4-3-6 所示。

图 4-3-4　腕臂

图 4-3-5　支柱

图 4-3-6　固定绳及吊索

4.4　柔性接触网承导线架设

接触线承担着为电力机车持续提供电能的任务，通过与机车受电弓接触实现能量传输。接触线通过吊弦悬挂在承力索上。为保证机车受电弓在车辆运行过程中平滑移动，电流稳定传输，接触线均保持适宜的张力，在锚段两端进行下锚固定。

4.4.1　施工流程

1. 外部环境和接口检查

（1）接触悬挂已安装完成。

（2）吊装线盘时应注意盘号、长度、线盘转向等。

（3）确认轨面标高满足设计要求。

2. 流程图

柔性接触网承导线架设施工流程如图 4-4-1 所示。

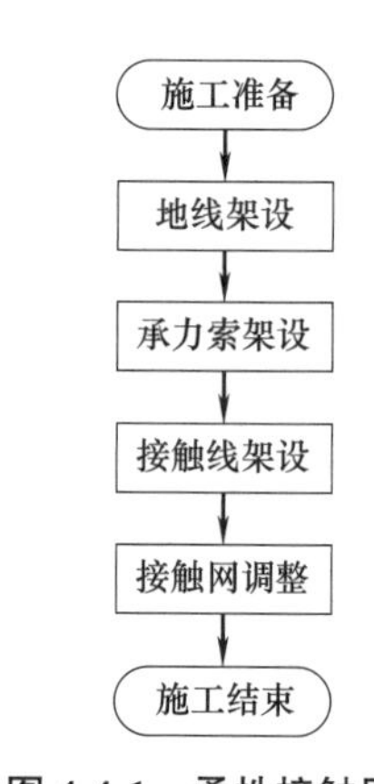

图 4-4-1　柔性接触网承导线架设施工流程图

3. 施工后注意事项

（1）每一区段线索架设到位固定好之后，检查所架设的线材是否有破损、扭曲或断股，是否侵限影响行车，并做出相应的处理。

（2）检查定位器的偏移是否和腕臂保持一致，腕臂是否在定位器的中间位置。

（3）每一区段接触悬挂调整完成后，应对本区段内的导高、拉出值等参数进行逐个测量，对比单个定位点参数误差、相邻定位点处参数误差和控制定位点参数误差，对误差较大或不符合设计要求的应当再次调整。

（4）冷滑过程中，受电弓平顺通过锚段关节、道岔、分段绝缘器等部位，无打弓、撞弓、钻弓等情况。

（5）热滑过程中，弓网关系良好，列车取流状态良好。受电弓平顺通过锚段关节、道岔、分段绝缘器等部位，无打弓、撞弓、钻弓等情况，无拉弧、打火等现象发生。

4.4.2　精细化施工工艺标准

1. 地线不得与任何建筑物及设备零件发生摩擦。

2. 地线架设时应平缓，不能出现大的折角，**最大折角不大于6°**。

3. 坠砣应完好无损，排列整齐，缺口方向错开180°。落锚完毕后，坠砣无卡滞现象。

4. 紧线过程中，巡回人员应密切监视线索及支柱动态，如有异常立即通报指挥人员，必要时先叫停放线再汇报具体情况。

5. 吊弦线夹螺栓紧固力矩应符合设计要求，安装后应顺直，处于受力状态，吊弦线不得有弯曲、散股等现象。

6. 中心锚结处导高不低于相邻两定位点导高，允许抬高值为0～20mm。

7. 接触线高度发生变化时，坡度不应大于2‰。

8. 导高、拉出值应符合设计要求，施工允许偏差为±30mm。

4.4.3 精细化管控要点

1. 架线车在行驶时应控制行驶速度，避免速度不均匀造成线材松弛落地，造成损伤。

2. 在车辆通行频繁处，设置警示标识，局部有混凝土施工时，在线材上设置临时保护措施。

3. 在施工前，将所需设备、材料列表统计，逐项核对，确保准备齐全，避免施工中遇到零部件上缺少螺母、垫片和开口销等情况，影响施工质量。严格执行安装检查记录制度，落实责任。在接触网平推检查工作时，将受力件作为重点检查。

4. 严格控制各项参数，确保参数误差符合设计要求。

4.4.4 效果示例

1. 安装示意图

柔性接触网架空地线架设示意图如图4-4-2所示。

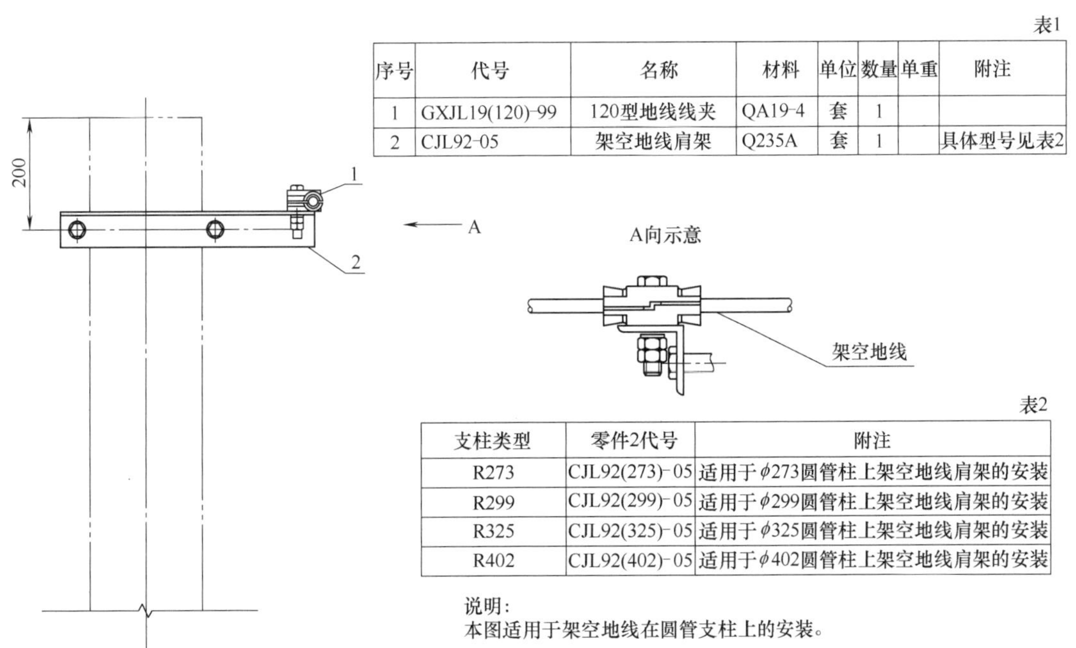

表1

序号	代号	名称	材料	单位	数量	单重	附注
1	GXJL19(120)-99	120型地线线夹	QA19-4	套	1		
2	CJL92-05	架空地线肩架	Q235A	套	1		具体型号见表2

表2

支柱类型	零件2代号	附注
R273	CJL92(273)-05	适用于ϕ273圆管柱上架空地线肩架的安装
R299	CJL92(299)-05	适用于ϕ299圆管柱上架空地线肩架的安装
R325	CJL92(325)-05	适用于ϕ325圆管柱上架空地线肩架的安装
R402	CJL92(402)-05	适用于ϕ402圆管柱上架空地线肩架的安装

图4-4-2 柔性接触网架空地线架设示意图

2. 实物效果图

安装实物效果图如图 4-4-3～图 4-4-6 所示。

图 4-4-3　车场接触网承导线

图 4-4-4　接触网安装

图 4-4-5　库内悬挂定位

图 4-4-6　门型梁悬挂定位

4.5　柔性接触网设备安装

柔性接触网设备主要有隔离开关、分段绝缘器、避雷器、刚柔过渡等，主要作用为控制接触网的停送电、将接触网划分为不同的供电分区以及避免遭受雷击等外力破坏。

4.5.1　施工流程

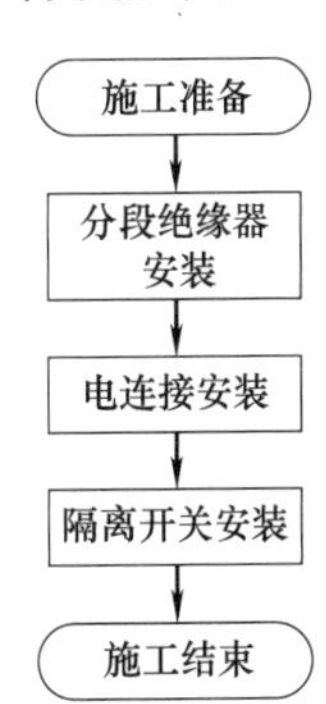

图 4-5-1　柔性接触网设备安装施工流程图

1. 外部环境和接口检查

(1) 分段绝缘器和电连接安装前，接触网应初调完成，避免安装后出现偏移等现象。

(2) 安装前应对相应设备及零部件进行检查，确保各项参数符合要求。

2. 流程图

柔性接触网设备安装施工流程如图 4-5-1 所示。

3. 施工后注意事项

(1) 分段绝缘器安装完成后的位置应与现场实际位置相对应，渡线的分段绝缘器在正线列车通过时不得影响受电弓运行。

(2) 电连接安装后应美观，做到横平竖直。

(3) 隔离开关安装后刀口应分合顺畅，无卡滞现象。

4.5.2　精细化施工工艺标准

1. 分段绝缘器安装前应对分段绝缘器各个零部件进行检查，受力部件完好无裂纹。

2. 电连接安装时应留有伸缩余量。

3. 单开道岔采用交叉布置方式时，道岔定位柱及拉出值应保证两接触线交叉点位于设计规定范围内。

4. 安装线岔时，需根据平均温度的变化确定安装位置，接触线交叉点居中于线岔管。

5. 当两支均为工作支时，侧线接触线比正线接触线高 5～10mm；当一支为非工作支时，非工作支接触线比工作支接触线抬高不小于 50mm。

6. 受电弓碰触接触线始触点处两支（含双导线）导线应等高。在碰触受电弓导角的一段接触线上禁止安装其他零部件及吊弦。

7. 线岔处上下交叉接触线间、接触线与限制管间的间距 1～3mm，应保证接触线纵向伸缩自由。

8. 避雷器的计数器安装位置应能方便查看和检修，同时不得侵入行车限界。

9. 金属氧化物避雷器的接地电阻值不大于 10Ω。

10. 金属氧化物避雷器竖直，支架水平，连接牢固可靠，引线连接外加应力不超过端子本身所承受的应力，连接处涂导电膏。

4.5.3　精细化管控要点

1. 先调整分段绝缘器本体再调整分段绝缘器导电滑板。分段绝缘器主体通过弹性吊索及调整螺栓进行安装，各部件应灵活无卡滞，防止温度变化腕臂偏移造成分段绝缘器脱离水平位置。分段绝缘器调整应达到四块长短导流板同时水平，迎车方向导流板允许高 1～2mm，调整完成后进行滑行检验。

2. 水平尺应通过检定与校验，并在有效期内。

3. 线岔调整时，应严格按照各项参数进行调整。应保证两接触线交叉点位于设计规定范围内。

4. 两工作支拉出值在任何情况下不得大于 300mm，侧线接触线应高出正线接触线 10～20mm。

5. 非支抬高量应符合设计要求两接触线相距 500mm 处的高差：当两支均为工作支时，侧线接触线比正线接触线高 5～10mm；当一支为非工作支时，非工作支接触线比工作支接触线抬高不小于 50mm。

4.5.4 效果示例

1. 安装示意图

柔性接触网锚段关节电连接安装图如图 4-5-2 所示。

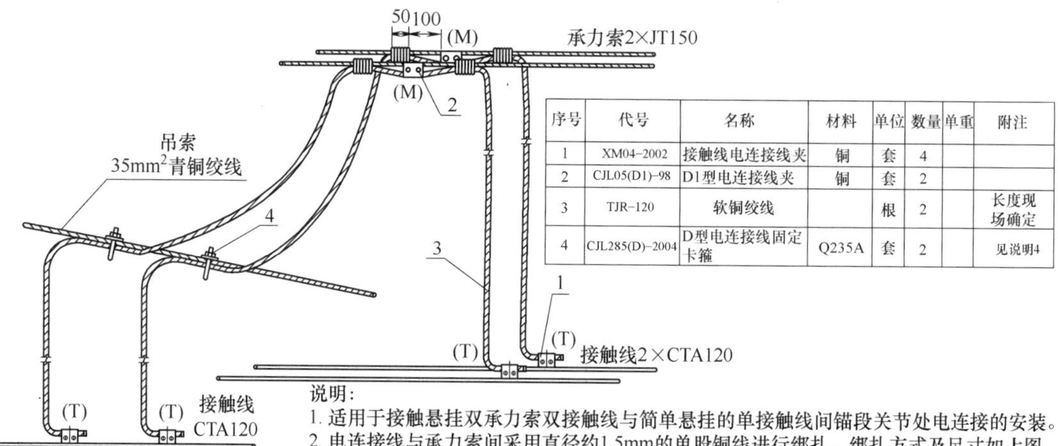

序号	代号	名称	材料	单位	数量	单重	附注
1	XM04-2002	接触线电连接线夹	铜	套	4		
2	CJL05(D1)-98	D1型电连接线夹	铜	套	2		
3	TJR-120	软铜绞线		根	2		长度现场确定
4	CJL285(D)-2004	D型电连接线固定卡箍	Q235A	套	2		见说明4

说明：

1. 适用于接触悬挂双承力索双接触线与简单悬挂的单接触线间锚段关节处电连接的安装。
2. 电连接线与承力索间采用直径约1.5mm的单股铜线进行绑扎，绑扎方式及尺寸如上图。绑扎后，绑线应紧密不重叠。
3. 安装时，承力索与接触线间及两接触悬挂间的电连接线应预留合适的弧度或直径为$\phi 60$的弹簧圈，以满足运行时温度变化的需要。
4. 零件4安装时，在软铜绞线处缠绕0.5×5mm铜包带，防止损伤软铜绞线。

图 4-5-2 柔性接触网锚段关节电连接安装图

2. 实物效果图

实物效果图如图 4-5-3～图 4-5-6 所示。

图 4-5-3 锚段关节电连接

图 4-5-4 横向电连接

图 4-5-5 道岔电连接

图 4-5-6 分段绝缘器

4.6 刚性接触网锚栓打孔及悬挂安装

架空式刚性接触网是一种区别于传统柔性接触网的供电方式，用汇流排取代了承力索，并靠它自身的刚性保持接触线的固定方式，主要由接触悬挂、支持定位装置、绝缘部件和架空地线等部分组成。

4.6.1 施工流程

1. 外部环境和接口检查

（1）作业指导书编制完成，并对所有参与施工人员进行技术安全交底。

（2）测量仪器都经具备国家级检验资质机构的检验，并在有效期内使用。

（3）测量现场无其他车辆通过，所需工机具配备齐全。

（4）检查确认锚栓规格、型号等符合要求，药剂在有效期内。

2. 流程图

刚性接触网锚栓打孔及悬挂安装施工流程如图 4-6-1 所示。

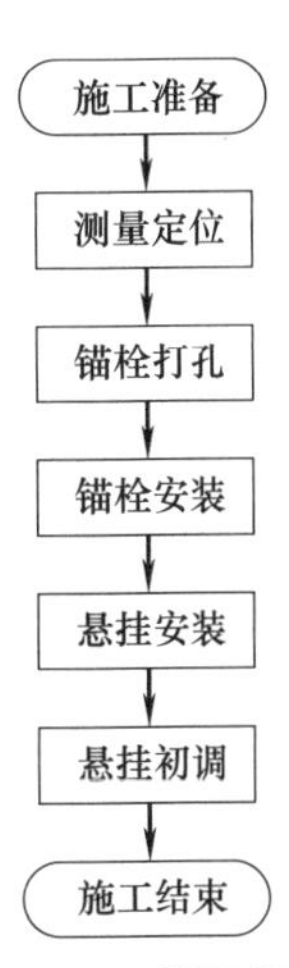

图 4-6-1 刚性接触网锚栓打孔及悬挂安装施工流程图

3. 施工后注意事项

（1）锚栓打孔位置及锚栓安装符合设计要求，锚栓应垂直于轨平面，无歪斜、埋深不足、药剂不足等情况。

（2）检查直线段区域的悬挂部件安装是否整体平顺、牢固，接触悬挂点距轨面的高度应符合设计要求。

4.6.2 精细化施工工艺标准

1. 测量中悬挂定位点如处于隧道通风口、结构风管排风口等无法定位的空档上时，应合理调整相邻跨距。

2. 改移原则：单个定位点改移小于±500mm，调整后应保证相邻跨距比不小于1∶1.25，中锚、锚段关节及锚段关节两边各 3 个定位点不改移。

3. 钻孔时应避开隧道伸缩缝、隧道连接缝、盾构区间管片接缝或明显渗水、漏水等部位，保护层要求大于一倍孔深。

4. 贴顶垂直悬吊安装底座调至水平，T 头螺栓安装端正。T 头螺栓插底座调节口后，旋转 90°，使 T 头方向平行于线路方向。

5. A 型、B 型单支悬吊槽钢调至与轨面平行，安装高度为单支悬吊槽钢底面距轨面 4306mm（误差 0/+5mm）。整个悬吊装置紧固件齐全，安装到位并稳固，支撑面顺线路铅垂。

6. 锚栓打孔。

（1）施工班组检查核对现场标记的各类数据无误后，准备好冲击钻、专用钻头和钻孔模板。

（2）以施工测量时标记在隧道壁上的基准点（线），套用钻孔模板，核查钻孔孔位。

（3）先套模板在孔位上钻出 3～5mm 的凹槽，取下模板，1 人持冲击电钻开始钻孔，并保持钻头垂直于安装平面，1 人握吹尘器将尘屑吹向无人侧。钻孔时经常碰到钢筋，可顺线路移位 40～50mm，重新定位打孔。

（4）钻孔完成后，测量检查孔深、孔距等尺寸并做好钻孔记录，如图 4-6-2、图 4-6-3 所示。

图 4-6-2　孔距测量复核

图 4-6-3　钻孔深度校核

7. 锚栓安装。

（1）检查孔深、孔径合格，使用钢刷、吹气筒进行吹灰，保证彻底清孔。

（2）清洁孔洞后，先安装锚栓孔洞口止挡环，再将化学药剂注入孔中。

（3）注入药剂后，植入锚栓，锚栓应旋转拧入孔洞，以少量药剂渗出为宜。

（4）埋入杆件的施工允许偏差应符合表 4-6-1 的规定。

埋入杆件位置施工允许偏差（mm）　　表 4-6-1

项　目	允许偏差	备　注
后扩底螺栓深度	−2/+2	隧道拱部允许−3/+2
化学锚固螺栓深度	−3/+5	—
后扩底螺栓钢套管相对深度	0/+1	—
成组杆件中心垂直线路方向	±20	—
成组杆件个体相对间距	±2	或不超出安装孔范围
成组杆件横向布置其轴线应与线路中心线垂直，纵向布置其轴线应与线路中心线平行，其偏斜度	≤3°	—
杆件对隧道拱壁切线的垂直度或铅垂度	≤1°	刚性悬挂支持装置的埋入杆件顺线路方向铅垂度应以汇流排在线夹内有间隙为原则

8. 拉拔试验应当在锚栓预埋24h后进行，如图4-6-4所示，拉拔值根据设计要求，拉拔试验数量根据验标要求的抽检比例进行。拉拔试验时，在2min内无下降或者下降幅度不超过5%的检验荷载，即为合格。

图4-6-4　锚栓拉拔试验

9. 悬挂装置安装。

(1) 刚性接触网悬挂装置主要结构分为悬挂和定位，主要部件由锚栓、悬挂槽钢、底座、悬臂吊柱、绝缘子、定位线夹等组成。

(2) 根据测量记录的隧道类型、隧道净空高度、曲线外轨超高等数据，确定好现场悬挂类型。

(3) 按照装配数据表、装配图和装配要求进行选型、装配。复核横担槽钢底座定位螺距，单支悬吊横担槽钢底座安装，在底座上安装T形楼悬吊螺杆，在悬吊螺杆上安装悬吊槽钢，安装绝缘子。

(4) 定位初调，采用激光测量仪、水平尺调整悬挂槽钢或绝缘横撑与轨面平行，高度可初调至设计值。

悬挂装置安装示意图如图4-6-5所示。

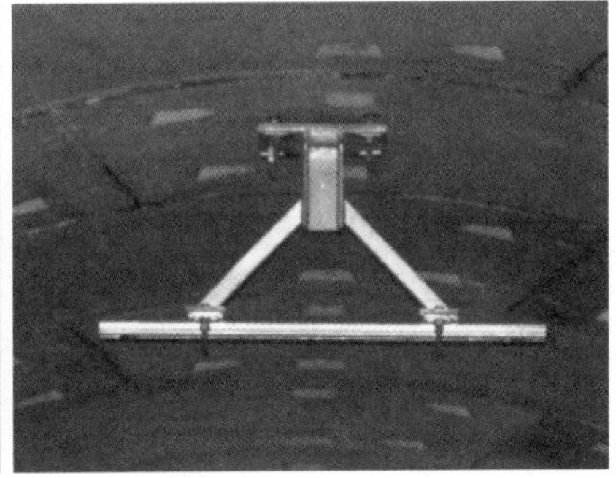

图4-6-5　悬挂装置安装示意图

4.6.3　精细化管理要点

1. 套模钻孔，钻孔前，模板中心线与测量中心线对齐。

2. 控制孔径、孔深，选用规定规格的钻头或专用钻头，严格按设计孔深和角度进行钻孔，确保孔位不发生偏斜。

3. 打孔时如遇钢筋，可顺线路移位 40～50mm。

4. 锚栓安装前应彻底清除孔屑及孔内杂物，以使螺栓顺利安装。

5. 锚栓拉拔试验是非破坏性试验，按照试验要求进行，拉拔数值大于设计指标 20%即可。

6. 悬挂类型选择正确，水平面距轨面高度满足要求，无须调整的螺栓，可按照紧固力矩设计标准直接紧固到位。

7. 绝缘子安装前要检查外表面，不能有破损、裂纹、斑点、气泡等缺陷。

8. 所有调节孔位均应居中安装，以保证充分的调节余量，调整螺栓应有不小于 15mm 的调节余量。

4.6.4 效果示例

1. 安装示意图

悬挂安装示意图如图 4-6-6、图 4-6-7 所示。

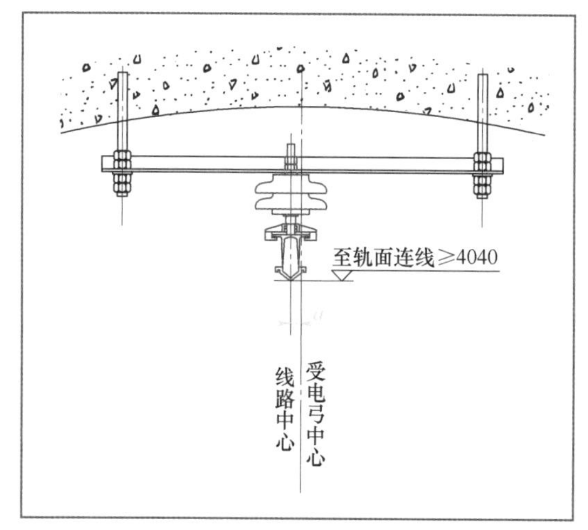

图 4-6-6 低净空悬挂安装示意图

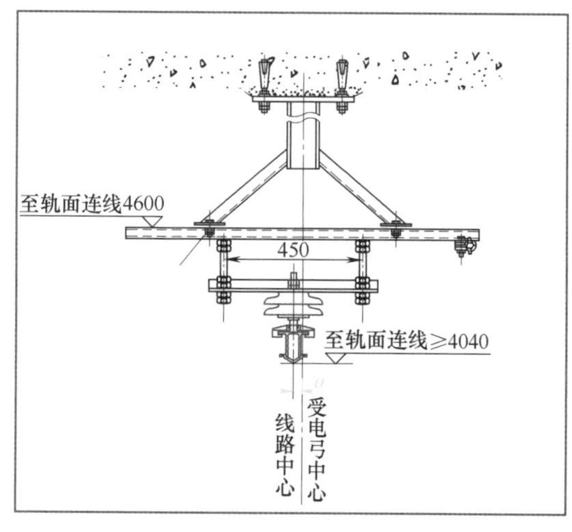

图 4-6-7 悬挂安装示意图

2. 实物效果图

安装实物效果图如图 4-6-8、图 4-6-9 所示。

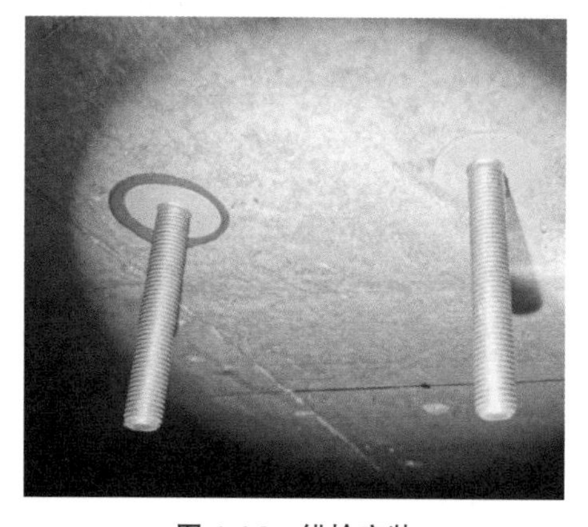

图 4-6-8 锚栓安装

图 4-6-9 悬挂安装

4.7　刚性接触网汇流排安装及接触线架设

汇流排一般为铝合金材质，既作为固定接触线的嵌体，同时又作为导线截面的一部分，常规汇流排为π型，由汇流排本体、中间接头、汇流排终端等部件组成。接触线是刚性接触网中重要组成部分，它与受电弓直接接触，处于摩擦状态，主要部件由接触线、导电油脂组成。接触线截面积一般采用120mm^2 或150mm^2，通过放线小车镶嵌于π型汇流排上，与汇流排一起组成接触悬挂。

4.7.1　工艺流程及要求

1. 外部环境和接口检查

（1）确认汇流排悬挂支持装置已安装完毕。

（2）道床至轨面高度符合设计要求。

（3）接触线架设后调整前，轨道应处于锁定状态。

2. 流程图

刚性接触网汇流排安装及接触线架设施工流程如图4-7-1所示。

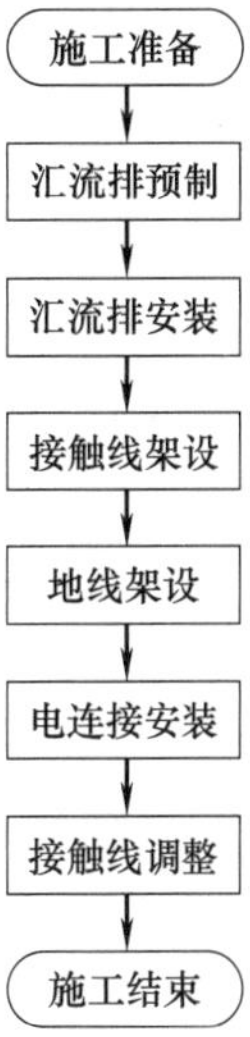

施工准备 → 汇流排预制 → 汇流排安装 → 接触线架设 → 地线架设 → 电连接安装 → 接触线调整 → 施工结束

图4-7-1　刚性接触网汇流排安装及接触线架设施工流程图

3. 施工后注意事项

（1）汇流排安装完成后，接缝、间隙、螺栓紧固力矩等均应满足设计要求。

（2）悬挂定位点调整后，每处悬挂定位点接触线的导高、拉出值应符合设计要求。

4.7.2　精细化施工工艺标准

1. 汇流排布置应合理；沿线路布置时，应使汇流排对接接头靠近悬挂点，中间接头位置距离悬挂点不小于500mm。

2. 汇流排预制切割时，使用专用钻孔夹具在汇流排端部进行钻孔，接缝应密贴。

3. 汇流排对接口应密贴，开口过渡应平滑顺直，连接端缝平均宽度不得大于1mm；汇流排连接缝两端齿槽连接处平顺光滑，不平顺度不大于0.3mm。

4. 汇流排定位线夹安装时，使用内六角专用扳手紧固两螺栓，所有螺栓应保持统一朝向，保持美观且方便维护检查。

5. 汇流排终端安装预留量符合设计要求，汇流排终端1500mm长度内上翘70mm。

6. 汇流排及其他带电体与其他非带电金属体的安全距离应大于150mm。

7. 接触线安装高度应满足设计要求，绝对高度允许安装误差为±5mm，相邻的悬挂点相对高度差一般不得超过所跨跨距数值的0.5‰，设计变坡段不应超过1‰。跨中弛度不得大于跨距值的1‰，且不应出现负弛度。

8. 接触线在锚段末端汇流排外余长为100～150mm，沿汇流排终端方向顺延，一般对接地体的距离不小于150mm。

9. 电连接线所用型号、材质、数量应符合设计要求，并预留因温度变化使接触悬挂产生伸缩需要的长度，弯曲方向与汇流排移动方向一致。

10. 螺栓的紧固力矩应符合设计要求。

4.7.3 精细化管理要点

1. 汇流排对接应检查接缝对接情况，采用塞尺或卡尺检查连接端缝的宽度符合要求，平均宽度不得大于 1mm；通过手指触感来确定连接缝是否平顺光滑。

2. 汇流排定位线夹的螺栓朝向应统一，使用内六角的力矩扳手对螺栓进行紧固，设置的力矩大小与螺栓规格对应技术要求应一致。

3. 使用卷尺测量汇流排终端预留量，确保汇流排在终端位置应在 1500mm 长度内上翘 70mm。

4. 接触线安装过程中，随时检查接触线上的卡槽与汇流排卡装紧固情况。

5. 接触线安装完成后，采用激光仪器，测量接触线距轨道平面的高度应符合设计要求，允许误差为±5mm；

6. 锚段末端的接触线沿着汇流排顺延超出汇流排 100～150mm。

7. 电连接线的材质、规格应满足技术要求，电连接线与线夹需接触良好，固定紧固，电连接线的安装位置误差控制在 200mm 内。

8. 接触网带电部分距接地体或其他金属体的距离应满足技术要求。

4.7.4 效果示例

1. 安装示意图

各安装示意图如图 4-7-2～图 4-7-4 所示。

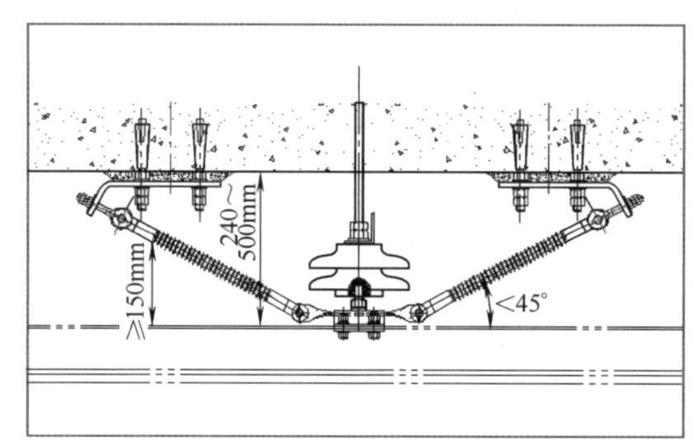

图 4-7-2 低净空中心锚结安装示意图

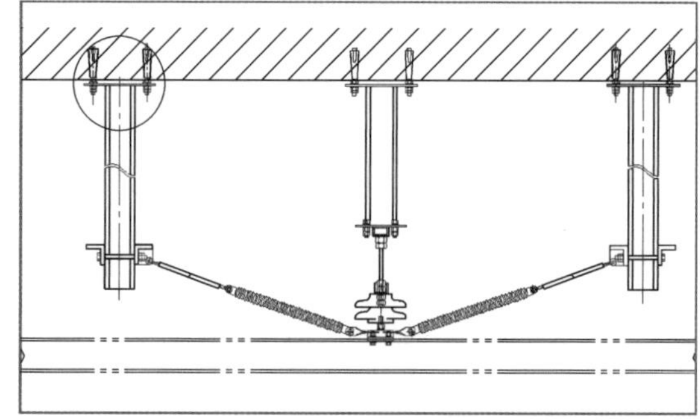

图 4-7-3 高净空中心锚结安装示意图

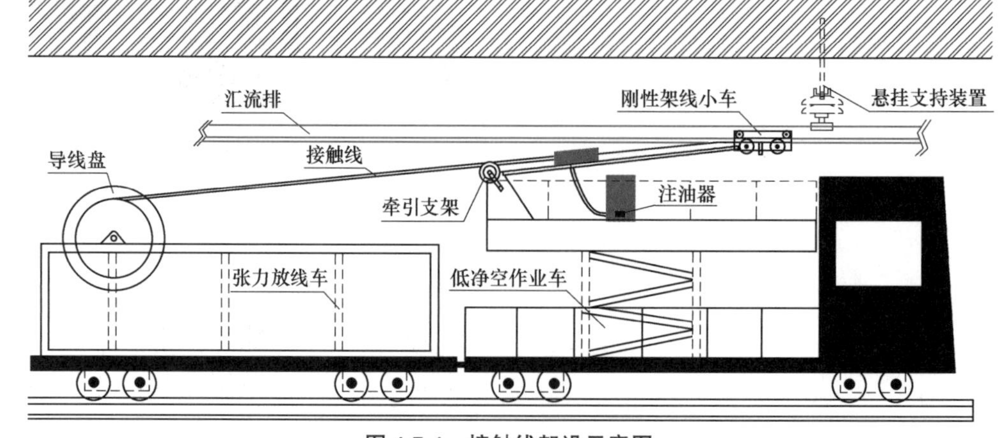

图 4-7-4 接触线架设示意图

2. 实物效果图

各实物效果图如图 4-7-5～图 4-7-10 所示。

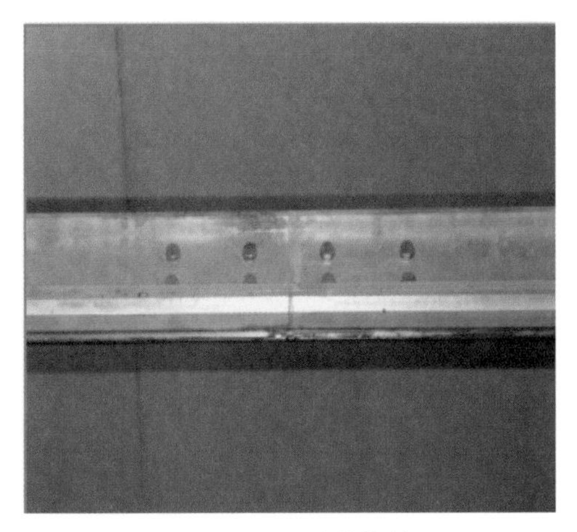

图 4-7-5　汇流排接缝

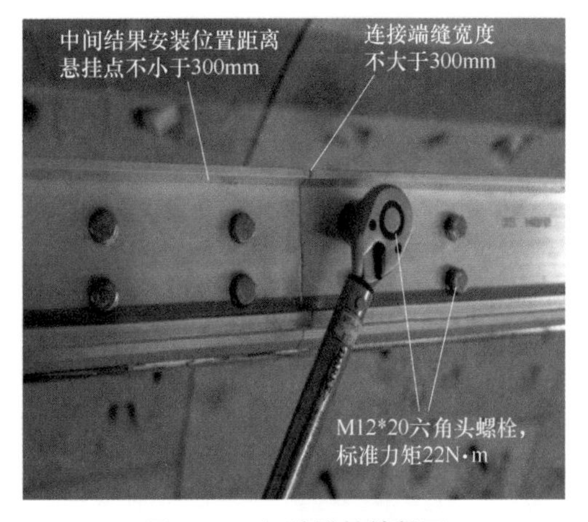

图 4-7-6　汇流排接缝紧固

图 4-7-7　锚段关节安装

图 4-7-8　岔区汇流排效果

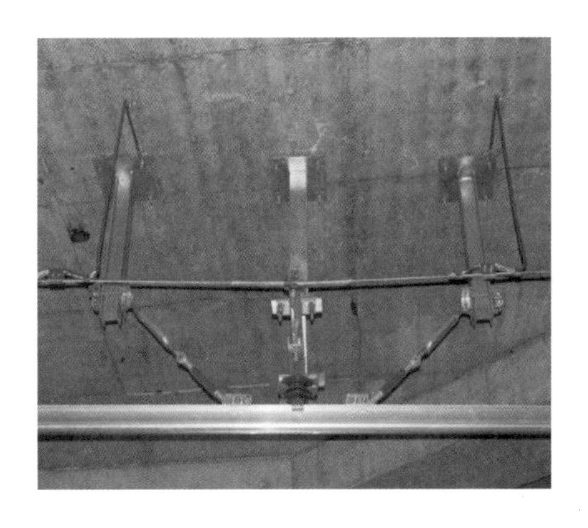

图 4-7-9　中心锚节安装

图 4-7-10　锚段关节电连接安装

4.8 刚性接触网设备安装

分段绝缘器是同相接触网的电分段绝缘设备，受电弓带电滑行通过，能够实现接触网供电可靠性。隔离开关是作为供电设备投入与退出的联络开关，满足检修和供电方式的需求，给不同电分段的刚性接触网提供电力。刚柔过渡装置往往安装在架空柔性接触网和刚性接触网汇流排交汇点处，满足柔性接触网悬挂和刚性悬挂的衔接过渡，确保受电弓在两种悬挂之间平稳过渡。

4.8.1 施工流程

1. 外部环境和接口检查

（1）安装前汇流排安装完毕，导轨与相邻汇流排已连接，悬挂定位点处锚固汇流排、接触线已架设。

（2）分段绝缘器、隔离开关、刚柔过渡装置数量、规格、型号符合要求。

（3）相关设备表面清洁、美观。

2. 流程图

刚性接触网设备安装施工流程如图 4-8-1 所示。

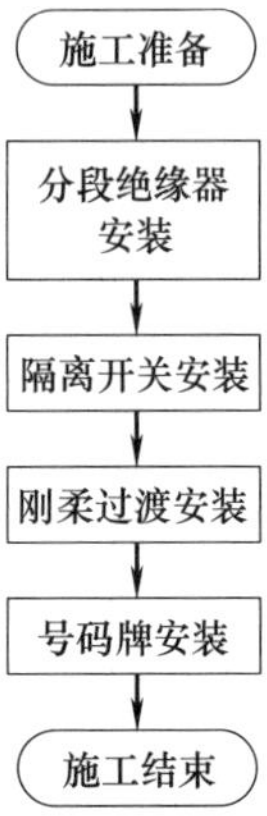

施工准备 → 分段绝缘器安装 → 隔离开关安装 → 刚柔过渡安装 → 号码牌安装 → 施工结束

图 4-8-1 刚性接触网设备安装施工流程图

3. 施工后注意事项

（1）各设备安装完成后，限界距离满足要求。

（2）各非带电体与带电体之间距离不小于 150mm。

4.8.2 精细化施工工艺标准

1. 隔离开关中心线应铅垂，操纵杆垂直并与操作机构轴线一致，连接应牢固无松动现象，铰接处活动灵活。

2. 隔离开关刀口部分涂导电油脂，机构的连接轴、转动部分、传动杆涂润滑油。

3. 分段绝缘器中点应设置在受电弓的中心位置上（即拉出值为 0mm），偏离受电弓中心线最大不应超过 30mm。

4. 分段绝缘器与受电弓接触部分应调至一个平面上，且该平面应与轨面平行。受电弓双向通过分段绝缘器均应过渡平稳，不打弓。

5. 分段绝缘器距相邻刚性悬挂定位点的距离符合设计要求，允许误差±50mm。

6. 切槽汇流排处于平衡状态，其前端 4000mm 内不应布置柔性悬挂吊弦。

7. 双接触导线中的另一条接触导线等高进入刚柔过渡 500mm 后逐渐抬高脱离运行接触，成为非支于前端下锚。两接触导线的张力应调至完全一致。

8. 号码牌安装。

（1）悬挂定位号码牌：隧道悬挂定位点号码一般印刷在列车前进方向右侧隧道壁上。分两排布置，上排印制锚段编号，下排印制悬挂点编号。

（2）隔离开关号码印刷：隔离开关号码印刷在操作机构上的颜色和字体大小应符合设计要求。

4.8.3　精细化管控要点

1. 采用激光仪器投出线路中心线对应在接触线和分段绝缘器的位置，复核分段绝缘器的中点应在受电弓中心位置上。

2. 调整分段绝缘器的安装形态，确保分段绝缘器与受电弓处于同一平面，受电弓能平滑扫过该平面。

3. 分段绝缘器应紧固牢靠，紧固力矩符合螺栓规格对应的技术要求。

4. 隔离开关安装时需注意隔离开关及连接电缆的带电导体部分距建筑体、其他专业设备的距离，应满足设计要求。

5. 隔离开关安装完成后，测试刀闸的分合情况，刀闸分合流畅、不卡滞。检查隔离开关操作机构的安装位置和打开方向，应不受其他专业设备、线缆的影响，并且开关操作机构箱门打开后，满足限界要求，不应影响列车运行。

6. 隔离开关操作机构等所有底座都与架空地线相连通，可靠接地。

4.8.4　效果示例

1. 安装示意图

隔离开关和刚柔过渡安装以及分段绝缘器示意图如图 4-8-2～图 4-8-4 所示。

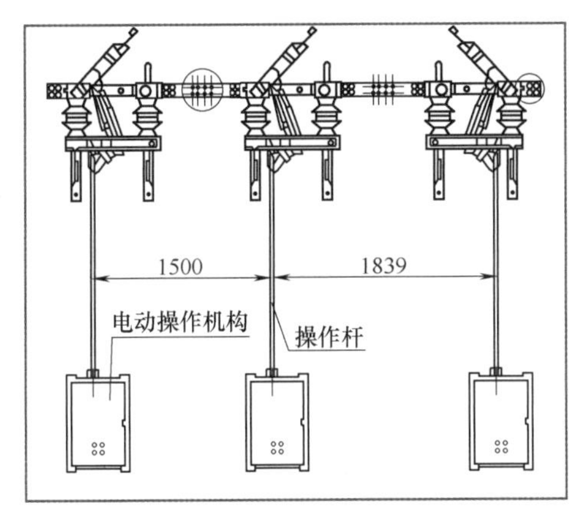

图 4-8-2　隔离开关安装示意图

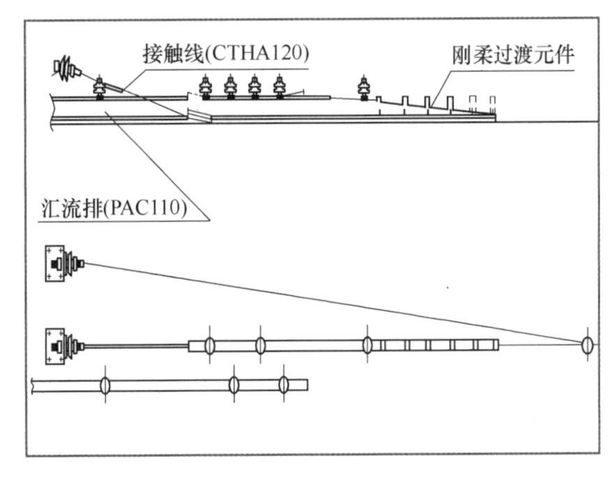

图 4-8-3　刚柔过渡安装示意图

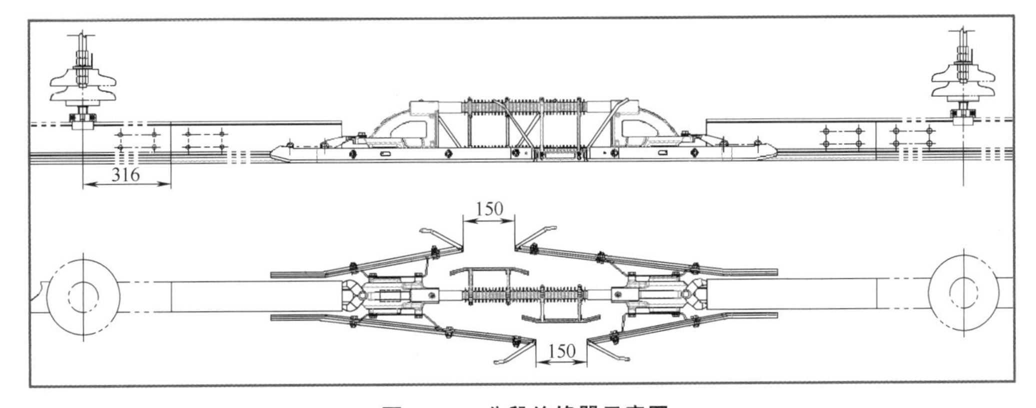

图 4-8-4　分段绝缘器示意图

2. 实物效果图

安装实物效果图如图 4-8-5～图 4-8-8 所示。

图 4-8-5　三联隔离开关安装

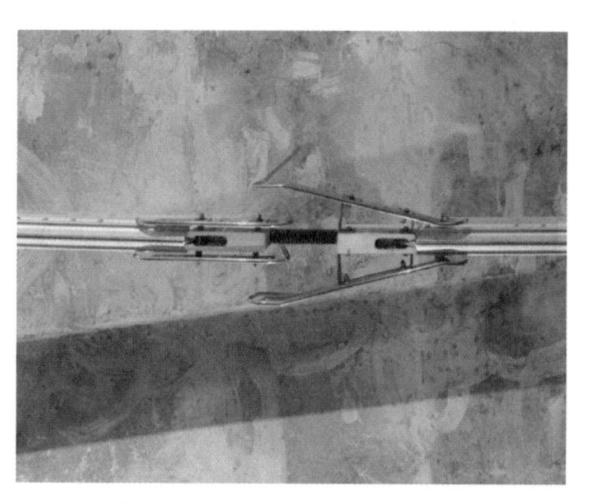

图 4-8-6　刚性分段绝缘器安装

图 4-8-7　刚柔过渡安装

图 4-8-8　号码牌喷涂

4.9　接触轨锚栓打孔及底座安装

接触轨一般安装在道床或枕木头上，在道床或枕木头上安装锚栓固定钢底座及整体绝缘支架，用于支撑接触轨。

4.9.1　施工流程

1. 外部环境和接口检查

(1) 道床浇筑完成，混凝土强度满足钻孔要求。

(2) 道床至轨面高度符合设计要求。

(3) 轨面标高已按调坡调线数据调整完成。

(4) 确定打孔的位置是否有孔洞、伸缩缝等影响打孔的因素。

2. 流程图

接触轨锚栓打孔及底座安装施工流程如图 4-9-1 所示。

4.9.2　精细化施工工艺标准

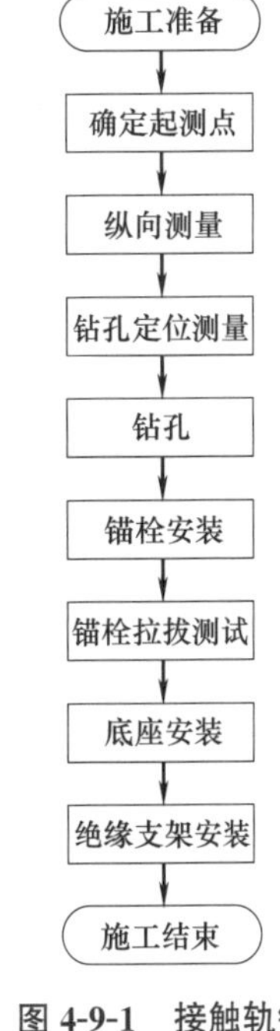

图 4-9-1　接触轨锚栓打孔及底座安装施工流程图

1. 测量定位

（1）以车站中心标、道岔岔心标或设计图纸标明的测量起点开始测量。

（2）接触轨的定位点跨距一般情况下不得大于 5000mm。

（3）一个整锚段测量后，对此锚段全长进行复核，无误后继续进行测量。

（4）在曲线区段利用测量仪、水平尺和钢卷尺测出轨道外轨超高，并记录该值。

2. 锚栓打孔

（1）以施工测量时标记在道床上的基准点（线），套用钻孔模板，核查钻孔孔位。

（2）使用模板在孔位上钻出 3～5mm 的凹槽，开始打孔。

（3）后扩底螺栓深度误差应小于±2mm，化学锚栓深度误差－3/＋5mm。

（4）钻孔完成后，测量检查孔深、孔距等尺寸并做好钻孔记录。

3. 锚栓安装

（1）使用钢刷、吹气筒进行清孔，严格按照“三刷三吹”原则，保证彻底清孔。

（2）化学锚栓安装：先卡入对中挡环，再将注胶嘴伸入孔底进行注胶，注胶以安装锚栓后，有少量化学药剂溢出为准。

（3）后扩底锚栓安装：将锚栓置于孔内，使用专用敲击工具将锚栓固定，露出红线为止。

（4）埋入杆件的施工允许偏差应符合规范要求。

锚栓安装完成时如图 4-9-2 所示。

4. 锚栓拉拔试验

锚栓拉拔试验应当在锚栓预埋 24h 后进行，如图 4-9-3 所示，拉拔值根据设计要求不

图 4-9-2　锚栓安装完成

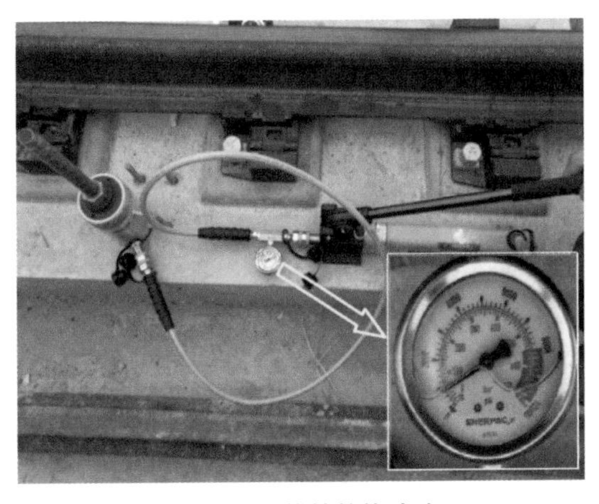

图 4-9-3　锚栓拉拔试验

小于 31kN·m，拉拔试验数量根据验标要求的抽检比例进行。拉拔试验时，在 2min 内无下降或者下降幅度不超过 5%的检验荷载，即为合格。

5. 钢底座及支架安装

（1）整体绝缘支架安装，作业人员将装配好的整体绝缘支架利用轨道作业车运至施工现场，逐点对号按设计要求及相关标准安装。要求整体绝缘支架安装牢固，部件安装正确齐全紧固。

（2）高度、平行度、侧面限界初调，采用接触轨综合测量仪、水平尺以及钢卷尺相结合初步调整整体绝缘支架的铅垂中心线与轨面垂直，侧面限界初调至设计值，高度初调至设计值。

4.9.3 精细化管理要点

1. 套模钻孔，钻孔前，模板中心线与测量中心线对齐。

2. 控制孔径、孔深，选用规定规格的钻头或专用钻头，严格按设计孔深和角度进行钻孔，确保孔位不发生偏斜。

3. 打孔时如遇钢筋，可顺线路移位 40～50mm。

4. 锚栓安装前应彻底清除孔屑及孔内杂物，以使螺栓顺利安装。

5. 施工中螺栓螺纹完好，镀锌层完好，确保膨胀套管安装到位。

6. 绝缘支架底座安装型号正确，水平面距轨面高度满足要求，螺栓紧固力矩达到设计标准。

7. 底座与整体绝缘支架安装要牢靠稳固，绝缘支架顺线路方向平面要平行于线路中心线。

4.9.4 效果示例

1. 安装示意图

钢底座及支架安装示意图如图 4-9-4 所示。

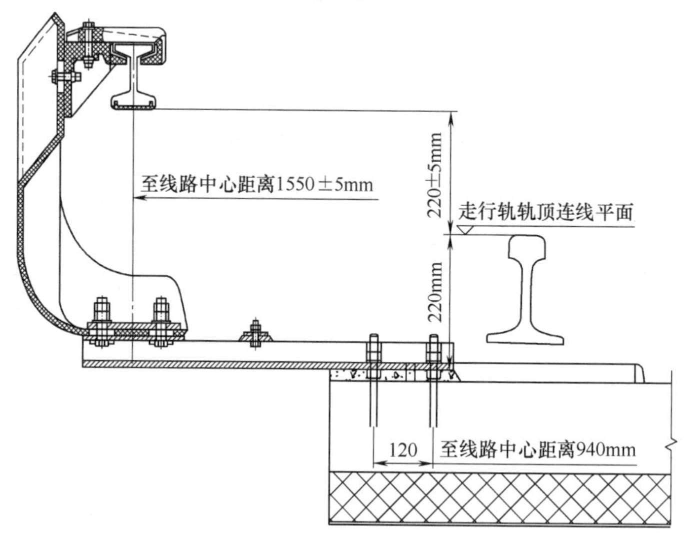

图 4-9-4 钢底座及支架安装示意图

2. 实物效果图

安装实物效果图如图 4-9-5、图 4-9-6 所示。

图 4-9-5　钢底座安装

图 4-9-6　绝缘支架安装

4.10　接触轨及附件安装

接触轨分为上授流式和下授流式，本节为下授流式，列车通过两侧的受电靴直接与接触轨的下表面钢带接触获取电能。

4.10.1　施工流程

1. 外部环境和接口检查

（1）接触轨安装前，钢底座及整体绝缘支架安装完成。

（2）道床至轨面高度符合设计要求。

（3）接触轨调整前，轨道应处于锁定状态。

2. 流程图

接触轨及附件安装施工流程如图 4-10-1 所示。

4.10.2　精细化施工工艺标准

1. 接触轨安装

（1）锚段长度复核：一个接触轨锚段绝缘支架安装完成后，即对此锚段实际各跨距和总跨距进行测量复核。

（2）接触轨合理布置：预制短钢铝复合轨应至少有一个绝缘支架支持，钢铝复合轨对接接头尽可能靠近绝缘支架定位点，但要避免钢铝复合轨接缝距最近的绝缘支架定位点的距离小于 600mm。

（3）使用钢铝复合轨安装调整器将两钢铝复合轨调至同一直线面，保持对接截面密贴，尤其是钢铝复合轨钢带接缝处应过渡平直顺滑，不偏斜错位，如图 4-10-2、图 4-10-3 所示。

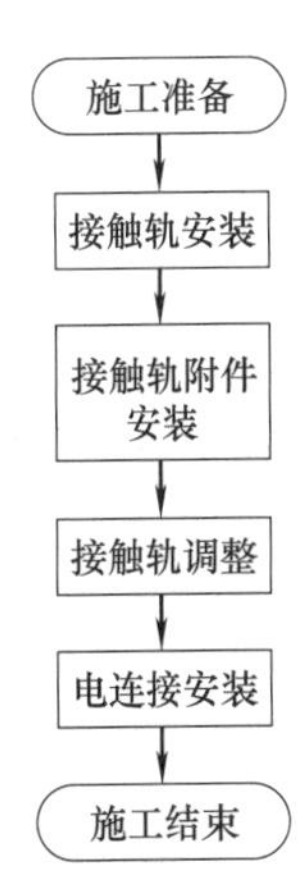

图 4-10-1　接触轨及附件安装施工流程图

2. 接触轨附件安装

（1）接触轨端部弯头安装：将端部弯头与钢铝复合轨相连的一端清理干净，接触面与鱼尾板涂抹电力导电脂。螺栓安装要满足相关技术要求。

图 4-10-2　接触轨安装完成

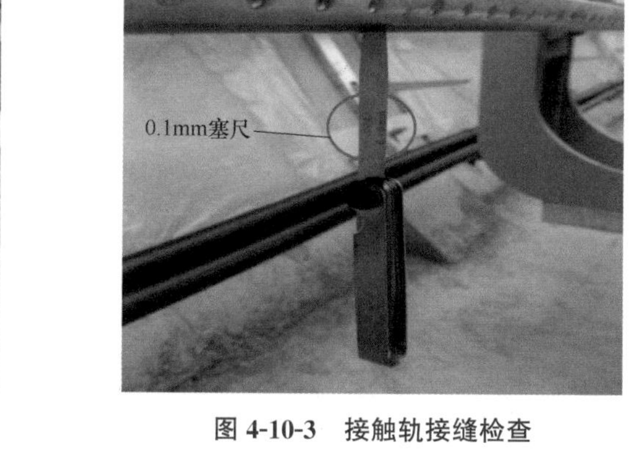

图 4-10-3　接触轨接缝检查

端部弯头如图 4-10-4、图 4-10-5 所示。

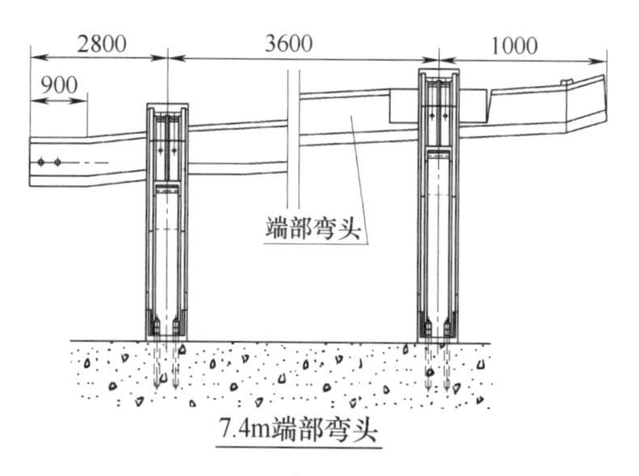

图 4-10-4　高速端部弯头示意图

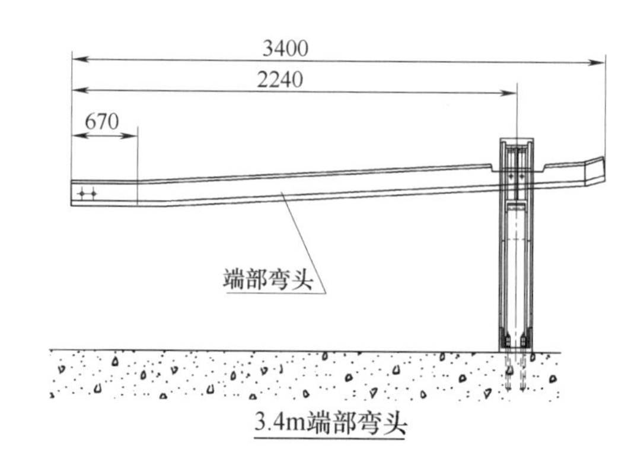

图 4-10-5　低速端部弯头示意图

（2）膨胀接头安装：用数字温度计测出当时的接触轨表面温度，根据设计或厂家提供的膨胀接头温度补偿表查出所需补偿值并记录，接缝处的补偿间隙施工误差为±5mm。膨胀接头安装如图 4-10-6 所示。

（3）中心锚结安装：在锚段中部设计定位点安装中心锚结，中心锚结安装后与绝缘支架有 2mm 间隙，如图 4-10-7 所示。

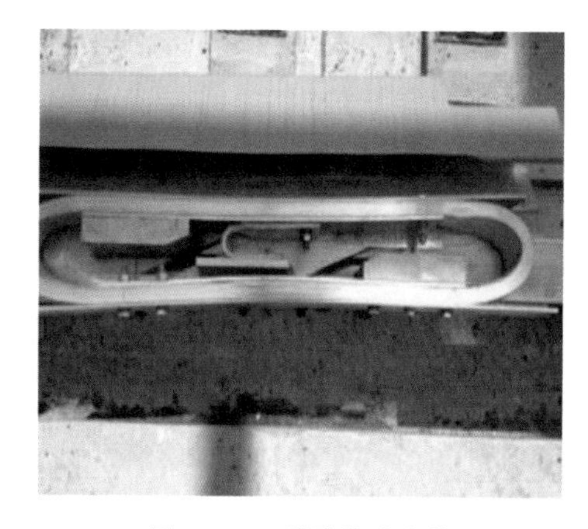

图 4-10-6　膨胀接头安装

图 4-10-7　接触轨中心锚结安装

3. 接触轨调整

（1）接触轨受流面距轨面高度为200±5mm，接触轨受流面中心距线路中心距离为1550±5mm。

（2）接触轨的受流面应与轨平面平行，受流面不得发生偏磨现象。

（3）膨胀接头和端部弯头在接触轨伸缩时能顺畅滑动。

4. 电连接安装

（1）软电缆截面要整齐。

（2）使用液压钳进行压接，压模应符合规范和设计要求。

（3）电缆用电缆线槽或电缆固定卡固定好。

（4）接线端子与电连接板的接触面均匀涂抹导电油脂。

（5）电连接电缆布置美观、合理，弯曲半径满足技术要求，紧固力矩应符合设计要求，如图4-10-8、图4-10-9所示。

（6）在电缆上悬挂统一形式的电缆标识牌，注明电缆型号、起止点等信息。

图4-10-8　电连接电缆头固定

图4-10-9　电连接安装

4.10.3　精细化管控要点

1. 整体绝缘支架中心距接触轨接头的距离应符合设计要求，并保证在任何情况下不产生卡滞现象。

2. 普通接头安装应连接紧密，应保证接缝、连接部位干净、平整，不可有错位、尖棱和异物夹塞，嵌合的不锈钢不可有翘边或缺损。接触面应涂导电脂。安装精度为±0.2mm。

3. 在中心锚结（防爬器）本体的边缘靠近支座或卡爪2～4mm处为防爬器的安装位置，使用打孔机在选定部位进行打孔，孔的直径为ϕ17mm，间距为100mm，共计2个孔。

4. 膨胀接头间隙调整应与环境温度相适应，补偿间隙a值应符合设计规定。伸缩预留值允许偏差为±5mm。

5. 接触轨调整后应满足，接触轨的受流面距走行轨轨顶连线平面的垂直距离为200mm±5mm；钢铝复合轨受流面中心距轨道中心线的水平距离为1550±5 mm。

6. 膨胀接头的调整安装应满足现场实测温度时的安装曲线距离要求。

7. 电连接电缆敷设工艺统一美观、弯曲半径大于1000mm（或20倍线缆直径）。

8. 螺栓的紧固力矩应符合设计要求。

4.10.4 效果示例

1. 安装示意图

接触轨相关安装示意图如图4-10-10～图4-10-12所示。

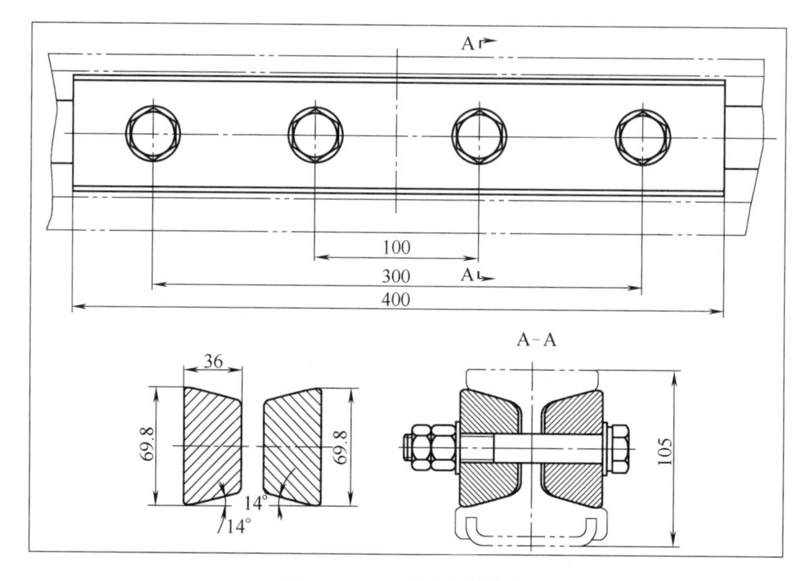

图4-10-10 接触轨接头

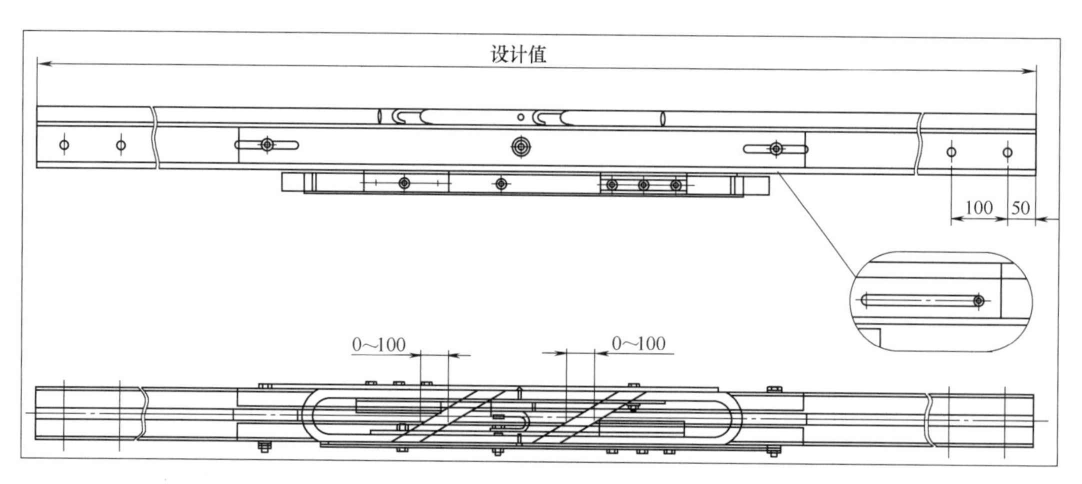

图4-10-11 接触轨膨胀接头

2. 实物效果图

实物效果图如图4-10-13、图4-10-14所示。

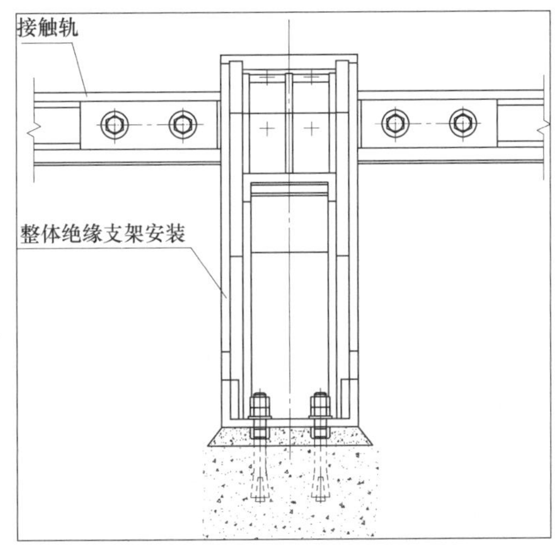

图 4-10-12　接触轨中心锚节示意图

图 4-10-13　膨胀接头

图 4-10-14　岔区电连接电缆

4.11　接触轨防护罩安装

防护罩通过安装在接触轨上的支撑块固定于接触轨上，分为普通防护罩和特殊防护罩，作用主要是保护接触轨。

4.11.1　施工流程

1. 安装防护罩的区段接触轨已调整到位。
2. 防护罩的长度、颜色、外观等均满足设计要求。

接触轨及附件安装施工流程如图 4-11-1 所示。

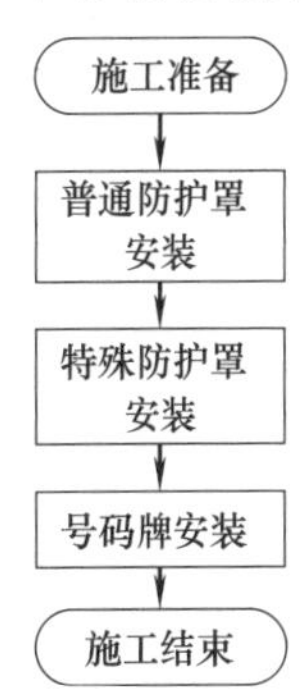

图 4-11-1　接触轨及附件安装施工流程图

4.11.2　精细化施工工艺标准

1. 普通防护罩安装

（1）防护罩支撑块安装：按设计要求间距将防护罩支撑块均匀地布置于接触轨上，并将其摆正、装好，安装前应将接触轨擦拭干净。

（2）防护罩安装：先将防护罩扣到防护罩支撑块上，然后慢慢压下防护罩，并使防护罩下沿的防护罩扣槽扣于防护罩支撑块之上。

（3）防护罩安装的检查：查看是否有防护罩没完全卡入防护罩支撑块的，防护罩接头是否完好，各种类型的防护罩是否安装匹配，防护罩有无损坏等。

安装效果如图 4-11-2、图 4-11-3 所示。

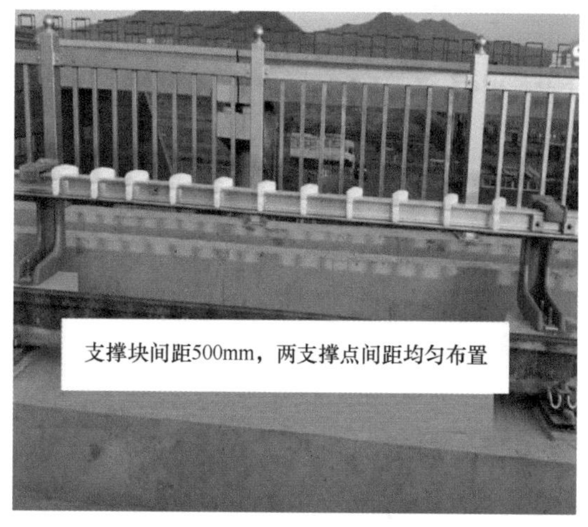

图 4-11-2　防护罩支撑块安装

图 4-11-3　防护罩及支撑块安装

2. 特殊防护罩安装

在安装特殊防护罩前，应先完成普通防护罩安装。特殊防护罩分为端部弯头防护罩、电连接接头防护罩、绝缘支架防护罩、中锚防护罩、膨胀接头防护罩，如图 4-11-4～图 4-11-6 所示。

（1）特殊防护罩安装：先将防护罩扣到防护罩支撑块上，然后慢慢压下防护罩，并使防护罩下沿的防护罩扣槽扣于防护罩支撑块之上。

（2）防护罩安装的检查：查看是否有防护罩没完全卡入防护罩支撑块的。防护罩接头是否完好，各种类型的防护罩是否安装匹配，防护罩有无损坏等，各类防护罩搭接长度大于等于 200mm。

图 4-11-4　膨胀接头防护罩安装

图 4-11-5　电连接接头防护罩安装

图 4-11-6　端部弯头防护罩安装

3. 号码牌安装

（1）根据号码牌编号原则，每间隔一个定位点安装一个号码牌。

（2）号码牌使用反光材质张贴或涂刷在支架防护罩正面，如图 4-11-7 所示。

（3）号码牌安装后应编号正确，不得出现错号、漏号等现象。

图 4-11-7　号码牌安装

4.11.3　工艺精细化管理要点

1. 防护罩要严格按设计要求尺寸进行加工，加工后的切口要打磨光滑。

2. 要确保防护罩已完全卡住防护罩支撑块。

3. 防护罩安装前应清理掉接触轨上方的一切杂物，检查防护罩无破损，安装过程中不可以重物敲击方式组装部件。

4. 防护罩支撑块安装间距应不大于 500mm，两支撑点间的支撑块应均匀布置。

5. 两支撑点间若无其他设备组件，该跨距防护罩应采用整根安装。

6. 特殊防护罩两端与普通防护罩的搭接重叠长度不小于 200mm，且搭接重叠范围内应设置一个支撑块。

7. 特殊防护罩中心须与接触轨部件中心对齐安装，不得错位。

4.11.4　效果示例

1. 安装示意图

各防护罩安装示意图如图 4-11-8～图 4-11-10 所示。

2. 实物效果图

区间防护罩如图 4-11-11 所示。

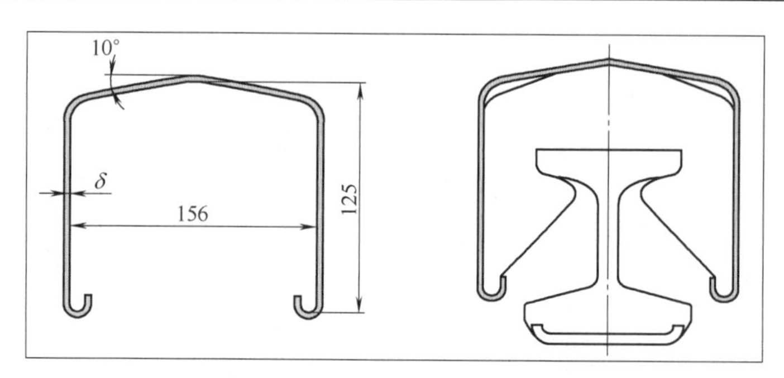

图 4-11-8　普通防护罩示意图

δ—罩壁厚度

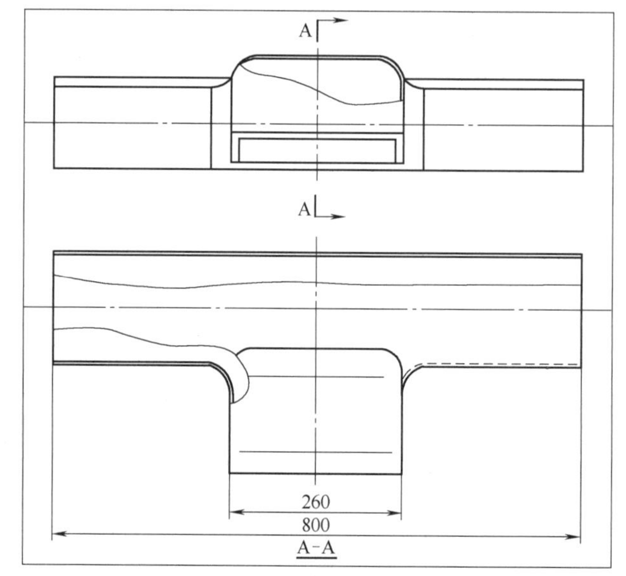

图 4-11-9　支架防护罩示意图

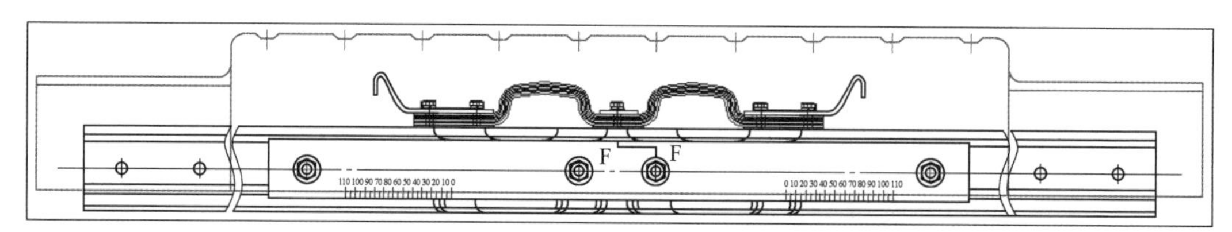

图 4-11-10　膨胀接头防护罩示意图

图 4-11-11　区间防护罩

4.12　杂散电流防护系统设备安装

杂散电流防护系统对保护沿线的车站建筑结构、道床、各种预埋或敷设的金属管线免于城市轨道交通直流牵引系统产生的电化腐蚀起着至关重要的作用。是城市轨道交通牵引供电系统的主要设备，主要由监测系统和排流系统两大部分组成。

4.12.1　施工流程

1. 外部环境和接口检查

（1）测量前应先确定起测点，一般为车站与区间分界点。

（2）确认道床相应位置预埋接线端子完好。

（3）检查参比电极外观无破损，线缆未脱落。

2. 流程图

杂散电流防护系统施工流程如图 4-12-1 所示。

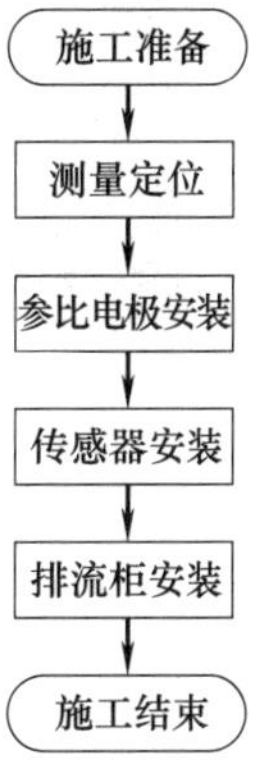

施工准备 → 测量定位 → 参比电极安装 → 传感器安装 → 排流柜安装 → 施工结束

图 4-12-1　杂散电流防护系统施工流程图

4.12.2　精细化施工工艺标准

1. 审核施工图，对设备安装位置、电缆路径、接线端子预留等进行实测，及时发现现场与设计中间的差异，如限界、预留等，提出解决办法，为后续施工扫清障碍。

2. 现场定测确认传感器安装位置，一般高架段安装在 U 形梁外侧翼沿上，地下段安装在隧道壁侧墙上，正对测量端子位置，车站安装在距地面 1500～1600mm 高的弱电侧，区间安装在疏散平台平面上 500～600mm 处。

3. 传感器安装里程位置应与设计里程偏差不超过±20m。

4. 参比电极安装前先用洁净的清水浸泡 8～10h。

5. 对应每个传感器，在附近的整体道床及车站结构范围内设置一个参比电极和一个测量端子，且二者相距不超过 1000mm。

6. 参比电极应埋设在被测结构物的钢筋附近，距钢筋 10～15mm，不得与钢筋接触。

7. 排流柜安装时绝缘板接口处的间隙用中性绝缘胶填充，待绝缘胶凝固后用砂纸打平，然后对绝缘板进行干燥处理。

8. 道床连接线安装时螺栓应紧固到位，确保接线端子与测量端子良好接触。

9. 线缆过轨或管沟时，应用保护管进行保护。

10. 从地面开孔处至监测装置下部的进线端安装电缆线槽，电缆在线槽内敷设并进行固定，电源电缆与动力照明电缆同层敷设。

参比电极打孔如图 4-12-2 所示。

4.12.3　精细化管控要点

1. 安装使用前应把要安装的电极在洁净的清水中浸泡 8～10h 备用。

2. 参比电极采用多孔陶瓷外壳，因此在使用过程中注意小心轻放，严禁撞击硬物。严禁用力提拉电极引线，以防断线。

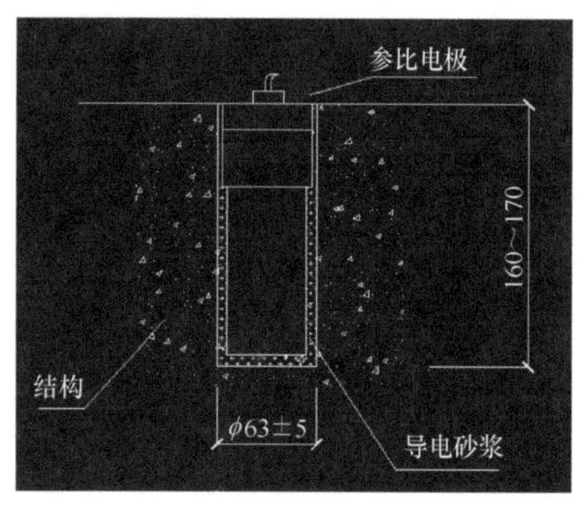

图 4-12-2　参比电极打孔

3. 参比电极在混凝土表面垂直放置，应将电极全部埋置在混凝土介质中，距钢筋 10～15mm，且不得与钢筋接触。

4. 隧道区间道床参比电极打孔安装时须选择好道床连接端子与区间动力配电箱的距离（在距离车站端头 250m 的距离适当选择就近的配电箱位置进行打孔安装）。

5. 智能接线盒采用壁挂安装方式，在隧道壁及桥梁挡板上用锚栓固定，固定智能接线盒锚栓不能与结构钢筋接触。

6. 杂散电流监测装置安装在排流柜正面左侧门板上，距地面约 1500mm。

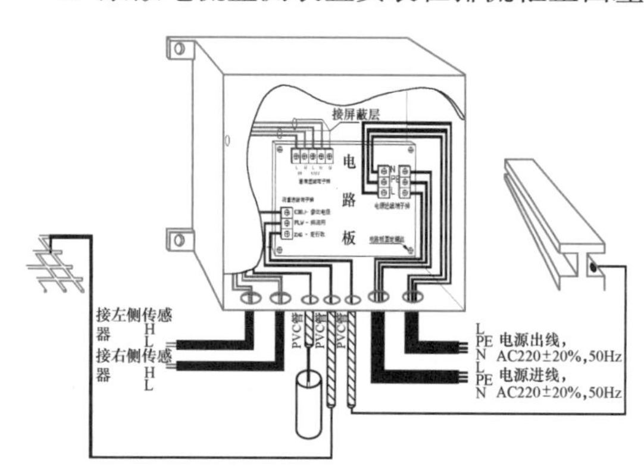

图 4-12-3　传感器接线示意图

7. 固定道床连接线时，应使用不锈钢螺栓进行安装，并使用力矩扳手按要求紧固螺栓。

4.12.4　效果示例

1. 安装示意图

传感器接线示意图如图 4-12-3 所示。

2. 实物效果图

实物效果图如图 4-12-4～图 4-12-7 所示。

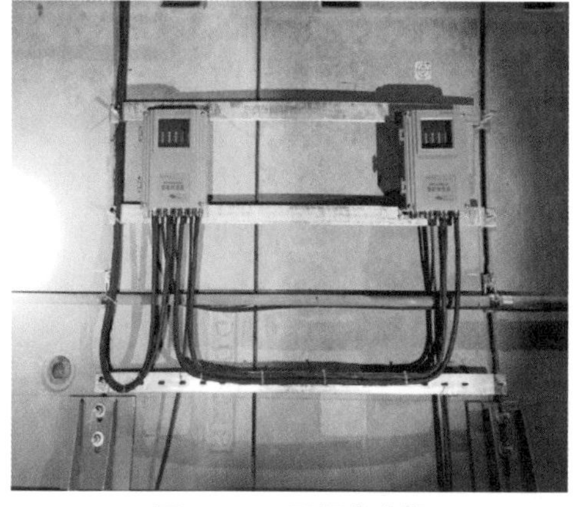

图 4-12-4　区间传感器

图 4-12-5　车站传感器

图 4-12-6　道床连接线

图 4-12-7　排流柜

4.13　均回流箱及均回流电缆安装

钢轨为地铁牵引供电系统的负极，通过回流电缆将钢轨上残余的电流回收至变电所，从而保护人员及设备安全。

4.13.1　施工流程

1. 外部环境和接口检查

（1）测量前应先确定起测点，一般为车站与区间分界点。

（2）确定轨道已经完成了长轨锁定。

（3）检查电缆、回流箱等设备外观无破损、尺寸符合设计要求。

2. 流程图

均回流箱及均回流电缆安装施工流程如图 4-13-1 所示。

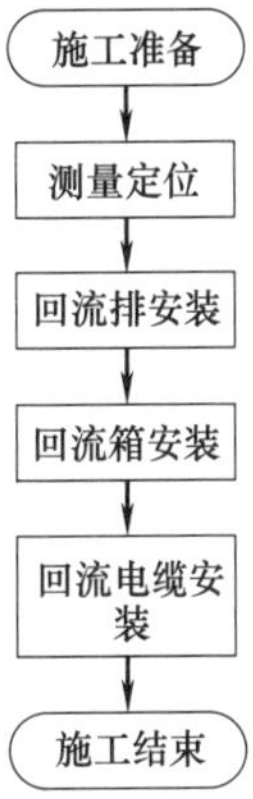

施工准备 → 测量定位 → 回流排安装 → 回流箱安装 → 回流电缆安装 → 施工结束

图 4-13-1　均回流箱及均回流电缆安装施工流程图

3. 施工后注意事项

（1）回流铜排安装后与钢轨的接触电阻应满足设计要求。

（2）回流箱安装后应稳固，限界满足设计要求。

（3）均回流电缆与铜排连接处的螺栓力矩应满足设计要求。

4.13.2　精细化施工工艺标准

1. 审核施工图，对设备安装位置、电缆敷设路径等进行实测，及时发现现场与设计中间的差异，如限界、预留等，提出解决办法，为后续施工扫清障碍。

2. 回流箱安装在牵引变电所车站的两端，安装位置应在电缆进出线口附近，且位置不侵限，不影响后期运营行走路径。

3. 在钢轨上确定安装位置，对安装的位置进行打磨，去除锈层。

4. 根据图纸中的安装要求，在现场确定回流箱的实际安装位置。

5. 使用锚栓将回流箱底座安装固定在地面或墙面上，安装后回流箱开门方向应朝向线路侧。

6. 回流箱安装后，开门状态下不得侵入行车限界。

7. 均回流电缆时在穿越水沟、道床时，电缆应穿管保护，避免电缆受损。

8. 使用专用卡箍和锚栓将均回流电缆固定于道床上。在有砟道床敷设时，应开挖道砟，将电缆穿管埋置在道砟下方。

9. 螺栓应使用不锈钢螺栓，使用专用力矩扳手对螺栓进行紧固，确保紧固到位。

10. 使用放热焊焊接的均回流电缆应对焊接质量进行逐一检验，并定期检查其稳固性。对放热焊处的钢轨进行探伤试验，防止因高温对钢轨结构造成损伤。

回流铜排安装及电阻检测如图 4-13-2、图 4-13-3 所示。

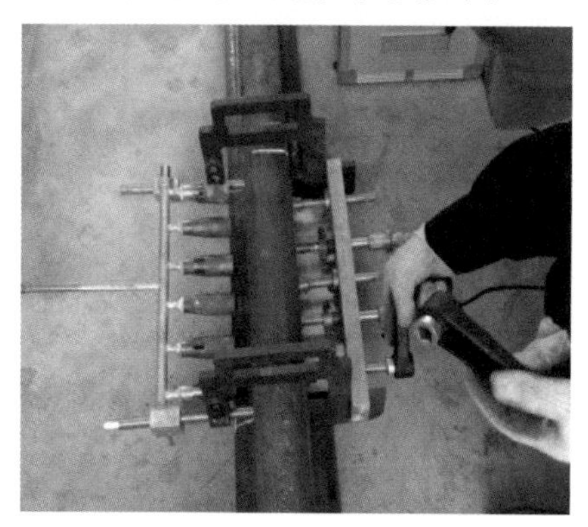

图 4-13-2　回流铜排安装

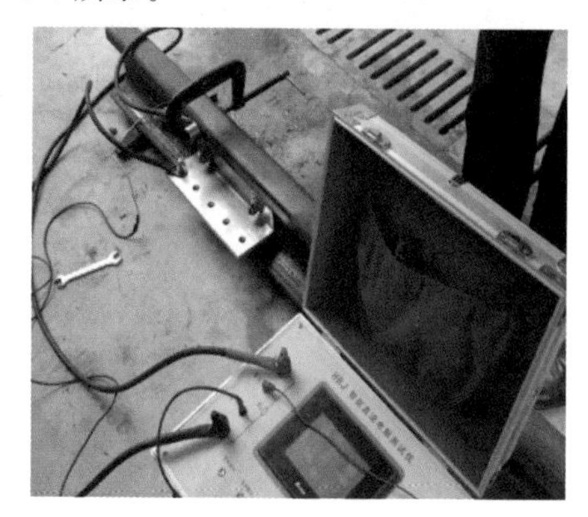

图 4-13-3　回流铜排电阻检测

4.13.3　精细化管控要点

1. 均回流电缆敷设安装时，应将电缆牢固固定在道床上。
2. 电缆终端采用热缩终端头，最小许可弯曲半径不大于 6 倍的电缆直径。
3. 转接铜排安装位置与信号专业的计轴器、信标等的距离应满足设计要求。
4. 每处铜排焊接完成后应进行超声波探伤。
5. 回流铜排在经过 200 万次循环振动后与钢轨间的接触电阻小于 30$\mu\Omega$。

4.13.4　效果示例

1. 安装示意图

回流箱安装示意图如图 4-13-4 所示。

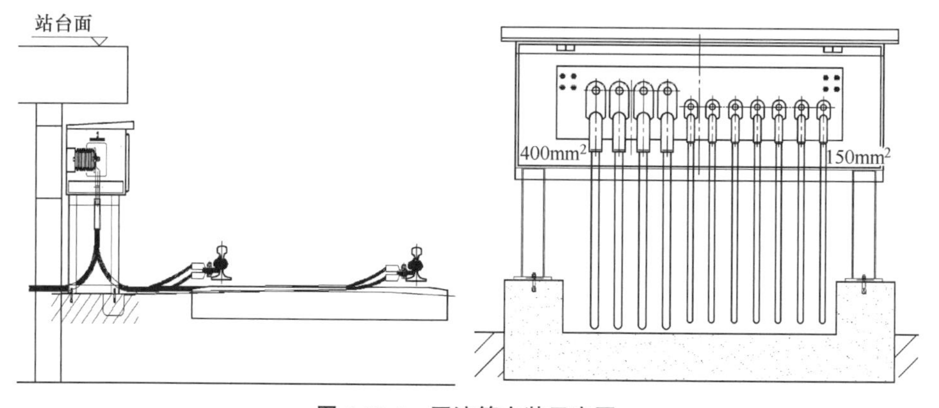

图 4-13-4　回流箱安装示意图

2. 实物效果图

回流箱等实物效果图如图 4-13-5～图 4-13-7 所示。

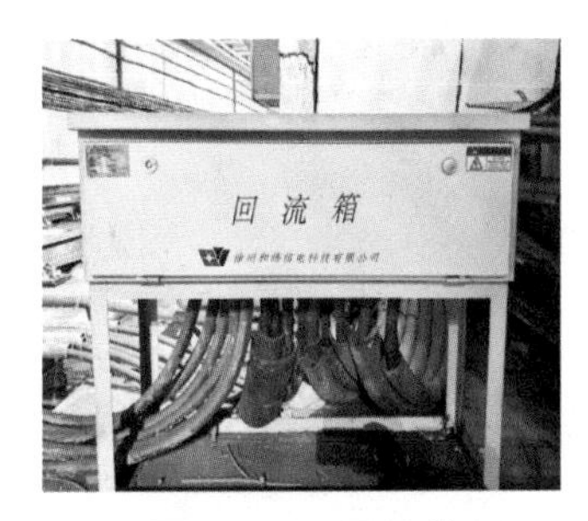

图 4-13-5　回流箱

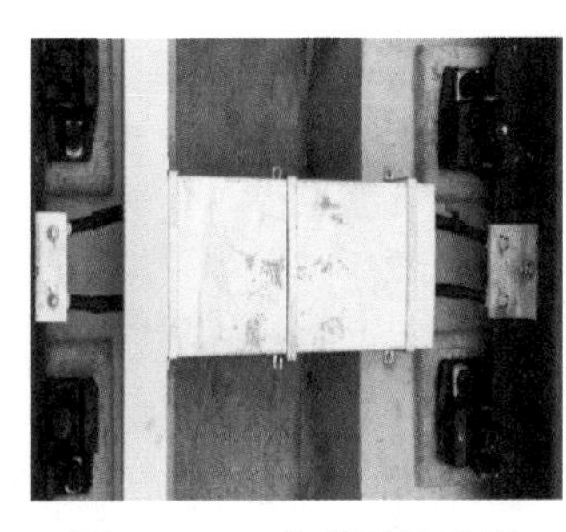

图 4-13-6　电缆过轨防护

图 4-13-7　回流电缆连接

4.14　变电所设备基础预埋件安装

设备基础预埋件埋设于变电所结构板上，顶面与装修层齐平，变电所设备安装于预埋件之上，起到固定设备的作用。

4.14.1　施工流程

1. 外部环境和接口检查

（1）核对图纸，仔细阅读图纸设计说明，明确材料规格、材料用途。

（2）提前与装饰装修单位沟通确定 1 米线标高。

（3）检查预留设备孔洞尺寸、位置应符合设计要求。

（4）检查预埋件材料钢材质、厚度应满足要求。

（5）依据施工设计图，用水准仪测量室内地面，是否符合设计要求。

（6）复测位置最高的一组对应 1 米线，是否满足预埋件安装要求。

2. 流程图

变电所设备基础预埋件安装施工流程如图 4-14-1 所示。

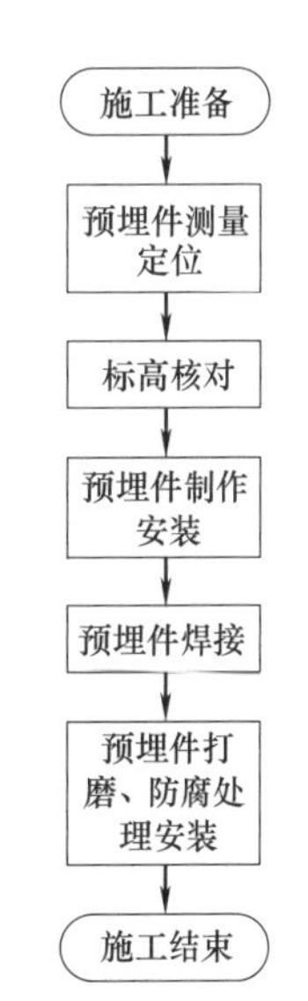

图 4-14-1　变电所设备基础预埋件安装施工流程图

3. 施工后注意事项

（1）基础预埋件安装完成后，焊接部位须用焊锤敲净焊渣，检查焊接处无虚焊、漏焊。

（2）用打磨设备将基础预埋件设备安装面焊接点打磨平整。

（3）所有外露部分和焊接部分打磨后须按要求进行防腐处理，如图 4-14-2 所示。

（4）装修地面与预埋件顶面平齐，误差－3/0mm。

4.14.2　精细化施工工艺标准

1. 依照位置基准线安放好基础槽钢，用水准仪测量基础槽钢顶面水平，应符合室内地坪标高。

图 4-14-2　打磨防腐处理

2. 将预埋件放置在放样线上，在地坪上标记处打孔，将小角钢固定。

3. 用钢卷尺测量基础槽钢间的距离，是否符合设计图纸要求。

4. 预埋件顶面标高应根据设备安装要求适当高出装修层。

5. 400V 开关柜基础预埋件应与配电变压器基础预埋件处于同一水平面上，以满足 400V 进线柜与配电变压器母线间连接要求；400V 开关柜预留设备均需制作设备预埋件。

6. 基础预埋件安装前应与装饰装修单位对接房间地面找坡等标高问题，要求设备预埋件周围装修完成面保持水平，无坡度。

4.14.3　精细化管控要点

1. 两预埋槽钢或导轨间的平行度及平直度不大于 1mm/m，总误差不大于 2mm。

2. 预埋件与其相对应安装设备间的接触面平整，水平度误差不大于 1mm/m，全长误差不大于 2mm。

3. 焊缝饱满，表面均匀，不得有漏焊、裂纹、夹渣、烧穿、弧坑等缺陷。

4. 接地支线与设备基础预埋件之间的连接采用搭接焊，其搭接长度不小于扁钢 2 倍宽度（所内搭接长度统一），至少有 3 个棱边满焊，焊接牢固，不得有虚焊。

5. 基础预埋件向设备孔洞内引入扁钢，引入长度距梁底部 100mm，引出端预留连接螺栓孔。

6. 基础预埋件槽钢焊接加长时，两边需要错位焊接。

7. 基础预埋件完成后，采用遮挡、隔离、警示标志等方式，做好成品保护。

4.14.4　效果示例

1. 安装示意图

40.5kV 开关柜平面图如图 4-14-3 所示。

2. 实物效果图

设备基础预埋件焊接如图 4-14-4 所示。

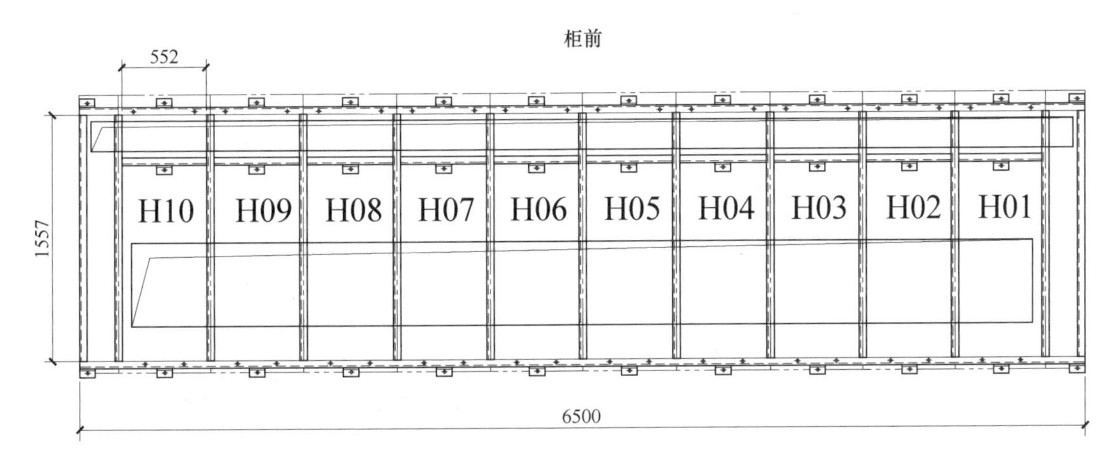

图 4-14-3　40.5kV 开关柜平面图

图 4-14-4　设备基础预埋件

4.15　变电所电缆支架桥架安装

此支架、桥架安装于变电所设备下方电缆夹层内，主要用于敷设固定所内连接电缆。

4.15.1　施工流程

1. 外部环境和接口检查

（1）按照图纸数量要求将电缆支架从存放地点运输到安装地点。

（2）支架安装前应根据图纸核对现场安装位置，根据现场实际情况可适当调整支架安装位置，但须满足设计要求，使电缆支架安装后夹层内留有一条无障碍的巡视、检修通道。

（3）根据设计图纸，参考现场设备预留孔洞，确定电缆支架的水平走势，并用弹线工具在夹层地面上弹出支架水平走势标记。

（4）按照设计图纸要求确定每个工字钢立柱位置，并用弹线工具在夹层地面上弹出每个工字钢立柱安装孔的位置，为打孔做好准备。

2. 流程图

电缆支架桥架安装施工流程如图 4-15-1 所示。

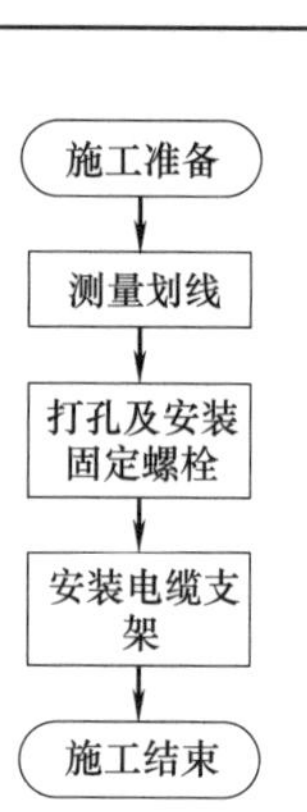

图 4-15-1 电缆支架桥架安装施工流程图

3. 施工后注意事项

若电缆夹层净空较高，应适当增加桥支架的高度或在电缆引入预留孔洞位置安装辅助支撑，以减少电缆受力。

4.15.2 精细化施工工艺标准

1. 安装电缆支架

(1) 在划线位置用冲击钻钻孔，保证孔洞竖直，钻孔完成后应清除孔内的灰尘，将后扩底锚栓放入孔内，采用专用钻头敲击安装。

(2) 将电缆支架安放在锚栓上，并安放平垫、弹垫与螺母，将螺母拧紧。安装过程中支架立柱垂直于电缆夹层的地面，整列立柱应在同一直线上，支架按照设计要求安装，可根据实际情况微调。

(3) 在安装过程中，注意调整托臂高度，保证设计要求的层间距，同时也要保证同层托臂在同一水平面内。

2. 安装电缆桥架

(1) 将水平三通、水平四通以及水平弯通按照设计要求放在托臂上并用桥架压板和压板螺栓将其固定牢靠，用卷尺测量已固定好的水平三通、水平四通以及水平弯通之间的尺寸，并用水平直通将其连通。

(2) 注意水平直通、水平三通、水平四通以及水平弯通之间连接时桥架连片放在其外侧，连接螺栓从其内侧向外侧穿出，再穿入平垫、弹垫以及螺母并拧紧。

(3) 桥、支架需按要求接地连接。

4.15.3 精细化管控要点

1. 电缆支架水平安装于电缆夹层中，支架立柱的安装间距一般为 800mm，困难可在 1m 间距范围内调整；过轨电缆在轨道上方时支架间距不大于 500mm；支架垂直安装时其支撑距离在 1500mm 左右。

2. 电缆桥支架安装位置应正确，并固定牢固。

3. 电缆支架的安装不应阻挡电力电缆向上的通道；同一层托臂应在同一平面。

4. 现场安装开孔、焊接处应及时进行防腐处理。

5. 在电缆支架立柱自下而上第一层处设置接地扁钢，通过螺栓与电缆支架立柱可靠连接；接地扁钢间采用螺栓连接或焊接，支架接地扁钢采用接地电缆与变电所接地母排两点连接。

4.15.4 效果示例

1. 安装示意图

电缆支架安装平面布置图如图 4-15-2 所示。

2. 实物效果图

实物效果图如图 4-15-3 所示。

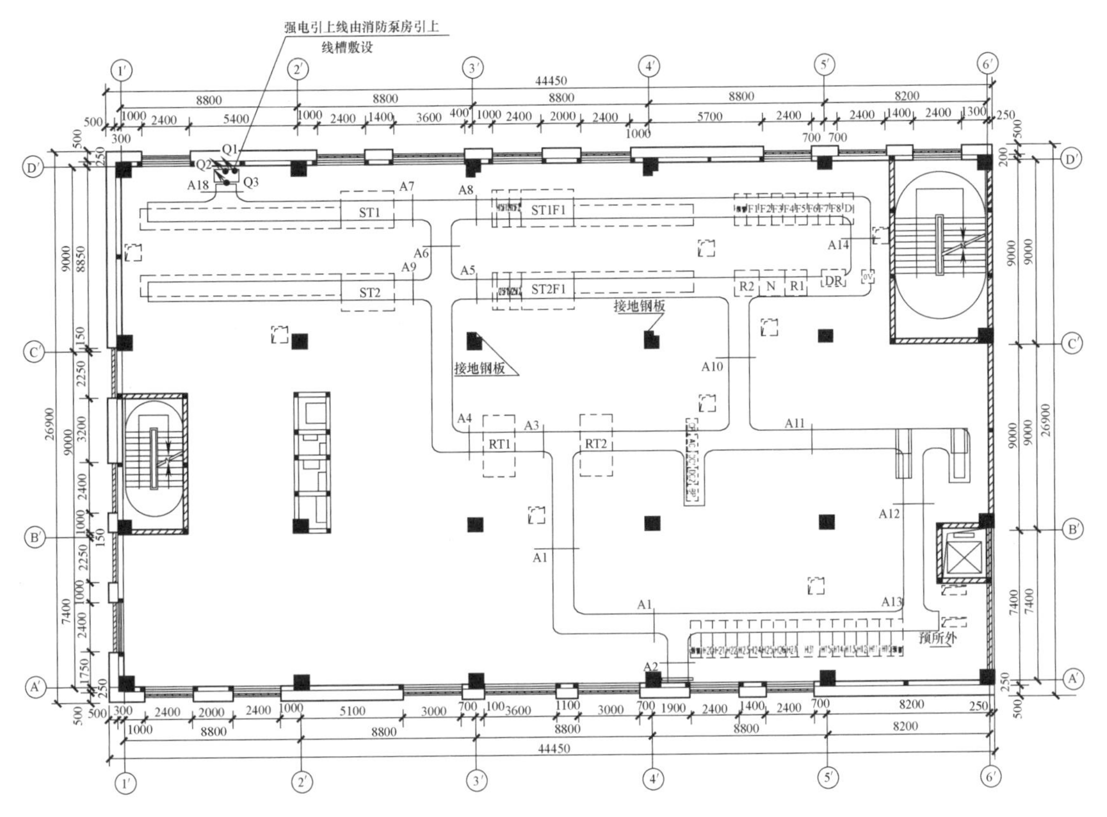

图 4-15-2　电缆支架安装平面布置图

图 4-15-3　电缆支架

4.16　变电所接地装置安装

在变电所内设备房间墙壁安装贯通接地干线，用于检修接地。设备预埋件通过接地干线与安装在电缆夹层内的接地极相连接，使设备外壳全部接地。

4.16.1 施工流程

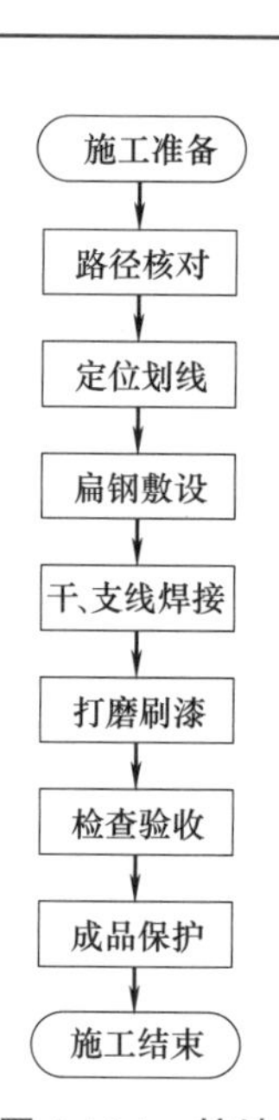

图 4-16-1 接地装置安装流程图

1. 外部环境和接口检查

(1) 核对接地干线敷设路径：各个房间的干线敷设路径，按图施工，不能遗漏。

(2) 施工前根据土建单位提供的接地电阻测试报告对预留的主接地极位置和数量进行验收确认，并对其进行接地电阻值测试，测试合格后方可使用。

(3) 确定每个房间干支线搭接位置、数量。

2. 流程图

接地装置安装流程如图 4-16-1 所示。

3. 施工后注意事项

(1) 所有焊接处，用钢丝刷清理干净焊渣，干线上边沿和正面焊接处应打磨光滑平整。

(2) 所有开孔、焊接的零件，先刷一遍防锈漆，再刷两遍富锌漆。

(3) 接地干线表面，刷涂等间距黄绿条纹，如图 4-16-2 所示，检修接地柱处 60mm 范围内接地干线不涂黄绿相间条纹。刷漆完成后采用塑料薄膜将接地干线整个包裹，防止其他专业施工过程中接地干线的成品造成破坏。

(4) 接地干线穿墙时，应做好防火封堵。

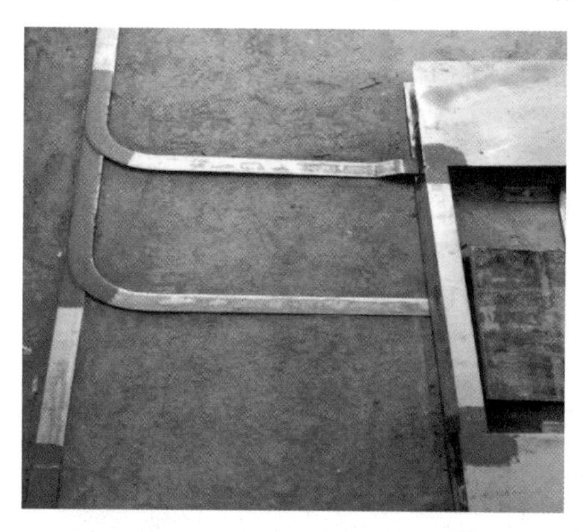

图 4-16-2 接地干线刷漆

4.16.2 精细化施工工艺标准

1. 定位划线

(1) 方法一

1) 根据每个房间墙上 1 米线为基准，确定定位线。

2) 扁钢上边沿与定位线平齐，扁钢下边沿距地面垂直距离满足设计要求。

(2) 方法二

1）以安装好的基础槽钢的顶面为基准，用绿光五线仪确定干线定位线。

2）干线敷设路径上，应避让地脚插座等设施。

3）接地干线需要打孔的位置应在墙上留下标记点。

2. 扁钢敷设

（1）根据敷设路径，测量出直线段、转弯处、引下处、引上处、过门处、过运输门洞处、过空洞处接地扁钢具体尺寸，各搭接处预留长度不小于扁钢宽度的2倍。

（2）接地干线的平立弯要求横平竖直，如图4-16-3所示。

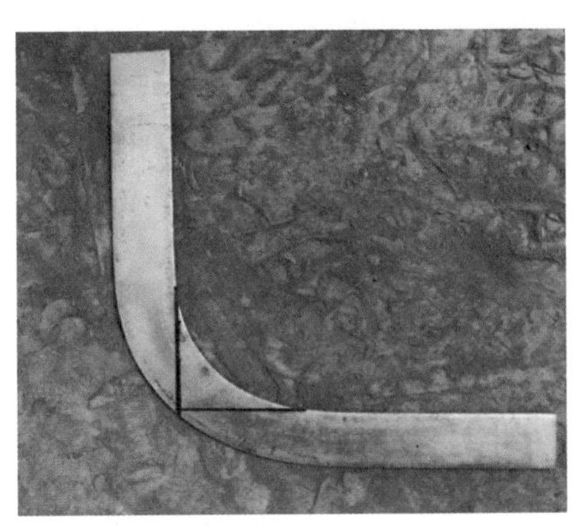

图4-16-3　横平竖直实物效果

（3）卡子间的距离在水平直线上间距1000mm，转弯处约300～500mm，部分接地干线可以视情况在水平直线段间距范围1～1200mm内调整。

（4）干线过混凝土柱子时，卡子应合理布置。

（5）确定卡子水平间距，在墙上标记出卡子打孔位置，墙体打孔要避开墙内预埋管线。

（6）打孔完成后安装固定卡子，拧紧连接螺栓，如图4-16-4所示。

（7）扁钢沿墙敷设，使扁钢上边沿与定位线平齐贴合，干线安装横平竖直，不能有高低起伏及弯曲等情况。

（8）接地干线搭接处焊接长度不小于接地扁钢宽度的2倍。

3. 干、支线焊接

（1）接地干线、支线扁钢焊接位置及技术要求严格按照变电所接地装置布置图。

（2）接地干线搭接处的焊接长度不小于接地扁钢宽度的2倍，应至少有3个棱边满焊，焊接牢固，没有虚焊。

图4-16-4　S形卡子安装

（3）基础预埋件采用接地支线扁钢与接地干线可靠连接，支线扁钢与接地干线搭接面应顺直平整。

（4）连接设备本体的接地支线应与接地干线可靠连接。

（5）控制室设备基础预埋件，每一台设备设置 2 条连接设备本体的接地支线。设备本体或外壳，与设备本体接地支线连接。

（6）其他每一组设备（配电变压器、400V 开关柜、35kV 开关柜、排流柜、整流变压器）基础预埋件，设置 2 条连接设备本体的接地支线。

（7）直流类开关柜（直流开关柜、负极柜和整流器柜）采用绝缘安装，每一组设备基础预埋件，只设置 2 条预埋件接地支线。

（8）接地支线在地面敷设部分，应与结构层可靠固定。

（9）网栅立柱、金属门框与接地干线可靠连接；整流变压器室内的电缆支架通过接地支线实现与接地干线可靠连接，整流变压器网栅需与接地干线两点可靠连接。

（10）接地干线在不同两点采用接地电缆与接地铜排进行连接，接地铜母排通过支持绝缘子绝缘安装于夹层或电缆通道中的侧墙上，位置要避开其他管线，如图 4-16-5 所示。

（11）在图纸中引下点处，通过两根铜芯电缆实现接地干线与变电所接地母排的可靠连接，如图 4-16-6 所示。

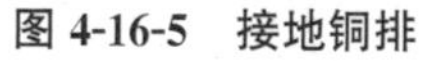

图 4-16-5　接地铜排

图 4-16-6　接地极电缆连接

4.16.3　精细化管控要点

1. 严格按施工图纸施工，扁钢之间采用搭接焊，焊接长度不小于扁钢宽度的 2 倍。
2. 焊接部位满焊，并做好防腐处理，焊接部位先刷一遍防锈漆，再刷两遍富锌漆。
3. 所有安装、紧固及连接的螺栓都要具备防松功能（设有弹簧垫圈等）。

4.16.4　效果示例

1. 安装示意图

接地干线、支线及预埋件关系示意图如图 4-16-7 所示。

2. 实物效果图

实物效果图如图 4-16-8 所示。

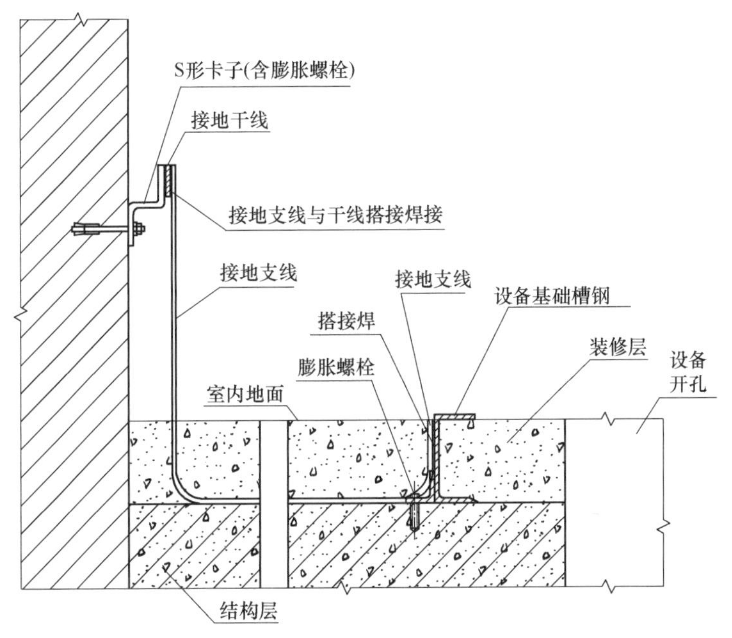

图 4-16-7　接地干线、支线及预埋件关系示意图

图 4-16-8　接地干线焊接及标识

4.17　变电所 35kV GIS 开关柜安装

35kV 开关柜是变电所连接环网电缆，并分配电能负荷的装置，包括进线柜、馈线柜、母联柜、PT 柜等。

4.17.1　施工流程

1. 外部环境和接口检查

(1) 检查设备基础预埋件尺寸、高差是否满足设备安装要求，设备基础浇筑已经完成。

(2) 柜体正上方无风管、风口、风阀、灯具等设备，其他管线与柜体的最小安全距离符合设计要求。

（3）工器具、材料已经准备完毕。

（4）设备运输路径内无障碍物及影响通行的其他因素。

（5）设备开箱应有建设单位、监理单位、施工单位、供货单位四方参加，对开箱结果书面记录，并签字确认。

（6）根据装箱清单清点随箱文件、附件、专用工具等是否齐全；盘柜外表是否有损伤变形、油漆脱落等现象；盘柜内零配件是否松动、易损件有无破裂。

（7）检查设备编号及排列顺序，是否存在错发、漏发等情况。

2. 流程图

35kV GIS开关柜安装施工流程如图4-17-1所示。

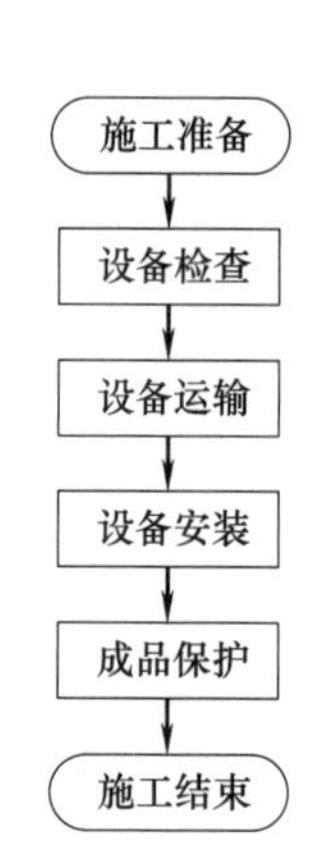

图4-17-1 35kV GIS开关柜安装施工流程图

3. 施工后注意事项

设备安装完成后制作专用设备保护套对柜体进行包裹，并挂上印有施工单位名称、设备名称、成品日期、成品防护等字样的标识牌。

4.17.2 精细化施工工艺标准

1. 设备运输

（1）设备运至指定位置，检查准备工作无误后即将设备吊起，移动至设备安装位置，为设备就位做好准备，如图4-17-2所示。

（2）调整设备位置，确保设备水平及垂直度，从而为设备的固定做好准备。

2. 设备安装

（1）35kV GIS开关柜采用非绝缘安装方式安装，如图4-17-3所示。

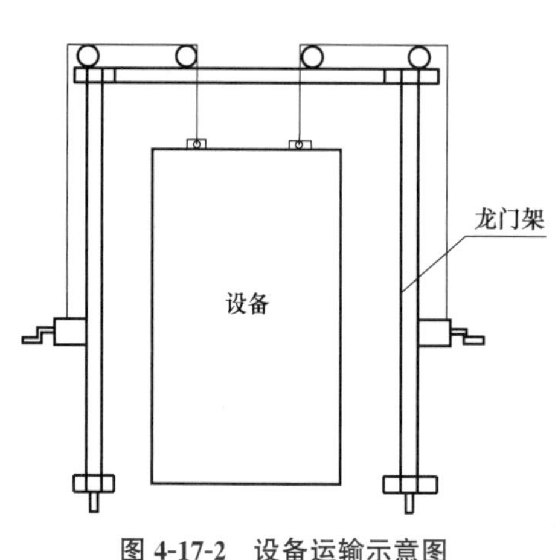

图4-17-2 设备运输示意图

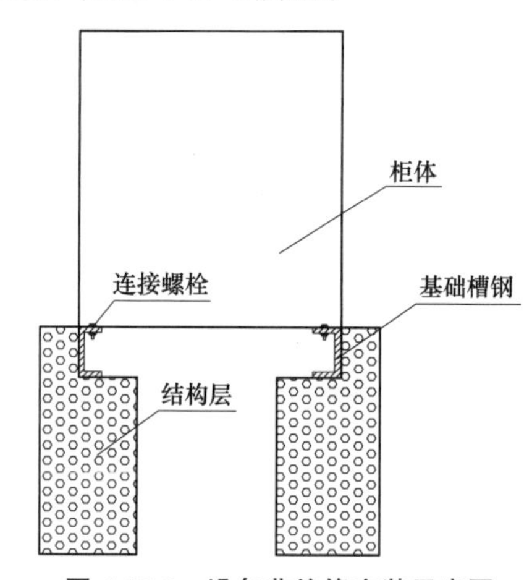

图4-17-3 设备非绝缘安装示意图

（2）根据设计图纸上的盘柜排列顺序，将盘柜依次就位，固定在基础预埋件上，并连接设备间的连接螺栓。

（3）将开关柜柜体与设备基础预埋件下引接地扁钢按要求连接完成接地。

（4）成列屏柜的垂直度、水平偏差、屏柜面偏差和屏柜间接缝的允许偏差应符合表4-17-1的规定。

允许偏差表　　　　**表 4-17-1**

项目		允许偏差(mm)
垂直度(每米)		<1.5
水平偏差	相邻两屏顶部	<2
	成列屏顶部	<5
盘面偏差	相邻两屏边	<1
	成列屏面	<5
屏柜间接缝		<2

(5) 内锥插拔式避雷器安装前应进行进场试验，确保外观完整且耐压试验泄漏电流不超过规定值。

(6) 内锥插拔式避雷器安装时应垂直于安装孔安装，安装时应将避雷器锥头清洁干净并涂抹绝缘硅脂，插入安装孔后应确保固定螺栓的紧固力矩到位，并划防松标识。

4.17.3　精细化管控要点

1. 设备在转运过程中外包装应无破损，柜体不得倾斜、磕碰。

2. 安装过程中要确保不会造成柜体的损伤，柜体安装牢固，螺栓紧固，有防松措施。

3. 并柜前检查法兰的外部接触表面和凹槽有无划伤及其他损伤或污染，并用无尘纸仔细地清洁设备接口处母线外壳的所有法兰和用于放置密封圈的凹槽，配合面用清洁巾擦拭干净，确保清洁到位，在法兰的外部接触表面上涂抹专用密封和润滑材料。

4. 断路器操作机构和辅助开关动作正确，闭锁装置可靠。

5. 柜体安装稳固，其平直度应符合下列要求：

(1) 柜顶平直度：相邻柜间不大于 2mm；整列柜间不大于 5mm。

(2) 柜面平直度：相邻柜间不大于 1mm；整列柜间不大于 5mm。

6. 柜间接缝间隙：不大于 2mm。

7. 电路连接主母线采用强度不低于 8.8 级的螺栓连接牢固。

4.17.4　效果示例

1. 安装示意图

35kV GIS 开关柜安装平面图如图 4-17-4 所示。

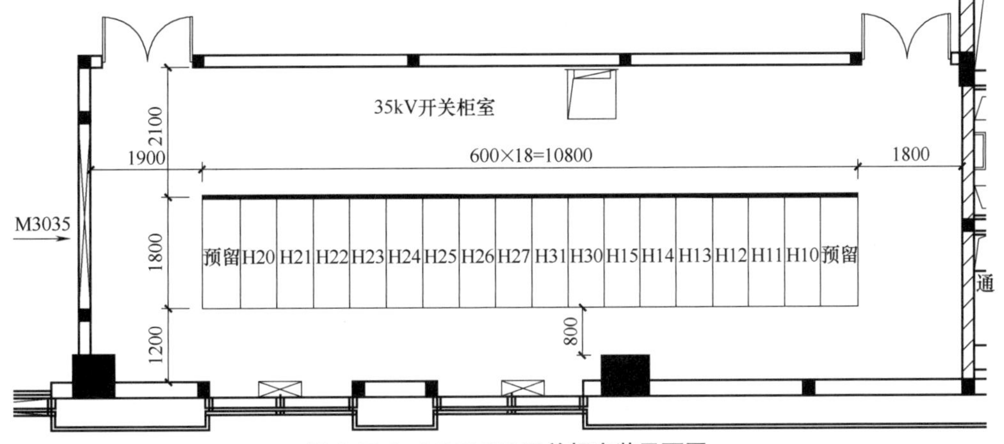

图 4-17-4　35kV GIS 开关柜安装平面图

2. 实物效果图

实物效果图如图 4-17-5 所示。

图 4-17-5　35kV GIS 开关柜

4.18　变电所变压器安装

轨道交通中的变压器分为整流变压器和配电变压器，整流变压器将 AC35kV 电源降压，再通过整流器将交流电整流成直流电能，用于列车牵引。配电变压器将 AC35kV 电源降压成 AC380V，用于车站、区间生产用电。

4.18.1　施工流程

1. 外部环境和接口检查

（1）设备基础已经安装完成，基础间距满足安装要求，基础浇筑完成。

（2）变压器的穿线孔的预留满足设计要求。

（3）柜体正上方无风管、风口、风阀、灯具等设备，其他管线与柜体的最小安全距离符合设计要求。

（4）变压器的型号应符合设计及采购合同要求。

（5）绕组抽头连线绝缘层是否完好，防护帽是否齐全。

（6）绕组环氧烧筑体外表面有无划伤。

（7）母排漆层有无脱落。

（8）绝缘子有无破损、裂缝及气泡。

（9）说明书、合格证、出厂试验报告及配件等是否齐全。

（10）各部连接螺栓应齐全，各部铁件无锈蚀。

2. 流程图

变压器安装施工流程如图 4-18-1 所示。

3. 施工后注意事项

设备安装完成后制作专用设备保护套对变压器进行包裹，并挂上印有施工单位名称、设备名称、成品日期、成品防护等字样的标识牌。

4.18.2　精细化施工工艺标准

施工准备 → 设备检查 → 设备运输 → 设备安装 → 成品保护 → 施工结束

图 4-18-1　变压器安装施工流程图

1. 设备运输

（1）变压器运输时注意尽量保持四个角匀速同步上升，一次顶起高度不得大于 200mm。

（2）进入设备房间时，避免设备的倾斜和翻倒，设备运输时应确保倾斜不超过 15°。

（3）将变压器放在基础预埋件上，确认变压器安装位置。检查确认变压器线圈触头位置，确认变压器安装方向与设计图纸是否一致。

2. 设备安装

（1）使用厂家提供的螺栓将变压器牢固固定在基础预埋件上。

（2）变压器主体就位后，其基准线应与基础中心吻合，主体应呈水平状态，最大水平误差不超过 2mm。就位后进行器身检查，如外观有无损伤、连接是否紧固、绝缘是否损伤等。

（3）按照设计图纸、产品使用说明书以及有关标准规范进行接线，接线后应对各回路进行校线检查。

（4）变压器安装工作全部结束后，及时填写设备安装技术记录，并对变压器进行相关的电气试验。

（5）变压器附件安装：

1）变压器一次电缆支架安装：根据设计图纸安装厂家提供的高、低压侧电缆支架，电缆支架的安装应便于电缆头的安装。

2）整流变压器、配电变压器接地线安装：采用软铜编织线分别将整流变压器底座接地端子与变压器预埋基础底座下引扁钢连接；高低压侧电缆支架分别采用 1 根软铜编织线将电缆支架与设备基础下引扁钢连接；整流变网栅两端、配电变压器外壳两端分别采用 1 根软铜编织线与接地干线就近连接，接地线连接要求工艺美观。如有需要采用铝制卡子将接地线固定于设备基础地面。

3）整流变压器需要在厂家指导下安装网栅、温控器、带电显示器、过阻容吸收装置等。配电变压器需要在厂家指导下安装变压器外壳、温控器、带电显示器等。如图 4-18-2 所示。

图 4-18-2　配电变压器和整流变压器配套温控器成品

4.18.3 精细化管控要点

1. 35kV 变压器母线相间及对地的安全净距不小于 300mm。

2. 变压器及其附件外壳和其他非带电金属部分，均应可靠接地，配电变压器中性点应单独与接地母线相连，接地电阻应小于 0.5Ω。

3. 变压器各个安装尺寸应符合设计要求，误差不大于 5mm；主体应呈水平状态，水平误差不超过 1mm/m，整体水平误差不超过 2mm。

4. 电路连接主母线用 8.8 级螺栓进行连接牢固且所有母线搭接面的连接螺栓用力矩扳手紧固，紧固后螺栓用记号笔进行划线，其紧固力矩应符合表 4-18-1 规定。

螺栓的紧固力矩值 **表 4-18-1**

螺栓规格(mm)	力矩值(N·m)	螺栓规格(mm)	力矩值(N·m)
M8	8.8～10.8	M16	78.5～98.1
M10	17.7～23.6	M18	98.0～127.4
M12	31.4～39.6	M20	156.9～196.2
M14	51.0～60.8	M24	274.6～343.2

4.18.4 效果示例

1. 安装示意图

整流变压器安装示意图如图 4-18-3 所示。

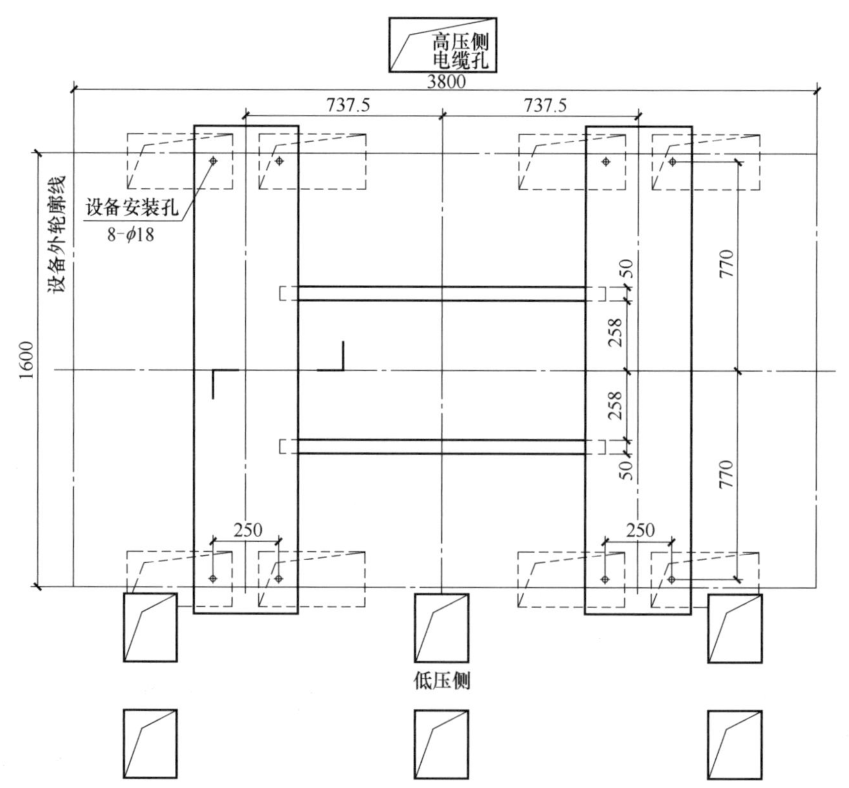

图 4-18-3 整流变压器安装示意图

2. 实物效果图

变压器安装实物如图 4-18-4、图 4-18-5 所示。

图 4-18-4　整流变压器

图 4-18-5　配电变压器

4.19　变电所直流开关柜及整流器柜绝缘安装

轨道交通的直流开关柜、整流器柜和负极柜为绝缘安装形式，整流器柜将整流变压器降压后电源整流成直流电，直流开关柜是直流系统的开关设备，用于直流电的停送。

4.19.1　施工流程

1. 外部环境和接口检查

（1）检查设备基础预埋件尺寸、高差是否满足设备安装要求，设备基础浇筑已经完成。

（2）工器具、材料已经准备完毕。

（3）柜体正上方无风管、风口、风阀、灯具等设备，其他管线与柜体的最小安全距离符合设计要求。

（4）设备开箱需有业主单位、监理单位、施工单位、厂家四方参加，对开箱结果书面记录，并签字确认。

（5）根据装箱清单清点随箱文件、附件、专用工具等是否齐全，盘柜外表是否有损伤变形、油漆脱落等现象，盘柜内零配件是否松动、易损件有无破裂。

2. 流程图

直流开关柜及整流器柜绝缘安装施工流程如图 4-19-1 所示。

3. 施工后注意事项

设备安装完成后应对柜体进行包裹，并挂上印有设备名字、成品防护等字样的标识牌。

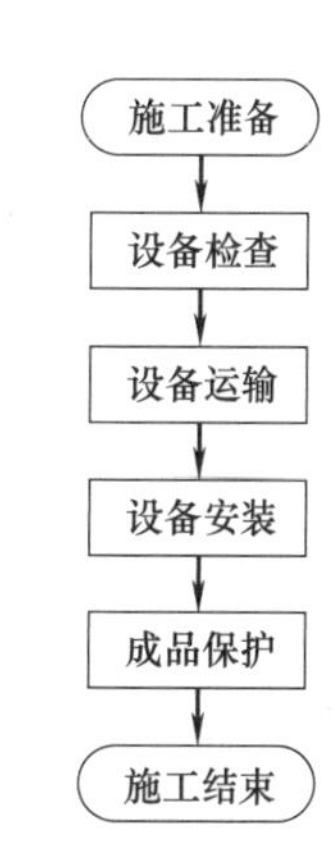

图 4-19-1　直流开关柜及整流器柜绝缘安装施工流程图

4.19.2　精细化施工工艺标准

1. 设备运输

（1）设备运至指定位置，检查准备工作无误后即摇动捯链将设备吊起，再推动龙门架将设备安放在要安装的位置，为设备就位做好准备，如图 4-19-2 所示。

（2）设备就位。用手摇千斤顶调整设备位置，使其底部的安装孔对准基础槽钢上的安装孔，接着再用线坠和水平尺检查并调整设备垂直度及水平度，从而为设备的固定做好准备。

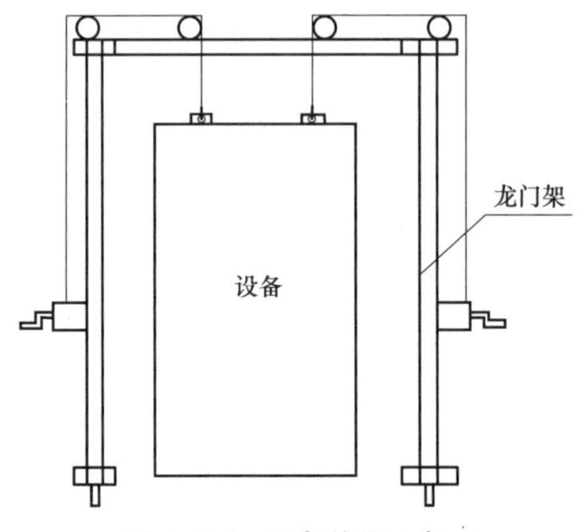

图 4-19-2　设备就位示意图

2. 设备安装

（1）变电所 DC1500V 开关柜和整流器柜采用经绝缘板和绝缘金属螺栓与基础槽钢可靠连接的绝缘安装形式。应采用不低于 1000V 的兆欧表检测设备绝缘，绝缘应不小于 1MΩ，单个设备柜安装完成后进行绝缘测试，绝缘测试通过后再进行下一面设备柜安装。

（2）将设备基础异物清理干净。选取合适钻头，开孔完成后清理孔洞内铁屑，将加工好的绝缘板水平放置于设备基础上。针对绝缘板拼缝处易进入灰层或其他杂质的情况，可以采用将分块的绝缘板错位搭接的方式进行安装，如图 4-19-3、图 4-19-4 所示。

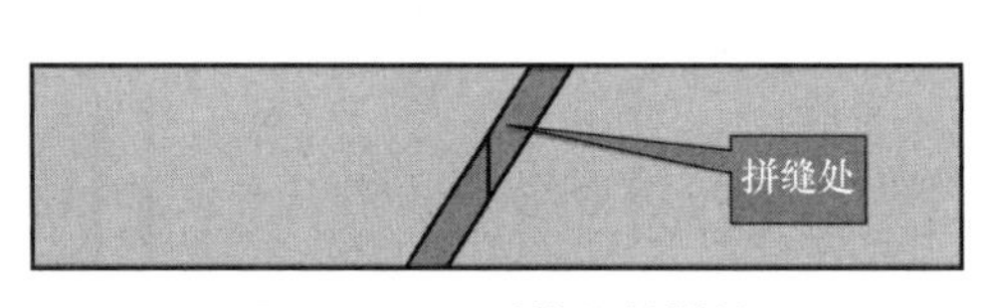

图 4-19-3　45°错位斜搭接

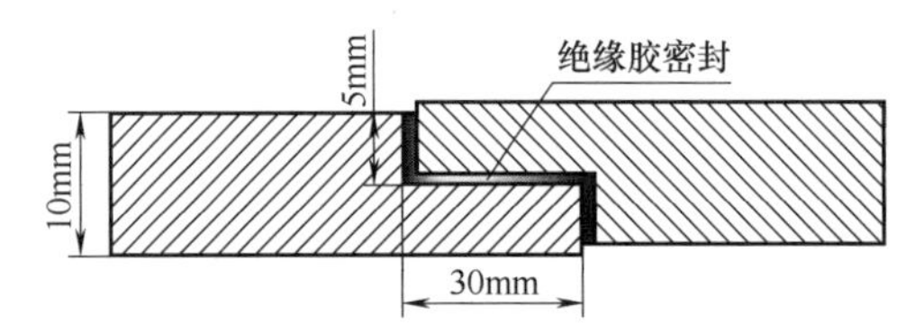

图 4-19-4　直角型错位斜搭接

（3）柜体设备接地采用软铜编织线与设备基础下引接地扁钢连接。

4.19.3　精细化管控要点

1. 开关柜开箱检查，必须报经业主同意并组织、监理等相关单位共同参加，安装过程中要注意确保不能造成柜体的损伤。

2. 安装过程中要注意确保不能造成柜体的损伤，柜体安装牢固，螺栓紧固，有防松措施。

3. 开关柜中的手车式设备，在柜体内推拉应轻便灵活；安全隔板应能随车体的进出自动开闭，且动作灵活、可靠。接地（框架保护接地）触头应接触紧密，接入时接地触头先接触，退出时接地触头后脱开。主触头的动、静触头中心线应一致，接触紧密；同规格、型号手车式设备的互换性应良好。

4. 手车和柜体间的二次回路连接插件应接触良好。

5. 断路器操作机构和辅助开关动作正确，闭锁装置可靠。

6. 整流器单个管参数、配对结果应符合设计及产品技术要求，快速熔断器表面无裂纹，破损，绝缘部件完整。

7. 柜体安装稳固，其平直度应符合下列要求。

（1）柜顶平直度：相邻柜间不大于 2mm；整列柜间不大于 5mm。

（2）柜面平直度：相邻柜间不大于 1mm；整列柜间不大于 5mm。

8. 柜间接缝间隙：不大于 2mm。

9. 电路连接主母线采用强度不低于 8.8 级的螺栓进行连接牢固。

10. 设备的绝缘板外漏不应超过 30mm。

11. 绝缘安装的设备，其绝缘电阻不小于 2MΩ。安装前应将开关柜基础表面的异物灰尘及开孔后遗留的碎屑清理干净，检查绝缘板与开关柜基础是否接触良好，安装后绝缘板与设备间的缝隙应采用玻璃胶进行密封，防止灰尘、潮气进入。

4.19.4 效果示例

1. 安装示意图

DC1500V 开关柜地脚螺栓安装示意图如图 4-19-5 所示。

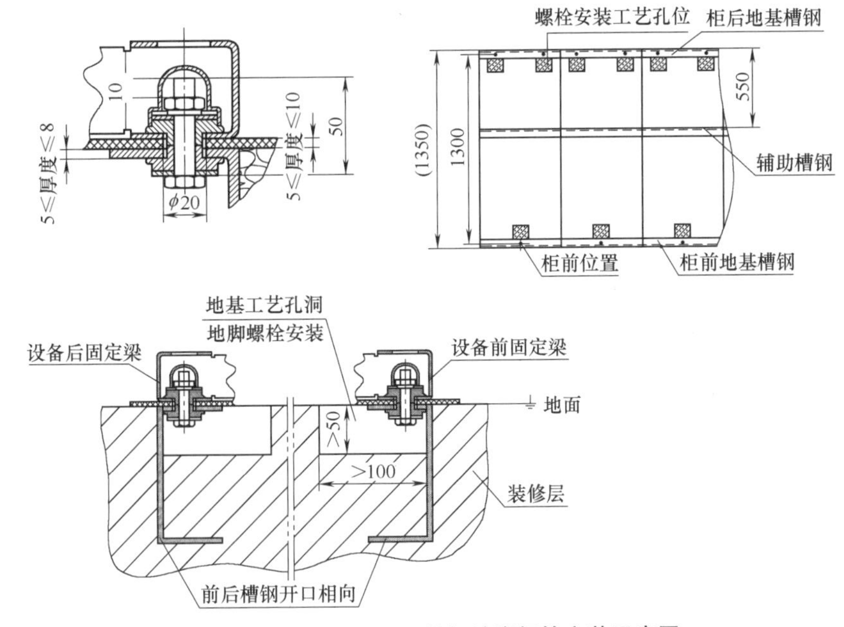

图 4-19-5　DC1500V 开关柜地脚螺栓安装示意图

2. 实物效果图

实物效果图如图 4-19-6、图 4-19-7 所示。

图 4-19-6　DC1500V 开关柜

图 4-19-7　整流柜

4.20　变电所其他屏柜安装

变电所其他屏柜主要有 400V 柜、交直流屏、控制信号屏、蓄电池柜、排流柜、轨电位限制装置等，是变电所的重要组成设备。

4.20.1　施工流程

1. 外部环境和接口检查

（1）检查设备基础预埋件尺寸、高差是否满足设备安装要求，设备基础灌浆已经完成。

（2）工器具、材料已经准备完毕。

（3）柜体正上方无风管、风口、风阀、灯具等设备，其他管线与柜体的最小安全距离符合设计要求。

（4）设备开箱需有建设单位、监理单位、施工单位、供货单位共同参加，对开箱结果书面记录，并签字确认。

（5）根据装箱清单清点随箱文件、附件、专用工具等是否齐全，盘柜外表是否有损伤变形、油漆脱落等现象，盘柜内零配件是否松动、易损件有无破裂。

2. 流程图

其他屏柜安装施工流程如图 4-20-1 所示。

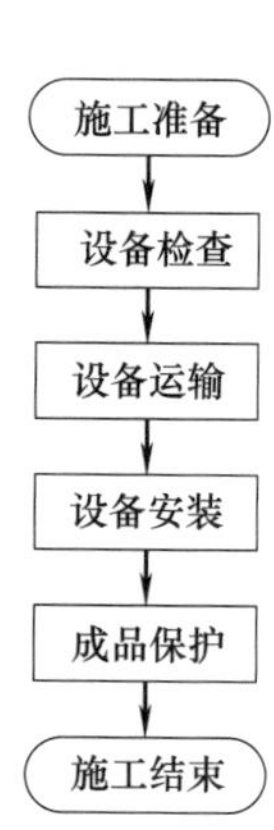

图 4-20-1　其他屏柜安装施工流程图

3. 施工后注意事项

设备安装完成后制作专用设备保护套对柜体进行包裹，并挂上印有施工单位名称、设备名称、成品日期、成品防护等字样的标识牌。

4.20.2　精细化施工工艺标准

1. 设备运输

（1）设备运至指定位置，检查准备工作无误后即将设备吊起，移动至设备安装位置，为设备就位做好准备。

（2）调整设备位置，确保设备水平及垂直度，从而为设备的固定做好准备。

2. 设备安装

（1）变电所交流系统设备采用螺栓与基础槽钢可靠连接。

（2）根据设计图纸上的盘柜排列顺序，将盘柜依次就位，固定在基础预埋件上，并连接设备间的连接螺栓。

（3）将开关柜柜体间及与设备基础预埋件下引接地扁钢按要求连接完成接地。

（4）蓄电池安装：

1）蓄电池的批次、编号需核对无误，且在出厂 3 个月内安装完成并带电。

2）电池组正、负极接线应正确，连接电缆、检测电缆安装紧固。

3）电池巡检仪测试的电池组内阻、电压等参数符合设计要求。

4）蓄电池安装完成后充放电测试应满足设计要求。

4.20.3　精细化管控要点

1. 成列盘、柜的垂直度、水平偏差、盘面偏差和盘、柜间接缝的允许偏差应符合表 4-20-1 的规定。

盘、柜安装的允许偏差　　**表 4-20-1**

项目		允许偏差(mm)
垂直度(每米)		<1.5
水平偏差	相邻两盘、柜顶部	<2
	成列盘、柜顶部	<5
盘面偏差	相邻两盘、柜顶部	<1
	成列盘、柜顶部	<5
盘、柜间接缝		<2

2. 设备与基础预埋件采用螺栓进行连接，柜间连接螺栓应连接紧固。

3. 绝缘设备安装前将设备房清理干净，防止绝缘板缝隙间有灰尘及细小金属物影响设备绝缘。注意设备房地面干燥，固定绝缘螺栓垫片不得大于绝缘帽且不得触及设备外壳。

4. 配电柜、盘（箱）的本体接地方式应符合下列规定，并且接地可靠。

（1）采用绝缘安装的盘、柜设备接框架保护接地。

（2）采用非绝缘安装的盘、柜设备直接接地。

5. 配电柜、盘（箱）等设备上安装的元、器件应完好无损、固定牢靠，瓷件和绝缘表面严禁有裂纹、缺损等缺陷。

6. 在现场安装配电柜、盘（箱）上的电器设备和元件应符合设计要求，动作可靠；计量回路的表计应符合现行国家计量标准规定。

7. 配电柜、盘（箱）内母线与母线、母线与电气接线端子用螺栓搭接时应紧密，连接螺栓应采用力矩扳手紧固。

8. 电路连接主母排采用强度 8.8 级的螺栓连接固定。

9. 各类配电柜、盘（箱）与基础或构件间的连接应固定牢固，所有紧固件为镀锌制品且防松零件齐全。盘、柜内清洁、无杂物。

10. 配电柜、盘（箱）上的标识器件标明被控设备编号及名称，标识牌、标识框齐全、清晰、正确且工整、不易脱色。

4.20.4 效果示例

1. 安装示意图

变电所其他设备安装示意图如图 4-20-2 所示。

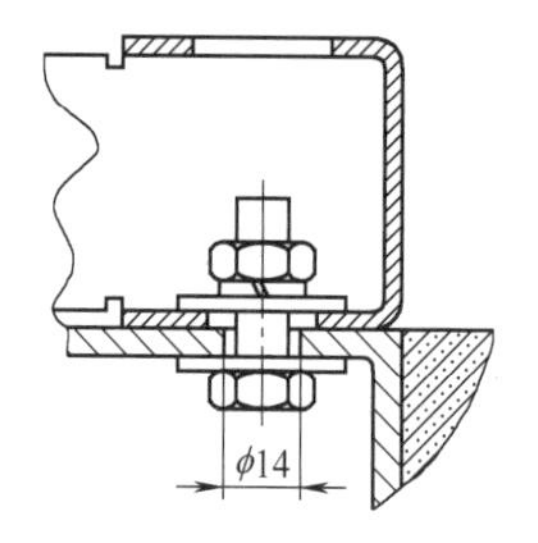

槽钢钻孔螺栓螺母连接紧固

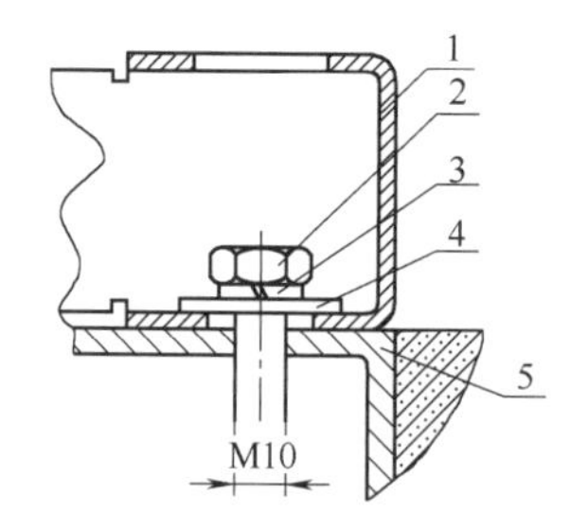

槽钢攻螺纹M10与螺栓连接

序号	名称	规格型号	备注
1	柜体底梁		ϕ20/板厚3mm
2	不锈钢螺栓	M10×30	
3	弹垫	10	
4	大平垫	10	
5	预埋槽钢	推荐GB 6723 140×60×5.0	

图 4-20-2 变电所其他设备安装示意图

2. 实物效果图

实物效果图如图 4-20-3～图 4-20-5 所示。

图 4-20-3 400V 开关柜

图 4-20-4 排流柜

图 4-20-5 钢轨电位限制装置

4.21　变电所电力电缆及控制电缆敷设

电力电缆是指设备一次部分连接的 AC35kV 电缆、DC1500V 电缆、接地电缆、电源电缆。控制电缆为设备的二次电缆，用于控制变电所内设备。

4.21.1　施工流程

1. 外部环境和接口检查

（1）根据电缆清册将各种规格型号的电缆备齐，运输至变电所内。

（2）如果整盘电缆运输有困难，也可先测量各类长度后将电缆裁好，并贴上标签纸（标明电缆长度，电缆型号规格、电缆起止点）绑扎后运输至变电所。

2. 流程图

变电所电力电缆及控制电缆敷设施工流程如图 4-21-1 所示。

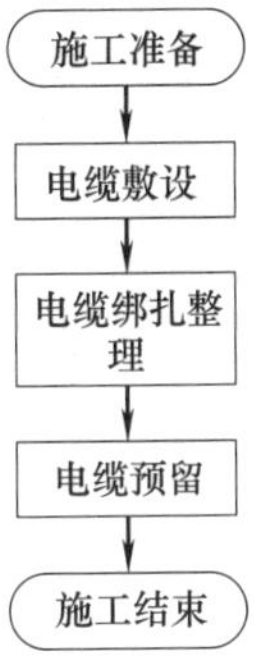

施工准备 → 电缆敷设 → 电缆绑扎整理 → 电缆预留 → 施工结束

图 4-21-1　变电所电力电缆及控制电缆敷设施工流程图

3. 施工后注意事项

电缆施工完成后，电缆及电缆终端应避免受潮，应采用电缆封堵将电缆端部进行密封处理，电缆两端应做好标记。

4.21.2　精细化施工工艺标准

1. 电缆敷设

（1）电缆在变电所内进行人工布放时应注意避免与地面或其他硬物摩擦。

（2）按照交直流、高低压、控制与电力电缆的不同（或依据电缆敷设图的要求），分别布放在桥架不同层上，35kV 电缆通常于以地面为起点往上的第一层布放，通常直流电缆布放于地上第二层、第三层，低压电缆布放于地上第四层，控制电缆布放于桥支架最上层。

（3）如电缆已经提前裁好，则无需电缆放线架，直接人工敷设到位即可。

2. 电缆绑扎整理

（1）在电缆敷设完成后，进行统一整理。电缆之间避免交叉。同时注意电缆弯曲半径符合规定。在电缆支架宽度不够时，相同规格型号、相同起止点的电缆可以重叠布置。

（2）在电缆整理完毕后，对电缆进行绑扎固定，每根电缆在每个支撑点处均进行固定，电缆进出设备处、电缆进出支架处、电缆转弯处、垂直敷设处、超过 30°倾斜敷设、终端头处、中间头处，以及直线段每 4 个支架采用非铁磁材料刚性电缆卡箍固定，并采用绝缘皮等软护垫保护，其余每个支撑点用电缆绑带进行固定，电缆进入设备时，设备下方采用刚性固定，如图 4-21-2 所示。

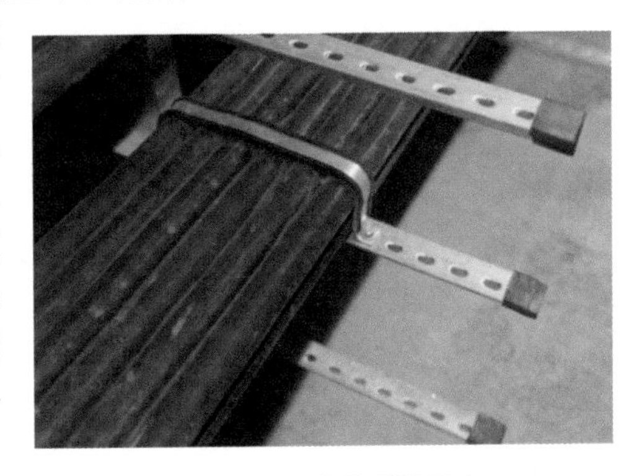

图 4-21-2　电缆刚性固定

（3）设备在进出设备处、电缆终端头、

电缆中间头、人孔附近、防火封堵两侧、电缆竖井两端、隧道转弯处、直线段每 100m 均需挂统一标识牌，电缆牌内容包括电缆编号、电缆型号规格、电缆起止点等，如图 4-21-3 所示。

3. 电缆预留

电力电缆头附近的电缆应有适当的预留长度，依照图纸确定长度，35kV 电缆根据现场条件和图纸要求决定预留长度，如图 4-21-4 所示。

图 4-21-3　柜内电缆挂牌

图 4-21-4　电力电缆预留

4.21.3　精细化管控要点

1. 电缆按设计要求在电缆支架、桥架上分层敷设，电缆排列整齐，绑扎牢固，标识牌字迹清晰，内容正确。

2. 电缆敷设时的允许弯曲半径依照表 4-21-1 要求，例如 DC1500V 电缆弯曲半径为电缆直径的 15 倍，控制电缆弯曲半径为电缆直径的 10 倍。电缆敷设时之间不得有交叉，施工完毕后，电缆孔应用防火堵料封堵。

电缆允许弯曲半径与电缆直径 *D* 的倍值　　　　**表 4-21-1**

电缆种类	电缆护层结构	允许倍值	
		多芯	单芯
控制电缆	铠装或无铠装	10D	—
橡皮绝缘电缆	橡皮或聚乙烯护套	10D	15D
聚氯乙烯绝缘电缆	铠装或无铠装	10D	10D
交联聚乙烯电缆		15D	15D

3. 所有控制电缆、电力电缆、光缆的规格、型号及敷设路径，均应符合设计要求，电缆表面无严重破损，无大面积污染、不得出现拧绞、压扁、护层断裂等缺陷。

4. 控制电缆敷设完成后应以原理接线图、端子排图、制造厂提供的背面接线图或原理图作参照，以端子排图为标准，检查核对盘、柜内的端子排是否符合设计要求，分回路对盘、柜的内部配线进行一次全面的校准，并对与设计要求不符的部分进行更换。

5. 每根电缆在每个支撑点处均进行固定，电缆进出设备处、转弯处、垂直敷设处、超过 30°倾斜敷设、终端头处、中间头处以及直线段每 4 个支架采用非铁磁材料刚性电缆卡箍固定。

6. 电缆在进设备、出设备、电缆终端头、人孔附近、防火封堵两侧、电缆竖井两端均需挂统一标识牌，电缆牌内容应包括电缆编号、电缆型号规格、电缆起点等。悬挂整齐，便于观察识别。

4.21.4　效果示例

1. 安装示意图

机电和电缆排布 BIM 模型如图 4-21-5、图 4-21-6 所示。

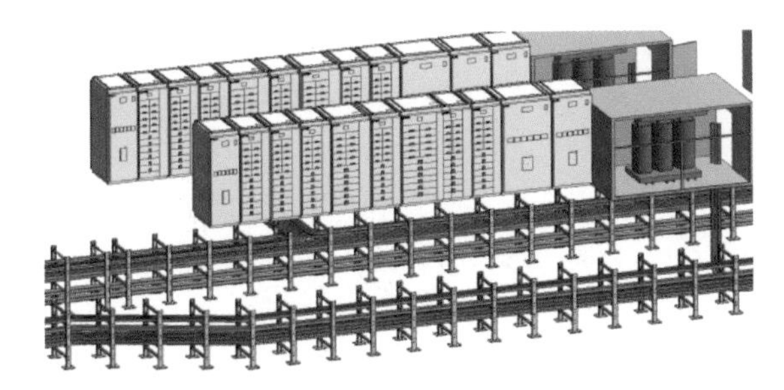

图 4-21-5　机电 BIM 模型

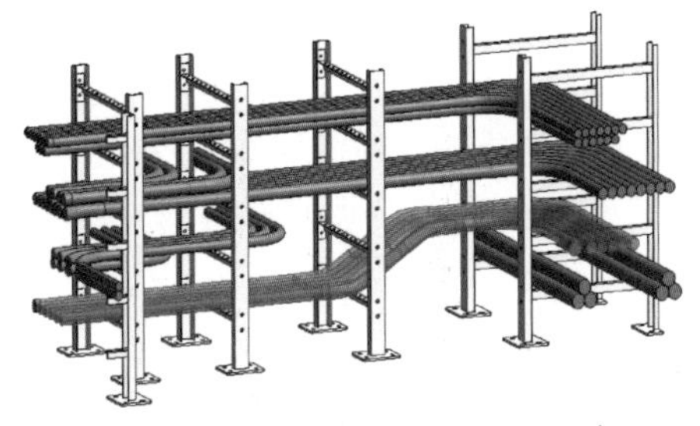

图 4-21-6　电缆排布 BIM 模型

2. 实物效果图

实物效果图如图 4-21-7～图 4-21-10 所示。

图 4-21-7　电力电缆敷设

图 4-21-8　电缆标识

图 4-21-9　电力电缆绑扎

图 4-21-10　控制电缆绑扎

4.22 变电所一次、二次电缆头制作

一次、二次电缆头制作，是分别采用压接铜接线端子、制作插拔式电缆终端或者冷缩式电缆终端等方式，将电缆与设备可靠连接，实现电流在电缆和设备间的传输，达成能量传输、信号传递等作用。

4.22.1 施工流程

1. 外部环境和接口检查

(1) 电缆头制作开始前应首先检查电缆的绝缘性。

1) 对26/35kV及以上交流电缆进行绝缘测试，选用2500V 10000MΩ及以上兆欧表，绝缘电阻应不小于10MΩ。

2) 对牵引直流电缆进行绝缘测试，选用2500V 10000MΩ及以上兆欧表，绝缘电阻应不小于50MΩ。

3) 对0.1/1kV控制电缆进行绝缘测试，选用500V 100MΩ及以上兆欧表，绝缘电阻应不小于5MΩ。

4) 电缆绝缘测试完毕后，应将线芯分别对地放电。

(2) 对电缆外观进行检查，是否有破损等情况。

2. 流程图

电缆头制作施工流程如图4-22-1所示。

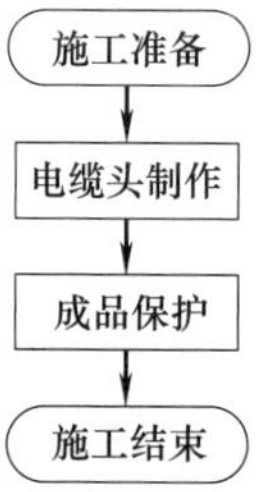

3. 施工后注意事项

电缆头制作完成后，电缆头应避免受潮，应采用保鲜膜将电缆头进行密封处理，电缆头两端应做好标记。

施工准备
电缆头制作
成品保护
施工结束

图4-22-1 电缆头制作施工流程图

4.22.2 精细化施工工艺标准

电缆头制作工艺如下：

(1) 锥形电缆头制作（电缆头具体制作尺寸依照厂家图纸及培训确定，此处仅作参考）

1) 按设计预留要求尺寸将电缆锯除，并将电缆调直。

2) 按电缆头厂家要求尺寸对电缆各层进行开剥。

3) 用砂纸打磨切面平滑，并用无水乙醇清洗整个主绝缘层。

4) 安装主绝缘附件。

5) 依次将附件套上电缆端部，用专用敲击头将弹簧触头轻轻敲击固定，再用压接工具压紧。

锥形电缆头附件如图4-22-2所示。

(2) 35kV终端头制作（电缆头具体制作尺寸依照厂家图纸及培训确定，此处仅作参考）

1) 剥电缆护套。

电缆结构如图4-22-3所示，将电缆校直、擦净、端部锯齐。按电缆头厂家要求尺寸开剥。

2) 焊地线。

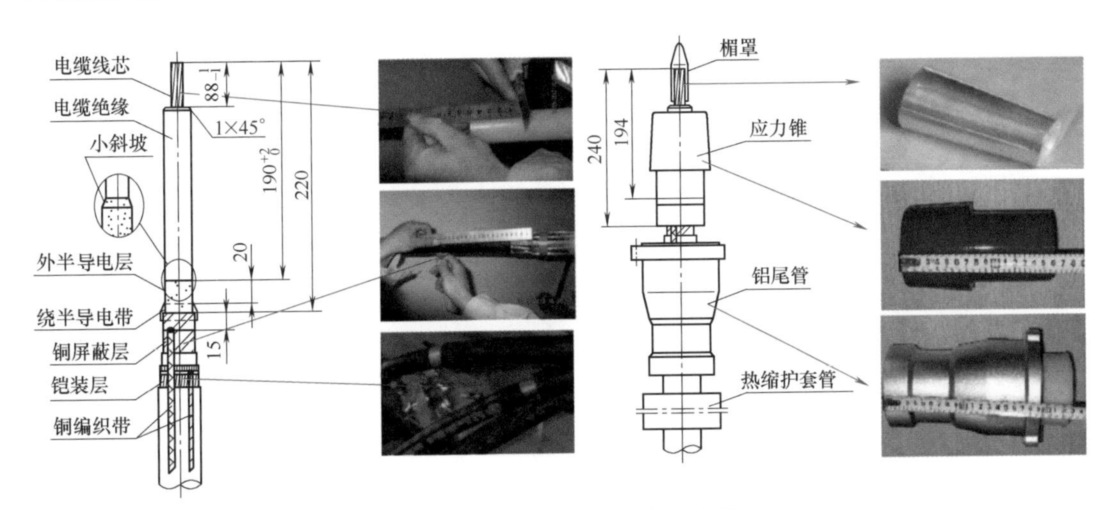

图 4-22-2　锥形电缆头附件示意图

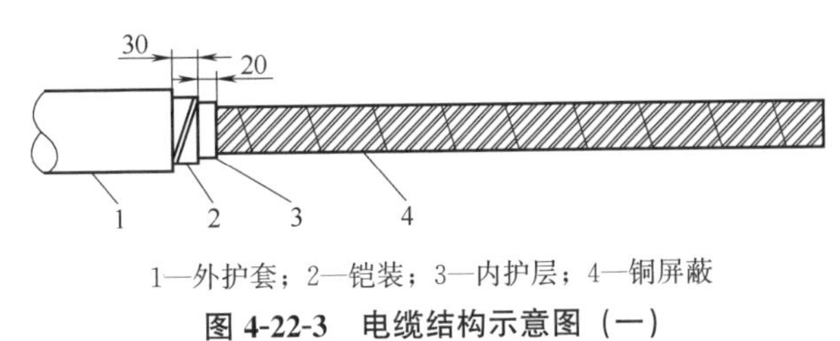

1—外护套；2—铠装；3—内护层；4—铜屏蔽

图 4-22-3　电缆结构示意图（一）

将一根铜编织地线绑扎在铠装上并焊接牢固，把热缩环套到绑焊处进行加热，待热缩套收缩紧固在电缆上。在距内护层断口 30mm 的铜屏蔽层上，绑扎另一根地线并焊牢。

3）剥铜屏蔽层、半导层。

保留 100mm 铜屏蔽，其余剥除；保留 20mm 外半导层，其余剥除。绝缘层要处理得光滑圆整，无划痕或半导残留颗粒。半导层断口要倒角并打磨平整，与绝缘层平滑过渡（以附件安装尺寸为准），如图 4-22-4 所示。

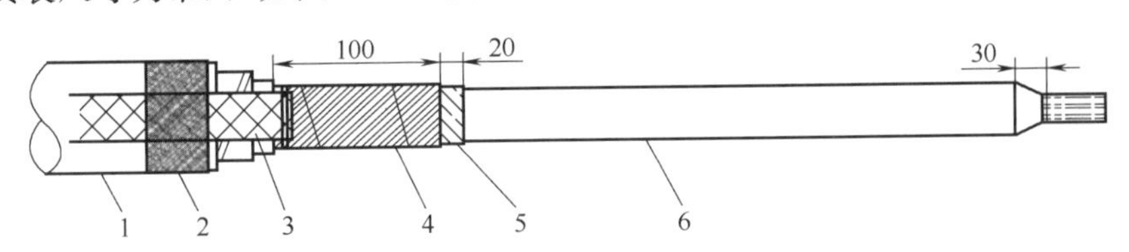

1—外护套；2—密封胶；3—地线；4—铜屏蔽；5—外半导层；6—绝缘层

图 4-22-4　电缆结构示意图（二）

4）压接端子。

剥去线芯绝缘，绝缘端部削成 30mm 长的锥体套入端子，按规程压接端子。

5）收缩应力管。

清洁电缆绝缘表面，在半导断口处缠绕应力疏散胶，搭接半导层和绝缘各 5mm，在半导口绝缘层上均匀薄涂一层硅脂膏，套入应力管搭接铜屏蔽 30mm 加热固定（小火加热），用应力疏散胶将应力管端口与绝缘层处的台阶填呈锥面，如图 4-22-5 所示。

6）固定绝缘管。

在外护套密封段缠绕密封胶，并将地线夹在胶条中间，用扎线将地线固定在外护套上。用填充胶绕包外护套断口至铜屏蔽绑焊区域，使之无尖角、毛刺外露。再次清洁绝缘

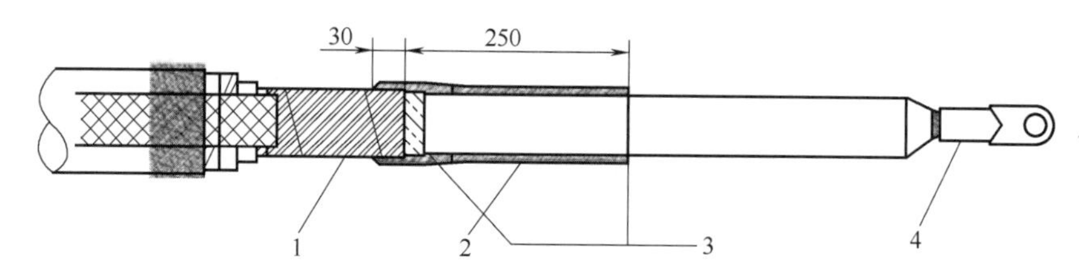

1—铜屏蔽；2—应力管；3—应力疏散胶；4—端子

图 4-22-5　电缆结构示意图（三）

及应力管，在其上均匀薄涂一层硅脂膏，套入绝缘管（带胶的一头朝下），加热收缩。

7）包绕填充胶、密封胶、固定垫管。

在端子与绝缘管端部之间包绕一般填充胶呈锥形过渡，并搭接端子，最后包绕密封胶，套上垫管并收缩。

8）固定密封管将密封管套在垫管部位加热固定。

9）套入防雨伞裙固定。

（3）二次电缆头制作

1）电缆校线及号码管安装

① 确定校对电缆的操作顺序，准备相应的芯线标号牌。

② 用剥线钳剥除待校电缆两端电缆芯线端头的绝缘层，设定校线电话或电子校线器的通话回路。

③ 用查号线或校对端子在电缆两端查找出同一根芯线，确定该芯线的编号，套上标号牌并进行固定。

④ 每根电缆所用芯线都确定之后，再将所有芯线重新校对一遍，防止混淆。

2）固定电缆头

① 按配线顺序把所有电缆头排列整齐，在电缆头以下 100mm 处用细绑线把所有电缆绑扎成一束或成排叠加布置。

② 测出电缆束的尺寸，制作电缆卡箍，用卡箍把电缆束固定在盘、柜的支架上。

③ 对于铠装或芯线有接地要求的电缆，把所有接地线接至柜内铜排，或柜外接地点，每个螺栓压接接地端子不超过 2 个。

3）芯线排布

① 为便于排布，先用一根硬芯塑料线把同一束电缆头绑扎在一起，使其相互密贴。

② 计算电缆束芯线的总数，确定线把排布的形式。如总数为 72 根，可按 9（根）×8（层）或 12（根）×6（层）排列。当总数为奇数时，可在线把后排填充假数。

③ 芯线排布以端子排编号顺序按倒计数方法排列，即线把第一层靠近端子排侧的第一根芯线为连接在端子排最下部的第一根线。

④ 排布时，每层芯线按连接顺序排好后，用铝包带做一个可移动的卡槽使芯线排列整齐。

⑤ 芯线分层排好后，在电缆头上与端子排之间选一合适位置进行第一道线束绑扎，由于芯线是由各电缆中分别引出，线把根部必然出现交叉，因此在绑扎时要把芯线根部压紧压实。

⑥ 把每层芯线的卡槽分别向上推 200mm 左右，把线束理顺，再绑扎第二道。

⑦ 依上述顺序直至全部绑扎好，即可进行接线。

4）线槽布线

① 把同一束电缆头绑扎好后，按芯线的自然排列顺序在距电缆头上沿 30～50mm 的位置上进行第一道绑扎。

② 将芯线理顺全部放入塑料线槽中，在线槽的中部和上部用硬芯塑料线进行临时绑扎，避免芯线从线槽中脱出。

③ 自下而上将电缆芯线按编号镶入与端子排相对应的线槽槽孔中，芯线预留长度暂预留在线槽外，接线后再收回槽内。

④ 按技术要求把线槽内的芯线每隔 400mm 进行一次固定，然后即可进行接线。

5）接线

① 确定芯线预留长度及线端绝缘剥除长度。

② 截断芯线多余长度，按线芯实需长度剥除绝缘层。

③ 从截断的线头上取下标牌号，套在刚剥好的线芯上。

④ 按接线要求搣线环或压紧接线端子。

⑤ 采用线环方式接线时，线环应按螺钉旋紧的方向煨弯，线环根部距芯线绝缘层的外缘，应留有不小于 2mm 的间距。

⑥ 采用压接端子接线时，线芯应伸出端子压环 1mm，并确保压接紧密。

⑦ 将预留长度进行弯曲或抽回线槽，按连接要求把芯线接到端子排上。

⑧ 按上述程序，自端子排最下端开始接线，直至全部完成。

⑨ 备用芯线一律不截断，其长出端子排高度的部分，均绕成圆环与端子排顶部取齐排列整齐即可。

6）校线

将电缆配线全部从端子排上拆开。按电缆走向逐一将所有芯线重新校对一遍，并随校同时将其恢复到原连接位置上。在确认所有配线连接无误后拆除电缆头上的绑线扣严线槽盖板。

7）预留线缆防护

将二次电缆预留线芯拉直，伸至距离屏柜顶部 150mm 处，采用断线钳剪断预留线芯，预留线芯套线号管进行标识，标识完成后采用绝缘线帽将预留线芯防护，如图 4-22-6 所示。

图 4-22-6 二次电缆配线

4.22.3 精细化管控要点

1. 缆的剥切要小心，严禁伤害主绝缘层。

2. 绕填充胶、密封胶时要防止局部过粗，防止冷缩管无法安装或安装不到位。

3. 拉支撑条时用力要均匀，防止拉脱或错位。

4. 导体层要剥离干净，无残留，半导层末端应平整，并削成锥形。

5. 绝缘层应打磨光滑，无坑洼现象，套装冷缩管前清洁干净，均匀涂抹一层硅脂膏，但不能涂到半导层上，否则无法泄漏电荷。硅脂膏必须涂抹，用于填补绝缘层微小凹坑等以补偿主绝缘。

6. 安装终端体套管时应按照说明书定位后套装，使半导电层部分与应力锥可靠搭接。

7. 绝缘长度尺寸应不小于技术说明书的要求，否则可能造成泄漏量增大等，引发电缆故障。

8. 交流单芯电缆需采用无磁性恒力弹簧。铠装与屏蔽层应分别引出接地线，保证在引出位置不短接。

9. 接地线在安装时，不得使用喷灯直接加热电缆各部件，避免影响电缆绝缘性能。地线应内外绑扎牢固，以防脱落和损伤护套密封。

10. 除护层、金属、铠装、铜带和绝缘屏蔽时，不得影响电缆绝缘性能，屏蔽端部要平整光滑，不得有毛刺和凸缘。

11. 进盘柜的电缆应排列整齐，避免交叉并固定牢固。电缆外护层切口与固定卡箍上沿水平，卡箍直接固定在盘、柜下沿的专用型钢上。

12. 盘、柜内的电缆芯线，应有规律地垂直或水平配置，不得任意歪斜或交叉连接；备用芯线应留有适当余度。

13. 缆芯线采用线槽布线时，线槽与端子排之间应有不小于 50mm 的间距，以便于接线及维修。

4.22.4 效果示例

1. 安装示意图

35kV 冷缩电缆头安装示意图如图 4-22-7 所示。

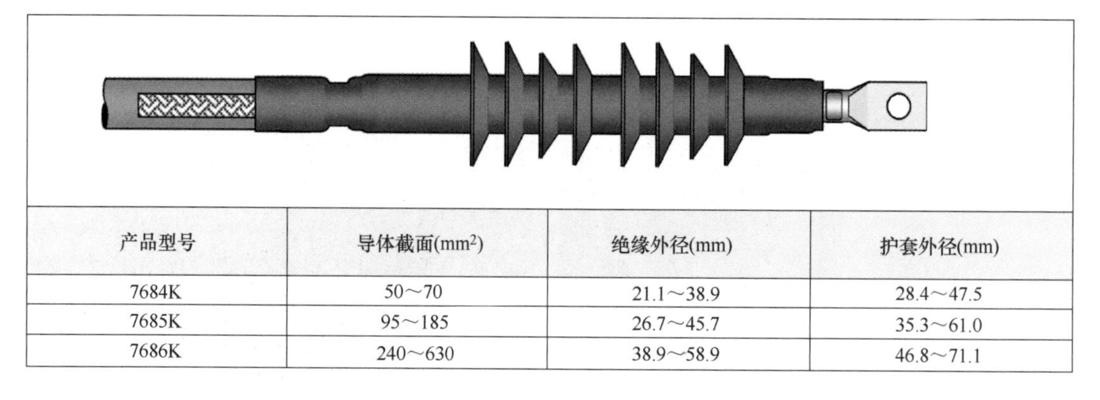

产品型号	导体截面(mm^2)	绝缘外径(mm)	护套外径(mm)
7684K	50～70	21.1～38.9	28.4～47.5
7685K	95～185	26.7～45.7	35.3～61.0
7686K	240～630	38.9～58.9	46.8～71.1

图 4-22-7 35kV 冷缩电缆头安装示意图

2. 实物效果图

实物效果图如图 4-22-8～图 4-22-11 所示。

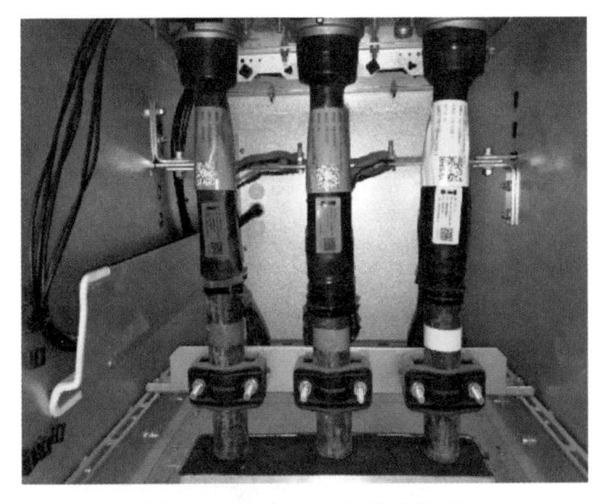

图 4-22-8　35kV 电缆头接线

图 4-22-9　电缆头接线

图 4-22-10　柜内接线

图 4-22-11　电缆挂牌

第五章

站台屏蔽门系统

站台屏蔽门系统由门体机械部分和电气部分组成。将轨行区与站台候车区域隔离开来，既可以有效降低车站环控设备用电量，防止车站空调系统通风流失，又能有效防止乘客误入轨行区造成危险，同时隔离轨行区的噪声，给乘客带来安全舒适的候车环境。站台屏蔽门安装工程分为下部结构安装（下部结构包含底部基座、立柱、门槛）、上部结构安装（上部结构包含顶部伸缩机构、门机梁、后盖板、门楣）、门体安装（固定门安装、应急门安装、滑动门安装、端门安装）、盖板及附件安装、绝缘层敷设、就地控制盘安装、门单元电气安装、间隙探测装置安装、瞭望灯带安装、防踏空胶条安装等内容。根据站台屏蔽门高度的不同通常分为全高和半高两种形式，本章重点以地下站全高站台屏蔽门为例进行说明。

5.1 下部结构安装

下部结构是站台屏蔽门安装的基础，包括底部基座、立柱、门槛等部件，既有承重支撑，也是形成站台屏蔽门框架的基础部件。

5.1.1 施工流程

1. 站台板标高偏差应满足设计要求，偏差应在底部基座的可调节范围内。

2. 测量放线复核数据后，站台板应满足轨道限界及设计要求。

3. 结构安装应在土建整改完成后进行，安装完成后应注意绝缘保护。

下部结构安装施工流程如图 5-1-1 所示。

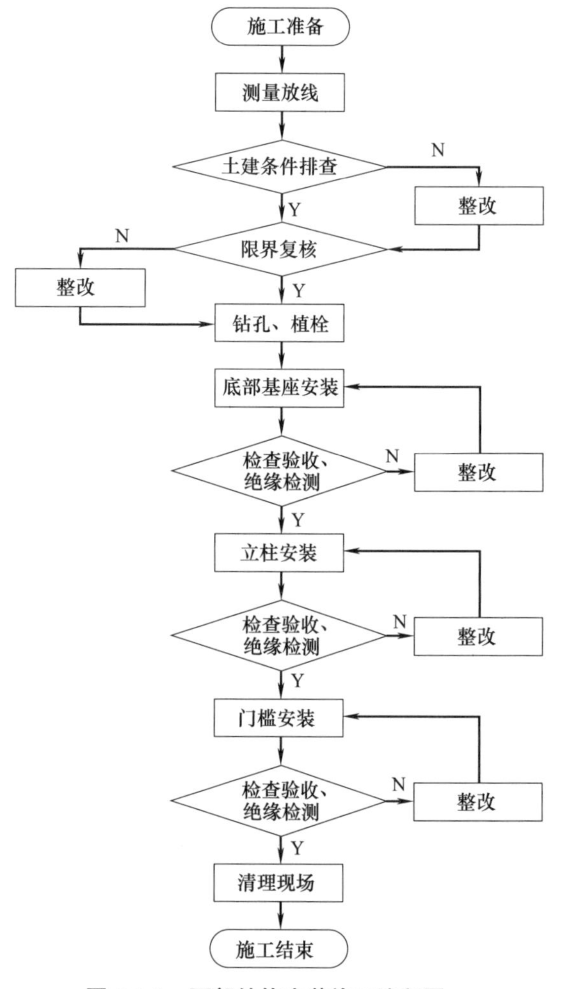

图 5-1-1 下部结构安装施工流程图

5.1.2 精细化施工工艺标准

1. 底部基座与站台连接的螺栓扭力值应满足设计要求。

2. 下部结构不应侵入轨道设备限界。

3. 下部结构绝缘应满足设计要求。

4. 结构表面防锈漆或镀锌层应完整。

5. 结构与土建结构之间的绝缘电阻值在 500VDC 下不应小于 1MΩ。

6. 底部基座安装应符合下列规定：

（1）底部基座可以采用站台板预留槽、对穿螺栓或植入化学锚栓方式进行安装固定。

1）站台板预留槽安装方式：应根据设计图尺寸，现场标定安装线，部件连接整齐规范。在站台板预留槽中塞入槽螺栓后，调平后应加上绝缘垫板，再将底部基座安装于槽锚栓位置，并进行预紧固。

2）对穿螺栓安装方式：螺栓长度应根据安装位置站台板厚度确定，保证底部基座安装紧固后，对穿螺栓两端部均外露 3 个丝扣以上并有防松脱措施，孔与孔中心偏差应在＋4mm 内，钻孔垂直度偏差应小于 3%。

3）植入化学锚栓安装方式：化学锚栓钻孔深度应大于 110mm，钻孔后应进行清孔，孔与孔的中心偏差应在＋4mm 内，钻孔垂直度偏差应小于 3%。植筋后，化学锚栓外露长度不应大于 40mm，并应进行拉拔试验。

（2）应根据测量放线确定的底部基座安装标高线，将基座平面调整好。用扭力扳手拧紧对穿螺栓至要求扭矩。待验收合格后用油漆标记螺母位置。

（3）整侧底部基座的高度需根据轨道坡度进行调整，保证底部基座安装与轨道坡度保持一致，同时应保证底部基座满足限界要求。

（4）底座与站台屏蔽门间、底座型板螺孔与螺栓间需设置符合要求的绝缘板或绝缘套。

7. 立柱安装应符合下列规定：

（1）立柱安装定位尺寸应以轨道面及轨道中心线为基准，结合站台板坡度，立柱安装需垂直于站台板平面，垂直于轨顶面，垂直度及钢板上表面水平度偏差均应在±1mm内。

（2）所有立柱站台侧面应对齐，相邻立柱之间间距偏差应在±2mm内。

（3）立柱与门槛面垂直度偏差应在2‰以内。

（4）立柱包边安装后，包边预留位置与立柱螺纹孔应匹配。

8. 门槛安装应符合下列规定：

（1）门槛到轨道中心线的水平距离偏差应在＋10mm内。

（2）门槛垂直距离轨道面的高度偏差应在±2mm内。

（3）门槛沿站台纵向的累积偏差不应大于10mm。

（4）门槛支撑件位置的水平方向偏差应小于2mm。

（5）相邻门槛间应齐平，错边应小于1mm。

（6）相邻门槛之间、站台侧门槛与轨道侧门槛之间的间距应合理。

9. 底部基座的安装位置、标高及间距，立柱的安装位置、标高、垂直度及间距，门槛的安装位置、标高及间隙应满足规范及设计要求。

5.1.3　精细化管控要点

1. 高于标高20mm的站台基础面，需土建局部凿除切割处理。

2. 低于标高30mm内的站台基础面，站台屏蔽门可采用基础垫片。基础垫片的表面应热浸镀锌处理；调整完毕后需进行灌浆，灌浆在底座安装调整完成后施工。

3. 低于标高超过30mm的站台基础面，需土建补全修复至标高值，且结构强度满足站台屏蔽门安装要求后方可施工。

4. 门槛安装完成后应做好成品保护，后续尽快安装门梯，避免出现门槛变形的情况。

5. 底部基座绝缘应进行隔离保护。

6. 下部结构安装完成后，应检查标高、平面度、垂直度，确保符合设计文件要求。

7. 底部基座安装完成后，应进行预紧固，并有防松脱措施。

8. 立柱的绝缘件套安装正确，装饰板平滑牢固且外观良好，表面无损伤，紧固件及其相关组件无遗漏，并做好成品保护。

9. 安装完成后，应及时进行成品保护，以免破坏及划伤面板。不得在基座、立柱、门槛周围堆积物料、湿作业和动火作业，以免破坏站台屏蔽门绝缘。

5.1.4　效果示例

1. 安装示意图

各类下部结构安装示意图如图5-1-2～图5-1-4所示。

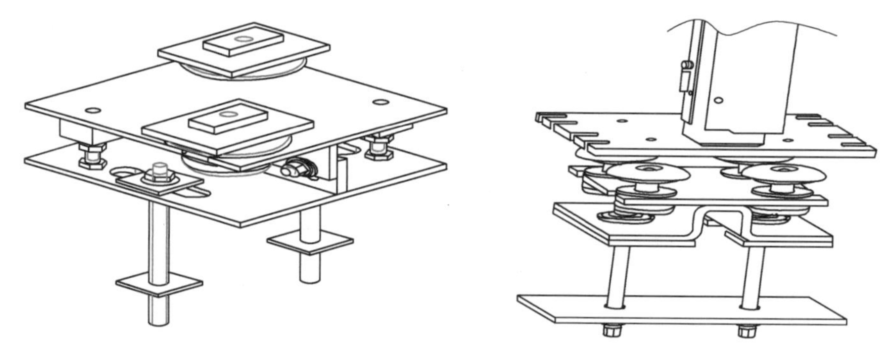

图 5-1-2　不同底部基座安装示意图

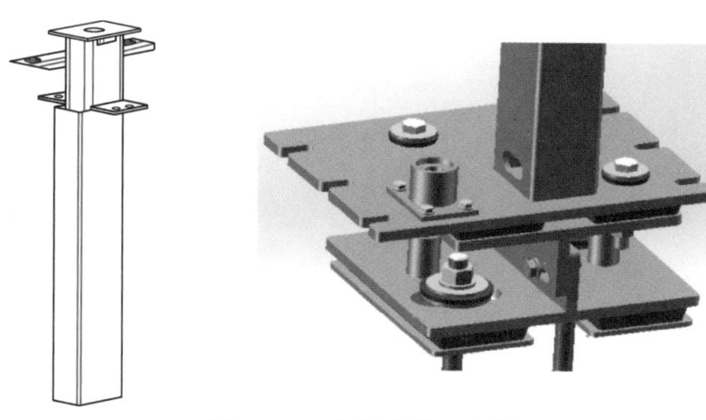

图 5-1-3　立柱安装示意图

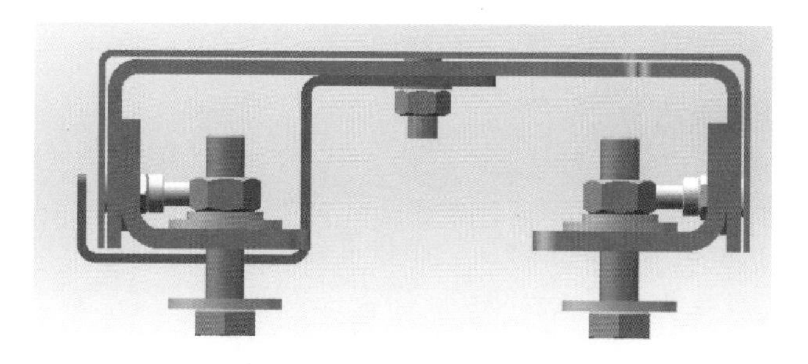

图 5-1-4　门槛安装示意图

2. 实物效果图

各类下部结构安装实物效果图如图 5-1-5～图 5-1-7 所示。

图 5-1-5　底部基座

图 5-1-6　立柱安装

图 5-1-7　门槛安装

5.2　上部结构安装

上部结构包括顶部伸缩机构、门机梁、门楣、后盖板，是整个站台屏蔽门的顶部框架。

5.2.1　施工流程

1. 施工人员应了解产品结构，安装技术要求和施工工艺要求。

2. 安装前应检查风道梁底部的标高及前后立面限界数据。

3. 安装完成后应注意绝缘保护。

上部结构安装施工流程如图 5-2-1 所示。

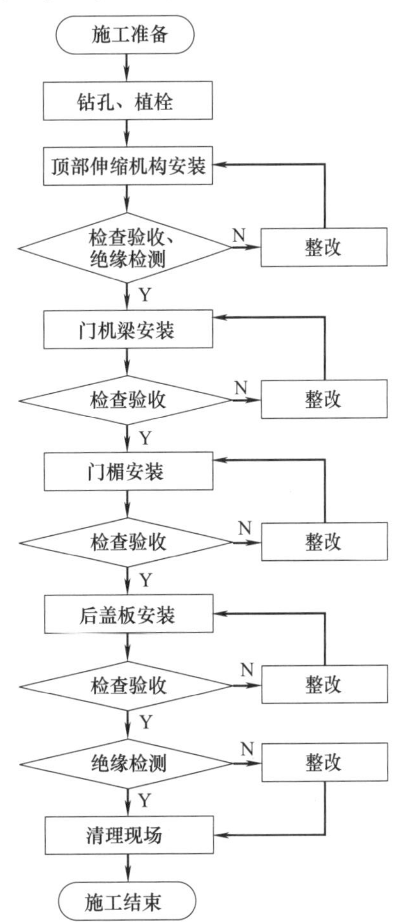

图 5-2-1　上部结构安装施工流程图

5.2.2　精细化施工工艺标准

1. 上部结构下表面与导轨面的垂直距离允许偏差应为±3mm。

2. 上部结构绝缘应符合设计文件要求。

3. 上部结构件紧固应符合设计文件要求。

4. 伸缩机构安装应符合下列规定：

（1）每个顶部伸缩机构支架的位置应以有效站台中心线为基准进行复核。

（2）顶部伸缩机构可以采用风道梁预留槽、对穿螺栓或植入化学锚栓方式进行安装。

1）风道梁预留槽安装方式：应根据设计图尺寸，现场标定安装线，部件连接整齐规范。在风道梁预留槽中塞入槽螺栓，顶部伸缩机构支架应安装于槽螺栓位置，并进行预紧固。再将伸缩节安装在顶部伸缩机构支架上，调正后进行紧固，应保证绝缘套与立柱之间滑动顺畅。

2）对穿螺栓安装方式：螺栓长度应根据安装位置风道梁厚度确定，顶部伸缩机构安装紧固后应保证绝缘套与立柱之间滑动顺畅，对穿螺栓两端部均外露3个丝扣以上并有防松脱措施。孔与孔的中心偏差应在+4mm内，钻孔垂直度偏差应小于3%。

3）植入化学锚栓安装方式：化学锚栓钻孔深度应大于110mm，钻孔后应进行清孔，孔与孔的中心偏差应在+4mm内，钻孔垂直度偏差应小于3%。顶部伸缩机构安装紧固后应保证绝缘套与立柱之间滑动顺畅。顶部伸缩机构安装紧固后应保证绝缘套与立柱之间滑动顺畅。

（3）在支架与风道梁之间应安装顶部绝缘垫，通过螺栓组进行固定，在伸缩机构与立柱之间应安装伸缩绝缘套。

（4）调整支架及伸缩固定板的位置时，应使立柱的坡度、垂直度及直线度达到设计文件要求，因风道梁偏差较大时，伸缩机构可考虑翻面安装。

（5）伸缩机构标高偏差应在±10mm内，伸缩机构可调节范围不应小于35mm。

5. 门机梁安装应符合下列规定：

（1）在安装时，应结合站台的坡度，调节水平。门机梁中心与滑动门中心重合，中心线偏差应在±2mm内。所有螺栓根据螺栓规格对应的扭矩值紧固并添加防松标记。

（2）每节车厢门机梁之间应分段绝缘。

（3）门机梁到轨道中心线距离偏差应为0～10mm。

（4）门机梁导轨中心线对于门槛面的平行度偏差应小于1‰。

（5）门机梁安装完成后应重新复核立柱的垂直度，如果立柱有偏移，需重新调整立柱，调整完毕后将门机梁紧固在立柱上。并将立柱垂直度、间距等相关进行数据记录。

6. 后盖板安装应符合下列规定：

（1）顶箱后盖板、固定盖板安装应牢固，并应有防松措施。

（2）后盖板绝缘橡胶条应插入后盖板上相应位置。

（3）后盖板安装后表面保证竖直，上下保持对齐。

（4）后盖板在安装前应提前将毛刷通过十字组合螺栓固定到后盖板上。

（5）后盖板平面距离轨道中心线偏差应小于10mm。

7. 门楣安装应符合下列规定：

（1）门楣下表面应与门机梁平行。

（2）门楣前缘与立柱包边前缘应对齐。

5.2.3 精细化管控要点

1. 上部结构安装后，应对顶部伸缩机构、门机梁、后盖板及门楣进行绝缘检测，每个检测点的绝缘电阻值在500VDC下应不小于1MΩ。

2. 所有螺栓应根据螺栓规格对应的扭矩值紧固并添加防松标记。

3. 顶部伸缩机构的安装位置、标高、间距及可调节距离，与风道梁顶部其他机电设备应保证一定设计距离，不能影响顶部绝缘。

4. 门机梁安装后，应注意内部驱动装置、电气元器件的防护，内部连接线束应捆扎且固定牢靠。

5. 后盖板安装后，限界应符合设计和合同要求。

6. 门楣防护应完整，以免破坏及划伤门楣面板。

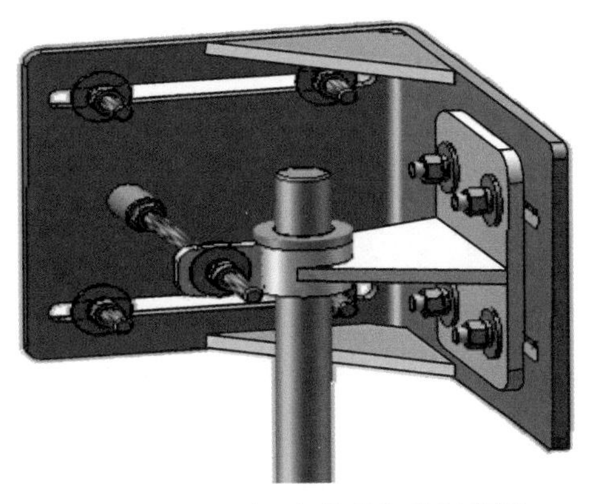

图 5-2-2　一种顶部伸缩机构示意图

5.2.4　效果示例

1. 安装示意图

各类上部结构安装示意图如图 5-2-2～图 5-2-6 所示。

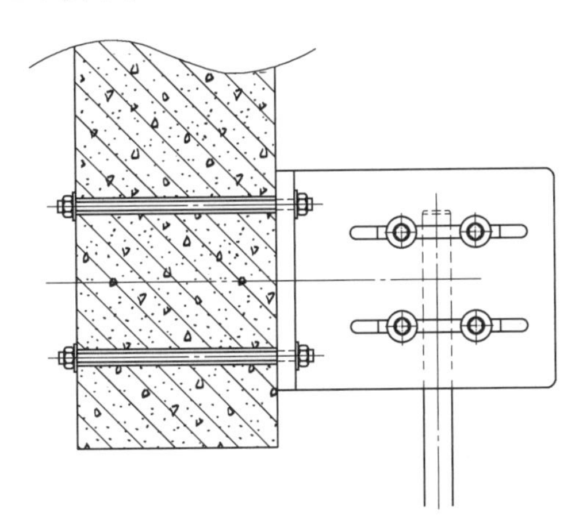

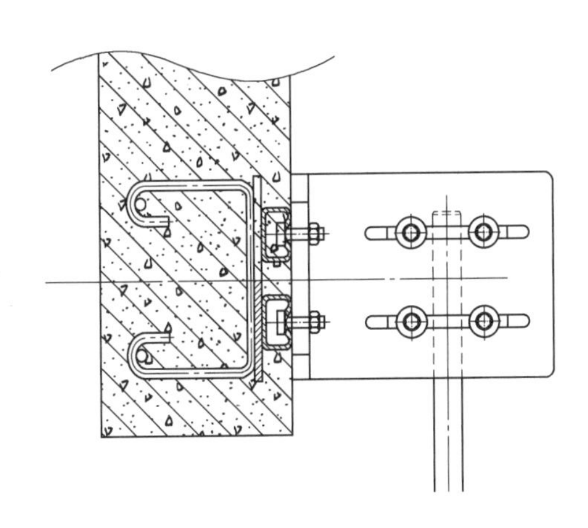

图 5-2-3　顶部伸缩机构安装示意图（风道梁预留槽安装及对穿螺栓安装）

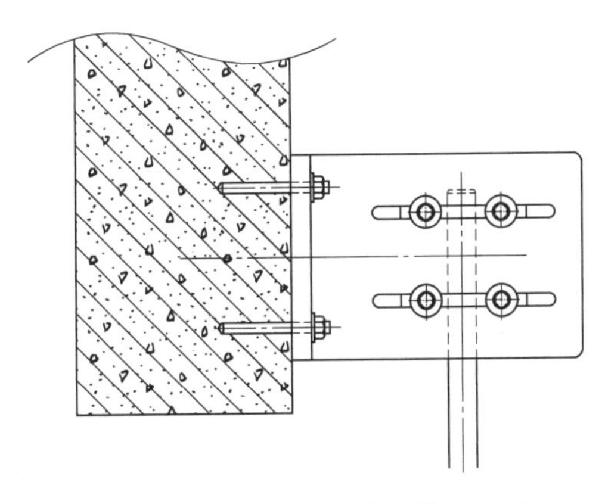

图 5-2-4　顶部伸缩机构安装示意图
（植入化学锚栓安装方式）

2. 实物效果图

立柱与门机梁如图 5-2-7 所示。

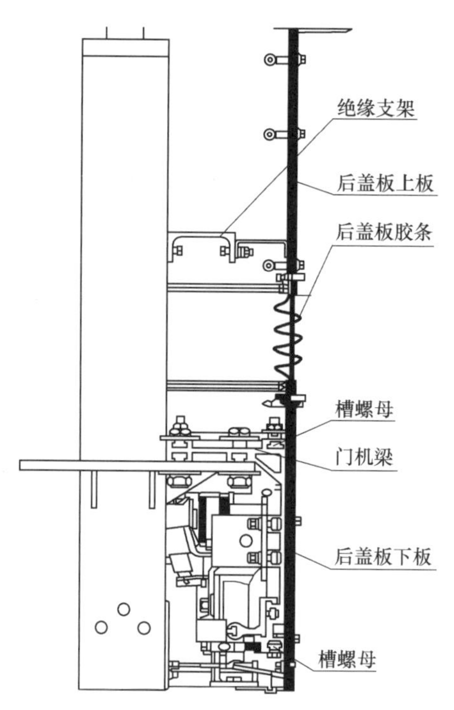

图 5-2-5　后盖板安装示意图

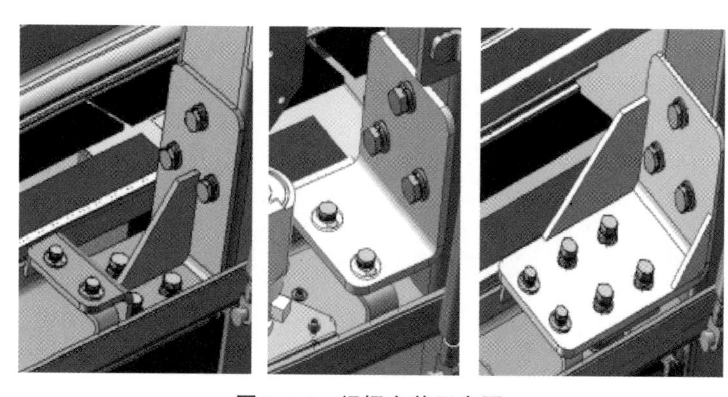

图 5-2-6　门楣安装示意图

图 5-2-7　立柱与门机梁

5.3　门体安装

站台屏蔽门门体主要分为固定门、应急门、滑动门和端门，以上门体共同构成站台与轨行区的安全屏障。

固定门作为站台与轨行区的隔离屏障，安装在每档滑动门之间。应急门作为站台应急逃生通道，安装在滑动门与滑动门之间。滑动门安装位置对应车辆每道车门，根据车辆的车门布置进行设置。端门作为站台工作人员出入通道或者应急逃生通道，安装在站台屏蔽门的首末端与装修的连接处。

5.3.1　施工流程

1. 底部基座、门槛、立柱、门楣等结构件安装完成；立柱之间间距、门槛与门楣之间高度间距及门槛上的门体支撑座间距等符合设计文件要求。

2. 清理门体安装门槛面，清除门槛面、两侧立柱表面及门楣表面的防护膜等。

门体安装施工流程如图 5-3-1 所示。

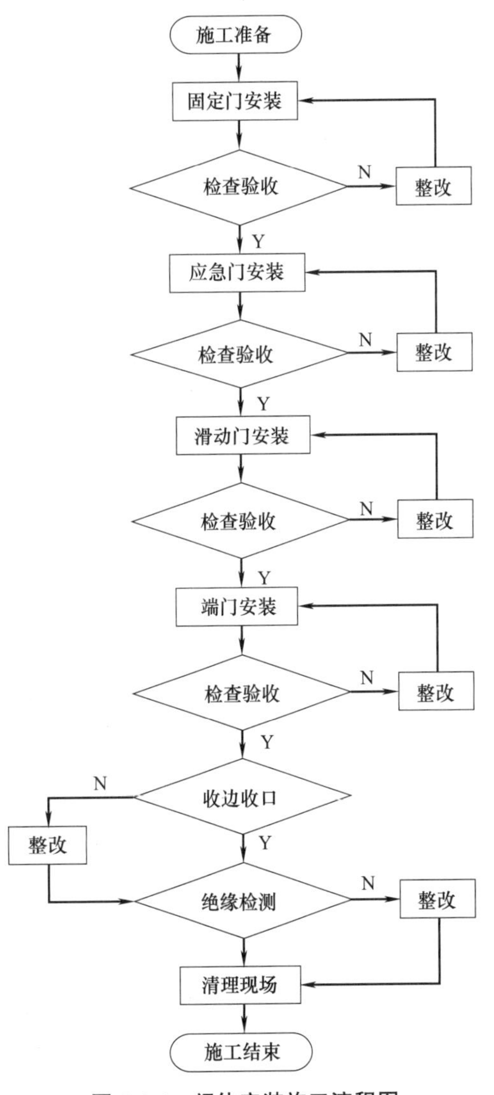

图 5-3-1　门体安装施工流程图

5.3.2　精细化施工工艺标准

1. 固定门、滑动门、应急门、端门等门体与门槛面垂直度的偏差应为 0～2mm，各门体平面度允许偏差应为 2mm，其周边缝隙应均匀、一致。

2. 固定门安装应符合下列规定：

（1）固定门下部固定在支撑座上时，应使固定门门体表面与立柱包边表面齐平，固定门左右离立柱包边的间隙应不大于 5mm，均匀相等。

（2）固定门上部与上部连接部件固定，左右两面密封处理。

3. 应急门安装应符合下列规定：

（1）安装时上下轴与顶部、底部的轴座应同心，应急门底边应与门槛平行。

（2）应急门左右边缘到立柱包边的间隙、应急门上下边缘到门楣及门槛之间的间隙应符合设计文件要求。

（3）应急门锁销长度，应在锁闭状态能顺利通过门楣，与门楣、上部活动盖板无摩擦。

（4）使用轨道侧应急门推杆以及站台侧钥匙都能够开关门并且过程顺畅，无阻塞，无异响。左右应急门中缝闭合，门开角度大于 90°，解锁自如，锁舌与完成的装修完成面（包括盲道）不干涉。

（5）应急门安装完成后，周边间隙应均匀、平直，且相邻两扇门的玻璃面的平面度允许偏差应为±1mm。

4. 滑动门安装应符合下列规定：

（1）调整两扇门体，关闭后平面度一致。实现门体关闭后防撞胶条缝隙上下均匀一致，无 A 形及 V 形缝隙。

（2）调整滑动门电磁锁，使电磁锁锁头完全伸出时锁住滑动门并使门缝无明显间隙，同时确保两扇滑动门关闭后门缝位于滑动门两侧立柱中心位置。

（3）滑动门两侧与立柱包边之间的间隙，应上下均匀一致，其允许偏差应为±1.5mm；滑动门顶部及底部间隙应均匀平直，允许偏差应为 2mm。

5. 端门安装应符合下列规定：

（1）端门外侧立柱与站台设备房外墙装修面的收边收口应平整，不留缝隙。

（2）门机梁与正线门机安装高度应一致。

（3）端头门锁销长度，应在锁闭状态能顺利通过门楣，与门楣、上部活动盖板无摩擦。

（4）使用设备区端头门推杆以及公共区端门钥匙都能够开关门并且过程顺畅，无阻塞，无异响。门开角度大于 90°并能保持在 90°开度，小于 90°时应能自动复位至关闭，解锁自如，锁舌与装修完成面（包括盲道）不干涉。

（5）端门结构到端墙装修完成面缝隙不应大于 20mm，端门结构应与正线门体结构相互绝缘安装，且应等电位连接。

5.3.3 精细化管控要点

1. 滑动门、应急门、端门安装完成后，应进一步精细化调整，使门体开关过程顺利无阻碍；活动机构应灵活、可靠。

2. 应急门、端门安装完成后，其门扇与立柱、门扇上端与门楣、门扇下端与门槛、门扇下端与装修完成面应无剐碰现象。

3. 门扇与立柱、门扇上端与门楣、门扇下端与门槛、门扇下端与装修完成面之间的间隙在整个长度上应一致。

4. 应急门、端门开门角度应大于 90°，打开及关闭过程中全程与站台装修完成面（包括盲道）无干涉。

5. 端门机构与端墙的密封收口应符合设计文件要求。

6. 门体结构等电位连接电缆应可靠、紧固。

7. 门体玻璃应无划痕、无破损，表面应采取保护措施，并张贴警示标识。轨道侧手动把手和推杆应有清晰的操作标识。

5.3.4 效果示例

1. 安装示意图

门体安装示意图如图 5-3-2～图 5-3-5 所示。

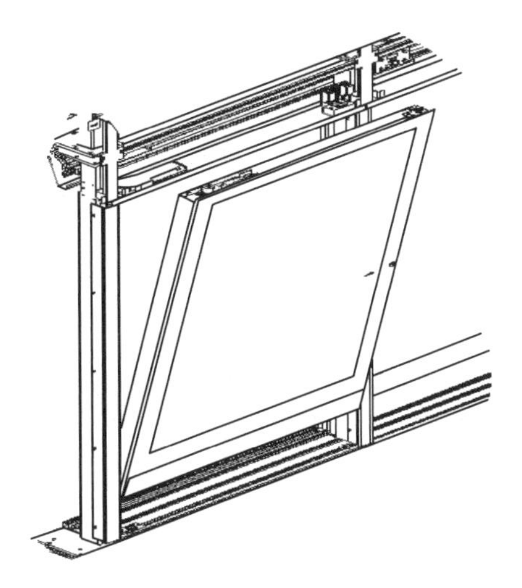

图 5-3-2　应急门安装示意图

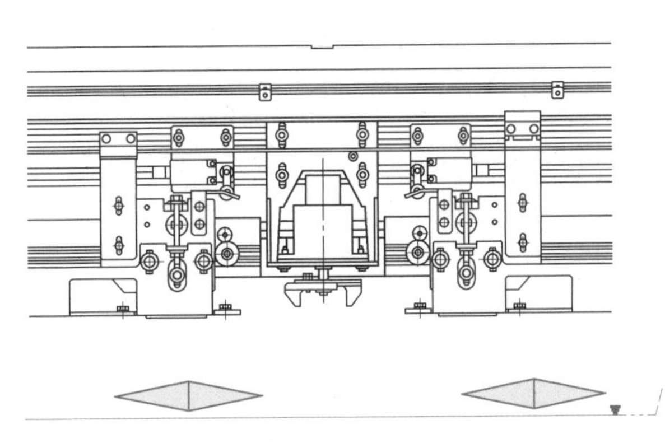

图 5-3-3　滑动门左右位置调节示意图

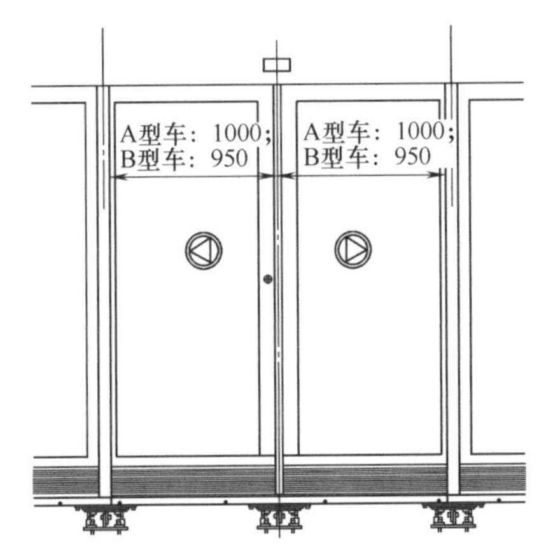

图 5-3-4　滑动门门缝位置控制示意图

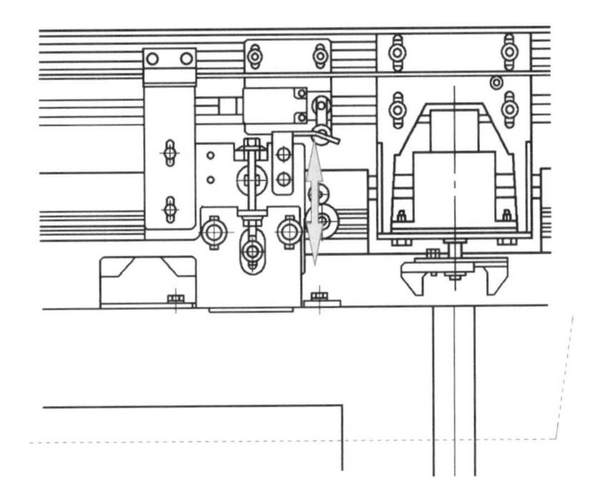

图 5-3-5　滑动门上下位置调节示意图

2. 实物效果图

门体实物效果图如图 5-3-6～图 5-3-9 所示。

图 5-3-6　固定门

图 5-3-7　应急门

图 5-3-8　滑动门

图 5-3-9　端门

5.4　盖板及附件安装

顶部前盖板、活动盖板作为站台屏蔽门顶盒的封闭盖板，安装在对应门体上方，可作为张贴站台导向标识、镶嵌乘客信息系统屏幕的载体。

5.4.1　施工流程

顶部前盖板及活动盖板应在站台屏蔽门下部结构、上部结构及门体安装完成后安装。盖板及附件安装施工流程如图 5-4-1 所示。

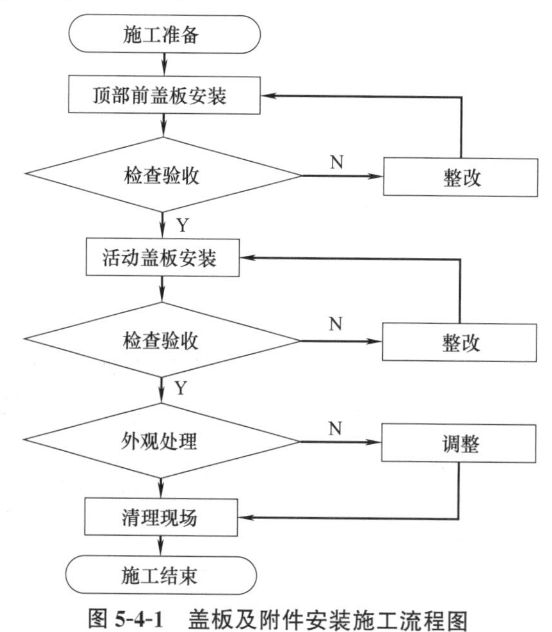

图 5-4-1　盖板及附件安装施工流程图

5.4.2　精细化施工工艺标准

1. 活动盖板安装应符合下列规定：

（1）活动盖板下表面高度根据图纸要求，安装高度保持对齐，相邻活动盖板间隙偏差应在 5±1mm 内，活动盖板与顶部前盖板上下间隙偏差应在 10±1mm 内，整侧活动盖板与顶部前盖板排布应均匀美观。

（2）安装气弹簧时，滑动门、应急门及固定门上方的活动盖板应使用力值不小于 500N 的气弹簧。气弹簧与活动盖板应连接固定。

（3）乘客信息屏安装时，屏幕边缘应与活动盖板面齐平。

2. 顶部前盖板安装应符合下列规定：

顶部前盖板安装高度应保持对齐，相邻顶部前盖板间隙偏差应在 5±1mm 内，且与下方的活动盖板左右保持平齐，活动盖板与顶部前盖板上下间隙偏差应在 10±1mm 内，整侧活动盖板与顶部前盖板排布应均匀美观。

5.4.3　精细化管控要点

1. 盖板平面应平整、相邻盖板的间距允许偏差应在 1mm 内。

2. 相邻活动盖板、顶部前盖板应平整、外观良好。

3. 顶部前盖板安装应牢固，并应有放松措施，活动盖板安装应平整，其开启角度不应小于 70°，并应在最大开启角度定位。

4. 顶部前盖板锁功能应正常。

5. 盖板与门体结构应有可靠电气连接。

6. 在列车正常运行状态下，站台屏蔽门不应产生因风压引起的风哨声。站台屏蔽门盖板或固定侧盒关闭时，在站台侧距离站台屏蔽门 1000mm 离地 1500mm 处检测站台屏蔽门运行时噪声应小于 70dB（A）。

5.4.4　效果示例

1. 安装示意图

盖板安装示意图如图 5-4-2、图 5-4-3 所示。

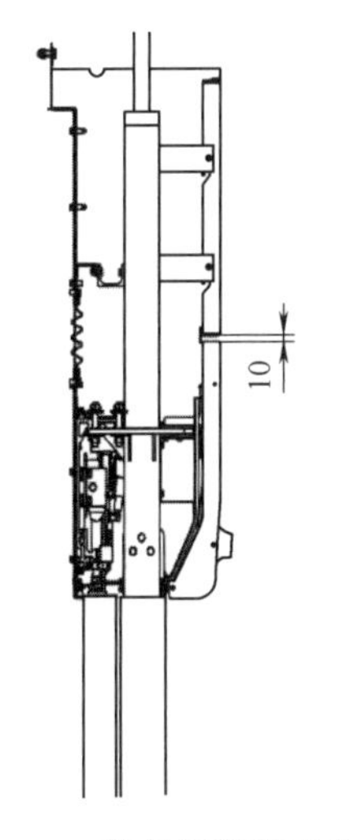

图 5-4-2　前盖板安装示意图

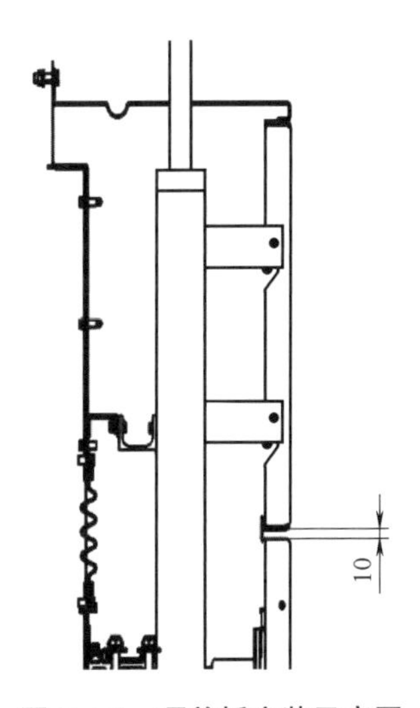

图 5-4-3　顶盖板安装示意图

2. 实物效果图

盖板安装实物效果图如图 5-4-4 所示。

图 5-4-4　顶部前盖板、活动盖板

5.5　绝缘层敷设

根据装修排版要求、站台屏蔽门的绝缘要求，在门槛站台侧设置相应的绝缘区域，进行绝缘层的敷设。

5.5.1　施工流程

1. 非绝缘区装修作业面应在施工前划分完成，绝缘区宽度及标高预留应符合设计文件要求。

2. 绝缘区域的施工，需在站台屏蔽门、绝缘区吊顶及非绝缘区地面装修层完成以及绝缘区域内装修面层材料到场并做好周围保护措施后方可进行。

3. 地面垫层完全硬化，环境温度在−5～45℃之间。

4. 绝缘材料在安装前的贮存应满足防潮、防太阳直射等条件。

绝缘层敷设施工流程如图 5-5-1 所示。

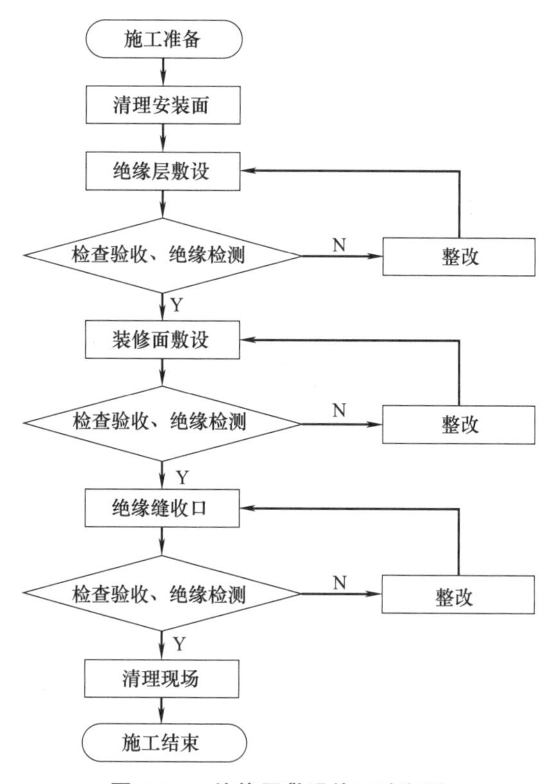

图 5-5-1　绝缘层敷设施工流程图

5.5.2　精细化施工工艺标准

1. 绝缘层敷设应符合下列规定：

（1）安装前应对现场的测量记录进行整理、计算、归纳和总结，并形成书面资料。

（2）清理干净施工面附近 100mm 区域内站台结构层表面的灰尘。

（3）安装绝缘层与门槛间的绝缘挡板（根据现场需要）时，一边应固定于站台板结构层上，另一边应保持垂直。

（4）在机电装修施工单位采用水泥砂浆进行找平垫层施工后，把绝缘材料敷设在各自位置的垫层上面，整理好绝缘材料四周立边。

（5）设置检测点，敷设完成后对已形成的绝缘层进行检测，每个检测点的绝缘电阻值在 500VDC 下不应小于 1MΩ。合格后，在绝缘区域拉好警戒带，防止有人走动或堆放物品。

2. 装修面敷设应符合下列规定：

（1）绝缘检测合格后，应通知机电装修单位将水泥砂浆铺于绝缘材料上，并及时铺设装修地砖，水泥砂浆不应流淌到绝缘材料外面导致绝缘失效。

（2）变形缝处的装修面层之间的缝隙偏差应在 18±2mm 内，其余接口处装修面层的缝隙应小于 20mm。

3. 绝缘缝收口应满足下列规定：

（1）绝缘材料边缘应裁剪至低于装修完成面 5±2mm。

（2）清理干净各处接口位置，并用吸尘器对接口位置彻底吸清后打胶密封，各接口胶缝应均匀美观。

（3）收口完成后应再次检测绝缘值，绝缘电阻值在 500VDC 下不应小于 1MΩ。

5.5.3 精细化管控要点

1. 站台板绝缘区域遇有土建结构变形缝时，应先在变形缝中塞上变形缝填充块后再进行站台板结构层上的砂浆垫层施工。

2. 绝缘层完成，并经绝缘检测合格后，方可用水泥砂浆进行装修面层的铺贴。

3. 铺贴装修面层时不得让水泥砂浆流淌到绝缘材料外面，同时不能有锐器造成绝缘层损坏。

4. 绝缘缝填充密封胶前应先清理缝中的杂物。密封胶的填充应与装修地面平齐。

5. 绝缘层施工完成后应临时封闭 48h，期间应避免人员在区域内走动或堆放物品。当必须进入施工时，应在地面上做必要的铺垫保护，避免碰伤或划痕。

6. 严禁在成品上涂写、敲击、刻划，防止绝缘层受到污染导致绝缘失效。

7. 绝缘层区域内任一点，其对地绝缘电阻值在 500VDC 下都不应小于 1MΩ。

5.5.4 效果示例

1. 安装示意图

绝缘层及装修垫层敷设如图 5-5-2、图 5-5-3 所示，绝缘缝收口示意图如图 5-5-4 所示。

2. 实物效果图

绝缘缝如图 5-5-5 所示。

图 5-5-2　绝缘层敷设示意图

图 5-5-3　装修垫层敷设示意图

图 5-5-4　绝缘缝收口示意图

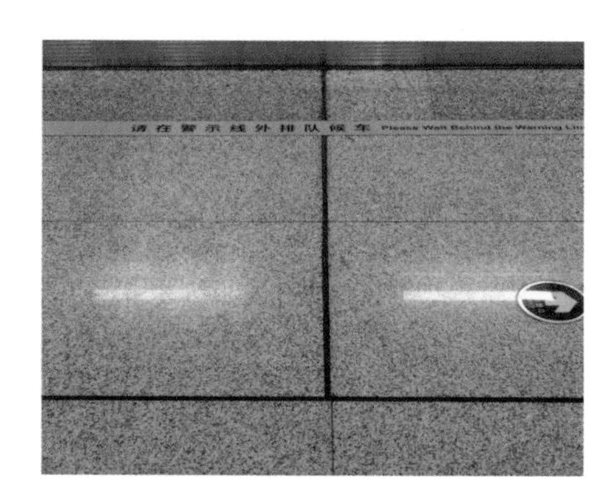

图 5-5-5　绝缘缝

5.6　就地控制盘安装

就地控制盘（PSL）作为站台屏蔽门系统就地级操作控制部件，可安装在站台屏蔽门首末端立柱、端门附近墙体或公共区装修立柱上。

5.6.1　施工流程

1. 施工人员应熟悉施工图，了解安装位置。

2. 如果 PSL 箱体需内嵌，应和土建或机电装修单位提前沟通图纸，先施工或确认其预留位置及开孔尺寸，尺寸需与图纸保持一致。

就地控制盘安装施工流程如图 5-6-1 所示。

5.6.2　精细化施工工艺标准

1. PSL 安装应符合下列规定：

(1) 如果 PSL 箱体在设备区，螺栓应固定可靠，不因活塞风、振动而晃动脱落。

(2) PSL 箱体安装高度应符合设计文件要求，正面保持水平。

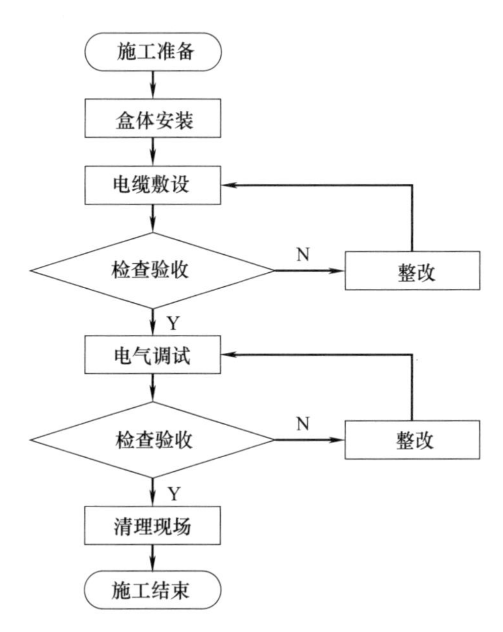

图 5-6-1　就地控制盘安装施工流程图

（3）PSL 箱体线缆应按通用工艺标准要求，进行导通绝缘测试，线缆线号线标前后两端应一致。

（4）PSL 箱体线缆压接应可靠紧固且无裸露现象，反向拉拔无松动。

2. 电气调试应符合下列规定：

（1）操作 PSL 进行开关门时，功能应能按需实现，指示灯应能按设计文件要求点亮或熄灭。

（2）操作 PSL 进行“互锁解除”功能时，对应指示灯应点亮，信号系统和站台屏蔽门联锁控制应被解除；关闭“互锁解除”功能时，对应指示灯应熄灭，信号系统和站台屏蔽门联锁控制应恢复。

（3）操作某个 PSL 时，同侧其他的 PSL 应不得进行操作控制开关门（如同一侧有多个 PSL 则应有此功能）。

5.6.3　精细化管控要点

1. 按测试要求对 PSL 的相关功能进行测试，确保各功能正确。

2. PSL 箱体上指示灯及开关按钮，应保持完好，不应出现破损。

3. PSL 箱内的线缆应保持完好，不应出现破损、断裂。

5.6.4　效果示例

1. 安装示意图

就地控制盘安装示意图如图 5-6-2 所示。

2. 实物效果图

就地控制盘如图 5-6-3 所示。

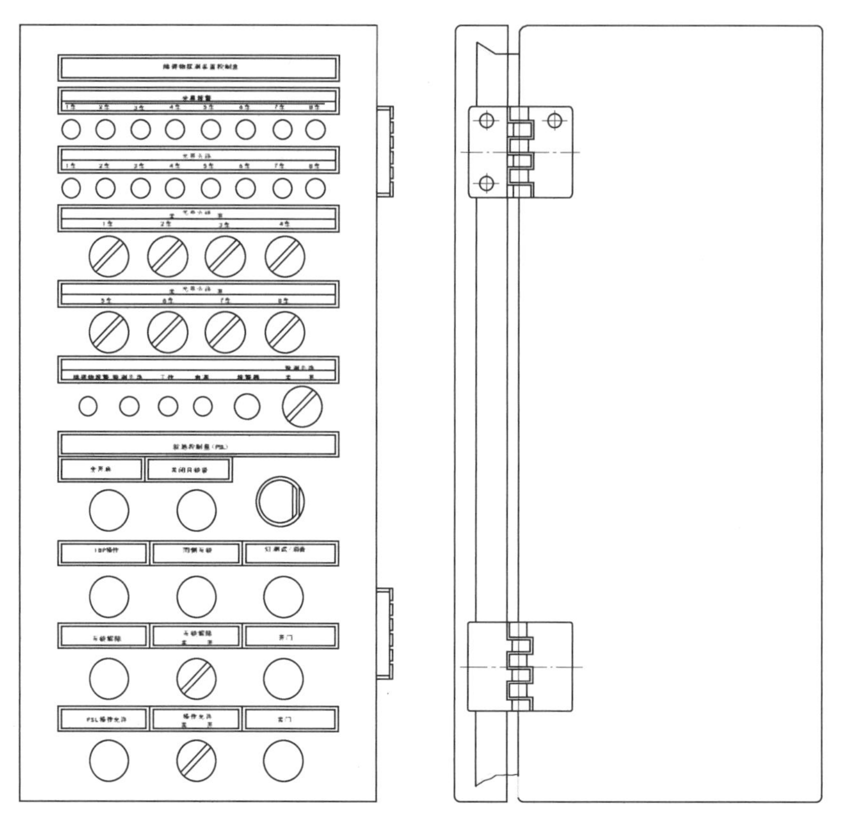

图 5-6-2　就地控制盘安装示意图

图 5-6-3　就地控制盘

5.7　门单元电气安装

门单元电气部分包括就地控制盒（LCB）、门控单元（DCU）、指示灯、行程开关、电机等部件的安装和调试。

5.7.1　施工流程

施工人员应对施工图、电气元件安装指导手册等技术文件熟练掌握。门单元电气安装施工流程如图 5-7-1 所示。

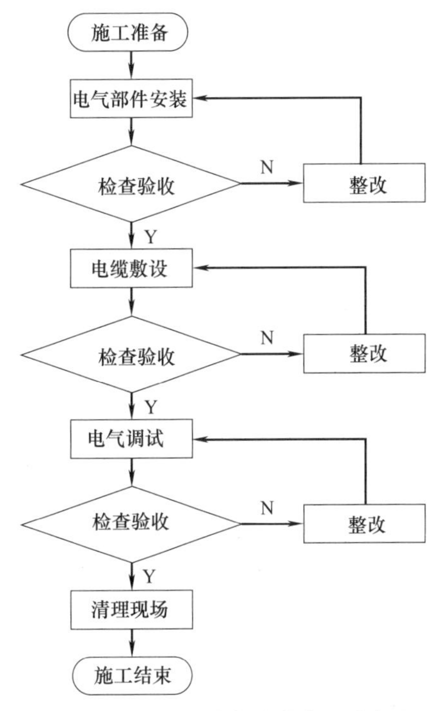

图 5-7-1　门单元电气安装施工流程图

5.7.2　精细化施工工艺标准

1. 电气部件安装应符合下列规定：

(1) DCU 盒及支架调整时，应保证滑动门正常开关过程中不会与 DCU 盒出现干涉，DCU 盒体调整到位后应进行紧固。

(2) 安装滑动门、应急门、端门的行程开关时，需使其与门体机械结构相配合，能够有效触发。

(3) 就地控制盒（LCB）、隔离开关等部件安装固定后，应粘贴好对应标识。

(4) 电磁锁、门指示灯、行程开关、电机等接线端应固定牢靠，不得松脱。

(5) 等电位连接线排布整齐并绑扎。

2. 电缆敷设应符合下列规定：

(1) 布线应符合设计文件要求，线缆两端需配置线号，线号应清晰易辨识。

(2) 接线完成后，按电气图检测电气接线，应无错接、漏接、少接等现象。

(3) 线缆引进 DCU 时，外露部分应做滴水弯处理。

(4) 导线、导线束弯曲时，弯曲半径应为导线、导线束直径的 3 倍以上，并圆滑过渡。

(5) 所有连接导线、端子排，应有线号标记，标记应清晰、完整；线号套管或线号标牌在导线上应查看方便，不易移动。

(6) 导线压接不得有露铜的现象发生，应保证接线端子的压接部位和表面不得有裂纹、毛刺等缺陷；接线端子不得有松动脱落现象。

(7) 驱动电源线、控制线缆应分开敷设。

(8) 等电位连接可通过结构件或型材进行连接。

(9) 采用钢轨作为回流轨时，应与轨道进行可靠的等电位连接。

3. 电气调试应符合下列规定：

(1) 检查测试电路，不得有短路的情况。

(2) 滑动门、应急门关闭的电气安全开关应动作正确。

(3) 滑动门开关门时间应符合设计文件要求并可调节。

(4) 信号、综合监控等接口接线正确，进行接口电气测试时，站台屏蔽门应动作正常，并符合设计文件要求。

(5) 滑动门、应急门和端门的手动解锁力不应大于 67N。

(6) 手动打开滑动门，开启单扇滑动门的动作力应不大于 133N。

(7) 关闭滑动门，在关门至行程约 1/3 位置后测量力，阻止滑动门关闭的力不应大于 150N。

（8）防夹保护功能应符合设计文件要求。

（9）障碍物探测功能应符合设计文件要求。

（10）指示灯及报警功能应符合设计文件要求。

（11）对位隔离功能应符合设计文件要求。

5.7.3 精细化管控要点

1. 禁止施工人员踩踏线槽，导致线槽外观变形。

2. 电力管线与其他管线应有一定间距，确保系统的稳定性。

3. 主干路应尽量减少管线转弯，尽量避免与其他管线交叉，并且留有便于施工、维护的空间。

4. 调试滑动门各作用力时应注意测力点选取。

5. 调试防夹保护功能时，滑动门在关门过程中遇到障碍物，滑动门应立即停止关闭并弹开，门停顿若干秒（停顿时间可调）后再重新关门，循环 N 次（次数可调）后门仍不能关闭，滑动门应完全打开并报警。

6. 调试障碍物探测功能时，应选择一档滑动门，将 40mm×40mm×5mm 的标准试块分别放在上、中、下等离地高度来阻挡滑动门，滑动门在关门过程中遇到试块，滑动门应立即停止关闭并弹开，门停顿若干秒（停顿时间可调）后再重新关门，循环 N 次（次数可调）后门仍不能关闭，滑动门应完全打开并报警。

7. 调试期间对电缆、元器件做好防护，以免造成破坏，导致线缆破损或断裂、元器件损坏等情况。

8. 站台区域不带电外露金属部分应进行等电位连接，单侧站台屏蔽门整体电阻值不应大于 0.4Ω。

9. 一侧完整的站台屏蔽门应连续进行 5000 次连续运行检测，检测期间站台屏蔽门应运行平稳、无故障。

5.7.4 效果示例

1. 安装示意图

门单元电气安装示意图如图 5-7-2 所示。

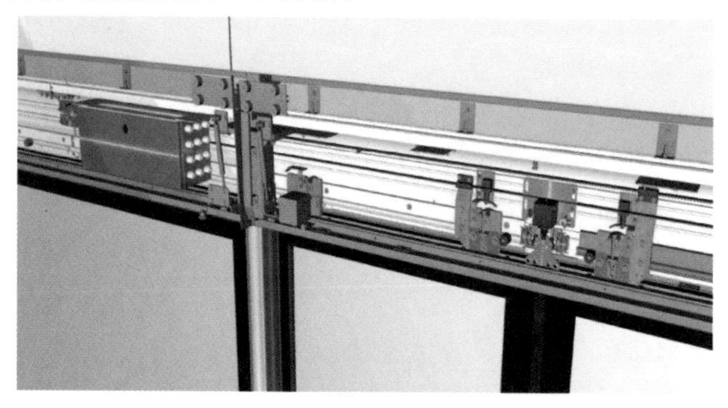

图 5-7-2 门单元电气安装示意图

2. 实物效果图

门单元电气部件如图 5-7-3 所示。

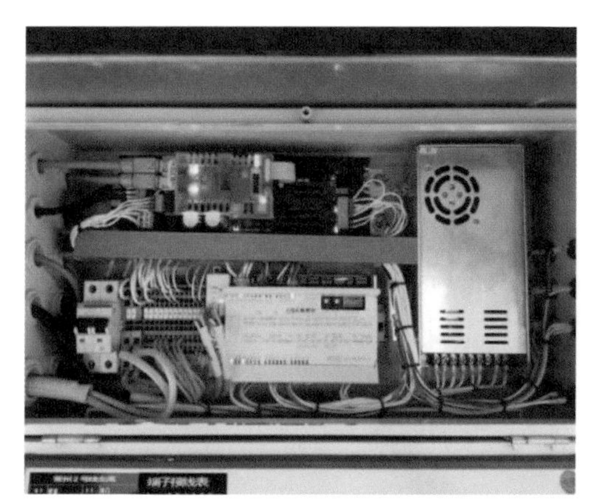

图 5-7-3　门单元电气部件

5.8　间隙探测装置安装

间隙探测是站台屏蔽门安全运营的保障措施，一般有红外对射间隙探测、激光对射间隙探测和激光雷达间隙探测等方式。

5.8.1　施工流程

1. 施工人员应熟悉施工图，了解安装位置。

2. 如果有控制箱体需内嵌，应和土建或机电装修单位提前沟通图纸，确认其预留位置及开孔尺寸。

间隙探测装置安装施工流程如图 5-8-1 所示。

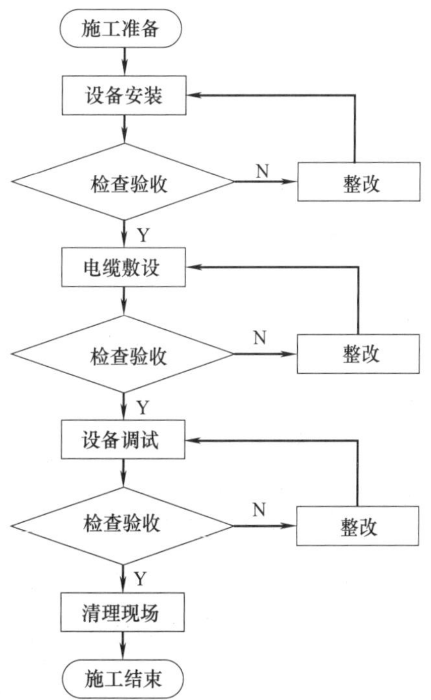

图 5-8-1　间隙探测装置安装施工流程图

5.8.2　精细化施工工艺标准

1. 对射间隙探测装置安装应符合下列要求：

（1）全高站台屏蔽门的间隙探测装置控制箱如果安装在靠近设备房的端门门机梁上，应使用线槽或线管将线缆引至线槽内。

（2）控制箱侧挂在设备房墙面时，应注意避开其他电气设备；控制箱集成在电器柜内时，应符合设计文件要求。

（3）设备支架安装在轨道侧站台边缘正确位置，不得侵入限界。活塞风不应使其有明显晃动，影响探测功能。设备发射端、接收端的控制线缆可通过相邻的立柱、线槽敷设，线缆不应裸露。

2. 激光雷达间隙探测装置（含摄像头）安装应符合下列要求：

（1）激光雷达检测单元及固定支架应安装在风道梁或后盖板上，拍摄区域应涵盖乘客上下车范围。

（2）显示及操作终端应设置在端门侧墙或站台中部装修立柱上。

3. 对射间隙探测装置调试应符合下列要求：

（1）当检测到有障碍物时，安全回路应断开，对应滑动门的指示灯闪烁并报警。

（2）当装置发生故障或产生误报警，导致安全回路断开时，在 PSL 上执行隔离等操作，应将故障或误报警的装置从安全回路中切除，列车应可以正常发车。

4. 激光雷达间隙探测装置调试应符合下列要求：

（1）当检测到障碍物时，安全回路应断开，激光雷达显示及操作终端开始报警，应可在终端上查看哪道门出现了障碍物，如装有摄像头，障碍物画面应能在终端上显示。

（2）当单个激光雷达装置出现故障，应能在相对应的滑动门操作激光雷达装置，使该激光雷达单元暂停检测。

（3）当多个或整侧激光雷达装置出现故障，应能在显示及操作终端上操作整侧激光雷达装置，使整侧激光雷达装置暂停检测。

5.8.3 精细化管控要点

1. 对射装置发射端与接收端需要相向对准，镜头洁净无污损、无划痕。

2. 接线应牢固可靠，不破损，不裸露。

3. 激光雷达镜头洁净无污损，无划痕。

5.8.4 效果示例

1. 安装示意图

各类间隙探测装置安装示意图如图 5-8-2、图 5-8-3 所示。

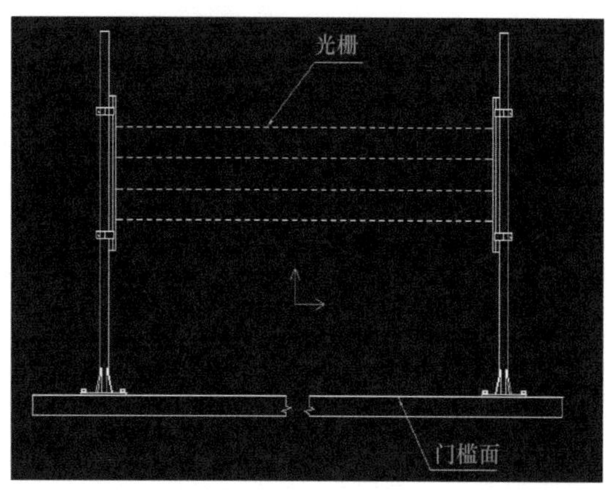

图 5-8-2 对射间隙探测装置安装示意图

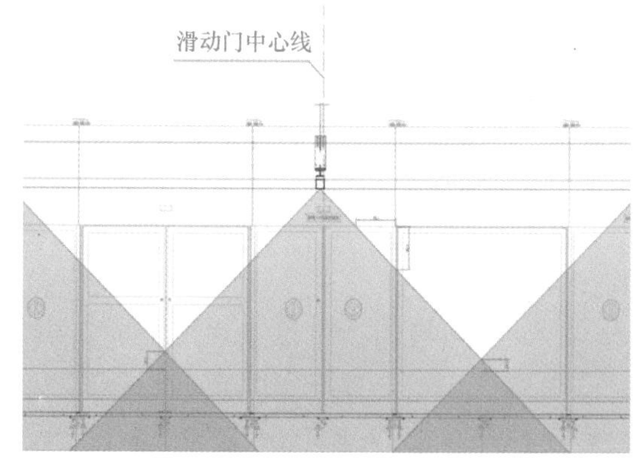

图 5-8-3 激光雷达间隙探测装置安装示意图

2. 实物效果图

各类间隙探测装置及激光雷达终端如图 5-8-4～图 5-8-6 所示。

图 5-8-4　对射间隙探测装置

图 5-8-5　激光雷达间隙探测装置

图 5-8-6　激光雷达终端

5.9　瞭望灯带安装

瞭望灯带一般安装在行车尾端，站台屏蔽门立柱轨道侧，是用于司机瞭望观察的辅助设施。

5.9.1　施工流程

施工人员应对施工图、安装指导手册等技术文件熟练掌握。瞭望灯带安装施工流程如图 5-9-1 所示。

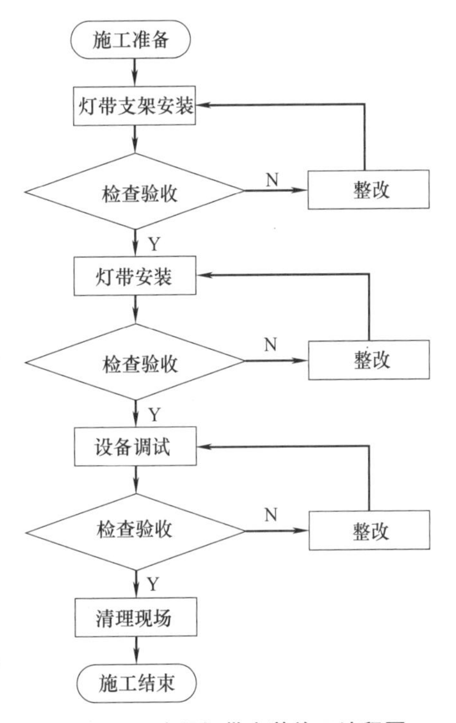

图 5-9-1　瞭望灯带安装施工流程图

5.9.2　精细化施工工艺标准

1. 灯带电源应从站台屏蔽门设备房控制电源柜引至车尾瞭望灯带控制箱内，电缆敷设应符合设计文件要求。
2. 灯带及支架安装不应侵入限界。
3. 灯带应不受活塞风影响而产生剧烈晃动。

5.9.3　精细化管控要点

1. 施工期间可先安装瞭望灯带支架，在站台屏蔽门施工基本完成后，再安装瞭望灯带，以免施工期间被外力破坏。
2. 接线应牢固可靠，不破损，不裸露。

5.9.4　效果示例

1. 安装示意图

瞭望灯带安装示意图如图 5-9-2 所示。

2. 实物效果图

瞭望灯带如图 5-9-3 所示。

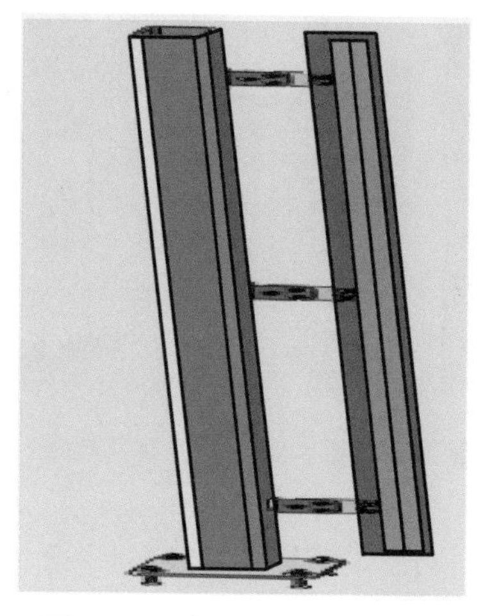

图 5-9-2　瞭望灯带安装示意图

图 5-9-3　瞭望灯带

5.10　防踏空胶条安装

防踏空胶条一般安装在滑动门、应急门门槛轨道侧，可缩小门槛与列车之间的间隙，防止乘客上下车踏空。

5.10.1　施工流程

1. 安装前，门槛安装应已完成，门槛边缘与车辆限界距离测量应已完成。
2. 安装前清理防踏空胶条安装门槛面，清除门槛面表面的防护膜。

防踏空胶条安装施工流程如图 5-10-1 所示。

5.10.2　精细化施工工艺标准

1. 站台屏蔽门门槛安装调试完成后，防踏空胶条安装前，应测量并记录站台屏蔽门与列车停靠站台时的车体最宽处间隙。

2. 按点测量每道滑动门门槛到列车的距离（最少取三点），根据测量的数据进行胶条规格确认。

3. 胶条上宜设置灯带，提醒乘客注意间隙。

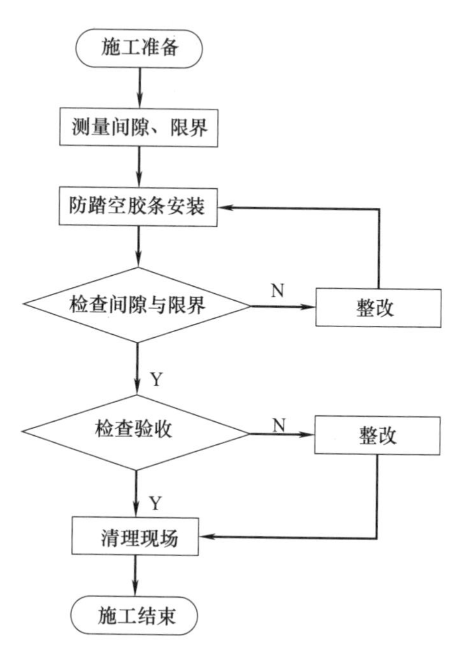

图 5-10-1　防踏空胶条安装施工流程图

5.10.3　工艺精细化管理要点

1. 完整完成后，检查站台防踏空胶条边缘与车厢地板面高度处车辆轮廓线的水平间隙，直线车站不应大于 100mm；曲线车站不应大于 180mm。

2. 防踏空胶条安装完成后，不得在其周围动

火作业，以免破坏防踏空胶条。

5.10.4　效果示例

1. 安装示意图

防踏空胶条安装示意图如图 5-10-2 所示。

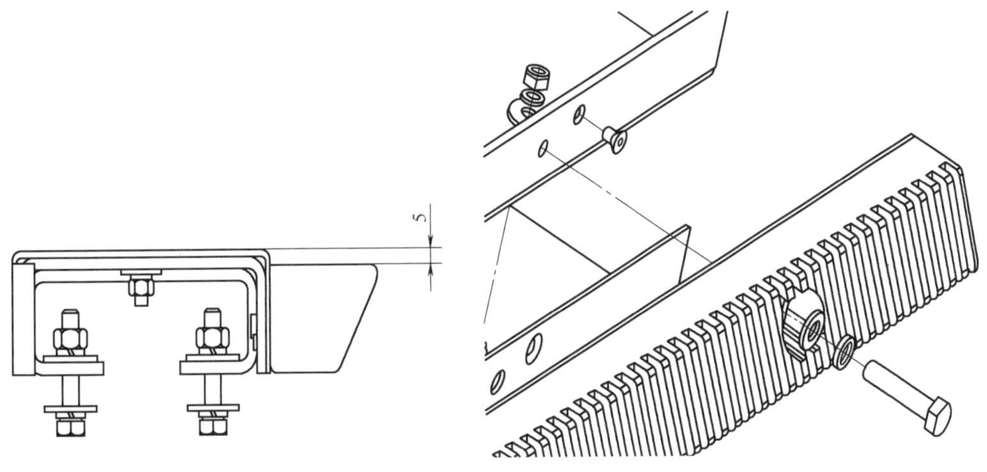

图 5-10-2　防踏空胶条安装示意图

2. 实物效果图

防踏空胶条如图 5-10-3 所示。

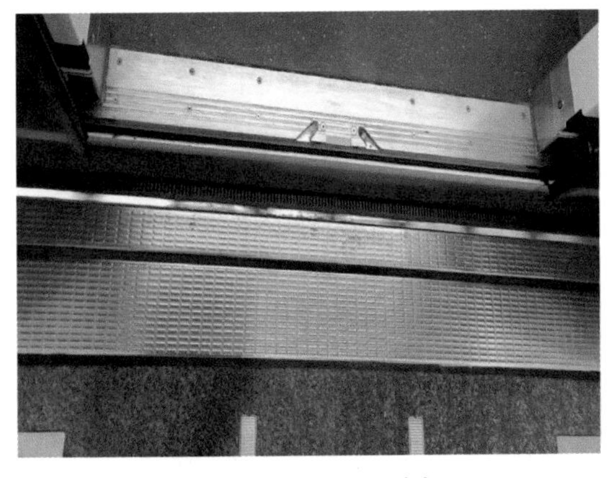

图 5-10-3　防踏空胶条

第六章

通信系统

通信系统是用于运营指挥、企业管理、乘客服务等的专用通信设施、设备的总称，可确保列车运行时传递语音、数据、图像及其他运营管理所需的各种信息，由传输系统、电源系统、无线系统、公务电话系统、专用电话系统、视频监控系统、广播系统、时钟系统、乘客信息系统、办公自动化系统等多个子系统组成，是轨道交通内、外联系，各专业交换信息的大通道。本章将通信系统安装工程划分柜内设备安装、柜内设备配线、配线架配线、室外天馈线安装、室内天馈线安装、司机监视器安装、广播扬声器安装、乘客信息显示屏安装、时钟子钟安装。

6.1 柜内设备安装

柜内设备安装是将各系统设备安装于机柜内，安装方式主要包括固定式支耳安装、固定式托盘安装、滑动式托盘安装。

6.1.1 施工流程

1. 安装柜内设备前，机柜应安装完成，应配备灭火器，必要时配备除湿机。

2. 机柜内的设备平面布置图已由设计确认。

柜内设备安装施工流程如图 6-1-1 所示。

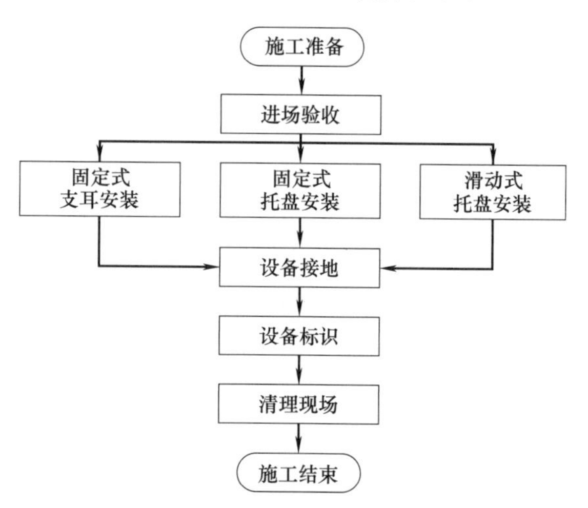

图 6-1-1 柜内设备安装施工流程图

6.1.2 精细化施工工艺标准

1. 设备进场验收应符合下列规定：

（1）数量、型号、规格和质量应符合设计要求。

（2）图纸和说明书等技术资料，合格证和质量检验报告等质量证明文件应齐全。

（3）设备及附件应无变形，表面应无损伤，镀层、漆饰应完整无脱落，铭牌、标识应完整清晰。

（4）设备内的部件应完好，连接应无松动；应无受潮、发霉和锈蚀。

2. 子架或机盘安装应符合下列规定：

（1）子架或机盘安装位置应符合设备技术文件或设计要求。

（2）子架或机盘应整齐一致，接触应良好。

3. 机柜内设备应自上而下安装，安装牢固、平齐，重量较大的设备应采用托盘安装。

4. 根据图纸上的设备摆放位置，在机柜两侧的立柱上安装卡扣螺母。

5. 固定式支耳安装：用卡扣螺栓将设备的安装支耳与机柜立柱上的卡扣螺母连接牢固。设备安装时应保证平直、顺畅。

6. 固定式托盘安装：用螺栓或插销将托盘与机柜立柱连接牢固，托盘应水平。

7. 滑动式托盘安装：托盘安装方法同固定式支耳安装。

8. 无线通信系统的无源器件可固定在托盘上水平安装，机柜空间充足时也可使用绑线棍垂直安装。

9. 设备接地应符合下列规定：

（1）带有金属外壳的设备应安全接地，接地方式满足设计要求。

（2）所有接地应紧固牢靠，应设有弹簧垫圈或锁紧螺母。

（3）柜内设备接地时采用单点接地，接地线缆之间不可串联，不得构成闭合回路。

10. 设备安装完成后，应在设备的正面统一张贴醒目的设备标识。

6.1.3 精细化管控要点

1. 设备安装时需保留相应配件。

2. 服务器、核心交换机等超过 20kg 的设备需要安装固定式托盘，KVM（多计算机切换器）、键盘、光电转换器等无固定支耳的设备需要安装滑动式托盘。

3. 机柜设备安装应符合设计要求，设备排列整齐、安装牢固、间距均匀，设备或子架之间应留一定的散热间隙。

4. 设备应粘贴标识标签。设备标签应粘贴于设备的上方，并注明设备所属系统以及设备名称。

6.1.4 效果示例

实物效果图如图 6-1-2～图 6-1-7 所示。

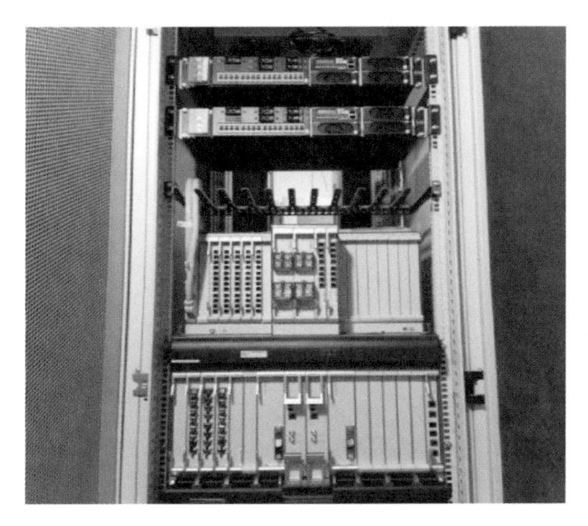

图 6-1-2 传输设备

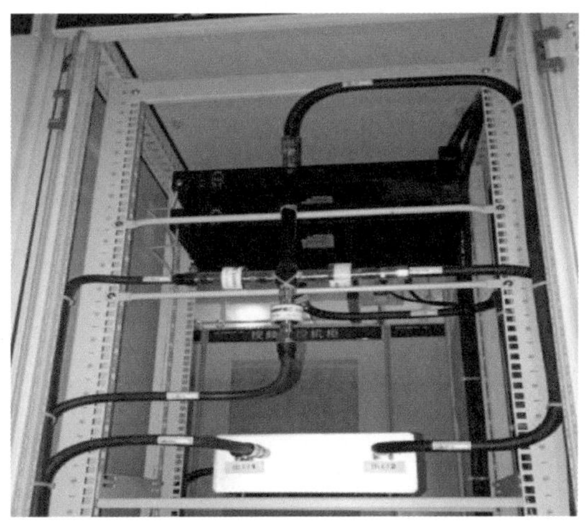

图 6-1-3 专用无线设备

图 6-1-4 时钟设备

图 6-1-5 广播设备

图 6-1-6　乘客信息设备

图 6-1-7　综合布线设备

6.2　柜内设备配线

柜内设备配线是在设备安装完成，且各类线缆已敷设至机柜附近的情况下，将线缆引入机柜，并进行绑扎、成端，与设备连接。

6.2.1　施工流程

施工前柜内设备应已安装完成，光缆、电缆已引入机柜附近。柜内设备配线施工流程如图 6-2-1 所示。

6.2.2　精细化施工工艺标准

1. 设备配线光电缆及配套器材进场验收应符合下列规定：

（1）数量、型号、规格和质量应符合设计和订货合同的要求。

（2）合格证、质量检验报告等质量证明文件应齐全。

（3）线缆外皮应无破损、挤压变形，缆线应无受潮、扭曲和背扣。

2. 配线电缆、光跳线的芯线应无错线或断线、混线，中间不得有接头。

3. 设备电源配线中间不得有接头，电源端子接线应正确，配线两端的标志应齐全。

4. 线缆引入机柜前，应留有余长，满足最远端口配线需求。

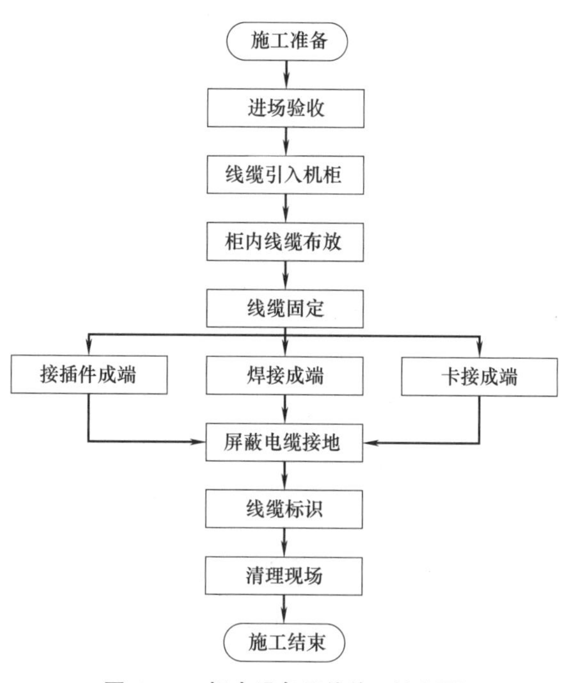

图 6-2-1　柜内设备配线施工流程图

5. 线缆引入机柜应结合走线方式自机柜顶部或底部引入，线缆进出口的开启应符合机柜产品说明书的要求，需要另行开口应在开口后采取防护措施；电力线缆与其他线缆不应使用同一线缆进出口，线缆进出口间距不应小于 50mm。

6. 柜内线缆布放时无扭绞、交叉，并按顺序出线；电力线缆与其他线缆应分开布放，间距不应小于 50mm；光跳线应单独布放，加套管或线槽保护。

7. 线缆固定时，交流电力线缆和直流电力线缆应分开固定，光跳线应采用衬垫固定、不得挤压和扭曲；固定间距均匀、松紧适度；线缆固定应方便接插件、连接器的插拔，不影响板卡扩容。

8. 应根据线缆规格型号、设备接口类型进行成端，并与设备可靠连接。

9. 接插件、连接器的组装应符合相应的工艺要求。应配件齐全、线位正确、装配可靠，连接牢固。

10. 焊接时芯线绝缘层应无烫伤、开裂及后缩现象，绝缘层离开端子边缘露铜不宜大于 1mm。

11. 卡接时电缆芯线的卡接端子应接触牢固。

12. 光跳线、电缆应按设备端口分配图连接设备，线位正确、连接牢固。

13. 电缆的屏蔽护套应可靠接地，接地方式需满足设计要求。

14. 缆线端头的标签，其型号、序号、长度及起止设备名称等标识信息应准确。

6.2.3　精细化管控要点

1. 线缆进入机柜时，引入口应采取绝缘防护措施。

2. 线缆应按出线顺序分层固定，间距均匀，无扭绞、交叉。

3. 线缆弯曲应均匀、圆滑，弯曲半径符合要求。

4. 各种线缆中间无接头。

5. 采用专用的剥线工具开剥电缆。

6. 配线时，各型号的线缆两端统一线序；配线完成后，采用测试仪器对线缆进行测试。

7. 线缆两端贴有标签，标明型号、长度、起止设备名称等必要的信息。

6.2.4　效果示例

实物效果图如图 6-2-2 所示。

图 6-2-2　设备配线

6.3 配线架配线

配线架主要用于通信系统中区间光电缆的成端和分配，在不同系统、子系统之间的数字链路、通信机房对前端信息点之间电话链路、网络链路进行管理的模块化的设备，可方便地实现光纤、音频、网络线路的连接、分配和调度，同时有利于故障排查。配线架包括光纤配线架（ODF）、数字配线架（DDF）、音频配线架（VDF）、网络配线架（EDF）。

6.3.1 施工流程

1. 配线架已安装完成，光缆、同轴通信电缆、音频电缆、对绞电缆已敷设到机柜附近。

2. 配线架端口分配图已由设计确认。

配线架配线施工流程如图 6-3-1 所示。

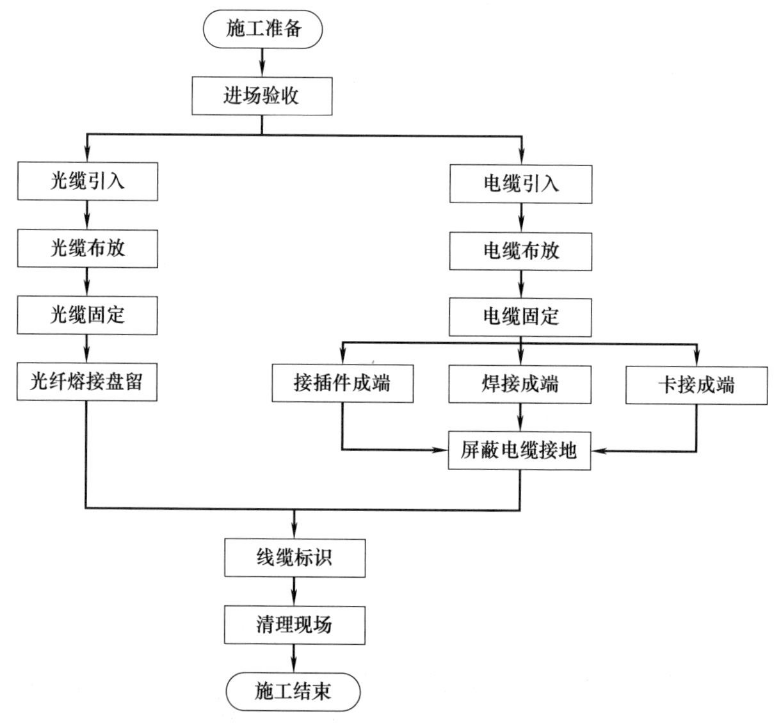

图 6-3-1 配线架配线施工流程图

6.3.2 精细化施工工艺标准

1. 设备配线光电缆及配套器材进场验收应符合下列规定：

（1）数量、型号、规格和质量应符合设计和订货合同的要求。

（2）合格证、质量检验报告等质量证明文件应齐全。

（3）线缆外皮应无破损、挤压变形，缆线应无受潮、扭曲和背扣。

2. 配线电缆、光跳线的芯线应无错线或断线、混线，中间不得有接头。

3. 光缆引入固定应符合下列规定：

(1) 光缆引入光纤配线架前，应在适当位置预留，长度宜为3000～5000mm。

(2) 跳纤、光缆引入光纤配线架应结合走线方式自顶部或底部引入，线缆进出口的开启应符合光纤配线架产品说明书的要求，需要另行开口应在开口后采取防护措施。

(3) 光缆引入光纤配线架后，对光缆外护套进行开剥，开剥长度满足预留、熔接的需要，加强芯需预留40mm。

(4) 纤芯束管应清理干净并使用保护管防护；光缆开剥处可用热缩管防护。

(5) 光缆开剥处应在光缆引入单元进行固定，加强芯应连接牢固，光缆固定应松紧适宜。

(6) 跳纤、纤芯束管应在光纤存储单元盘留，固定时应松紧适宜。

4. 电缆引入固定应符合下列规定：

(1) 电缆引入固定应符合本指南“6.2 柜内设备配线”的要求。

(2) 电缆柜内布放，应顺直、整齐，无扭绞、交叉，固定间距均匀、松紧适宜。

(3) 同轴通信电缆在线束出线位置进行开剥，音频电缆在引入后进行开剥，对绞电缆采用卡接成端方式时需在出线位置进行开剥。

(4) 电缆开剥后去除外护套，开剥处可用热缩管防护。

(5) 芯线、电缆绑扎应弯度一致，间距均匀，扎带朝向一致，扎带头应剪齐，并置于隐蔽位置。

5. 光纤熔接盘留应符合下列规定：

(1) 光纤穿入加强管，在光纤终接单元根据色谱排列顺序，依次对应进行光纤熔接。

(2) 加强管移至接头处进行热缩，应均匀、无气泡。

(3) 将加强管按光纤色谱顺序在卡槽内固定，预留光纤逐根进行“8”字形盘绕，光纤应顺直无翘曲，弯曲半径应大于40mm。

(4) 跳纤按端口分配图确认对应适配器，清洁连接器、适配器后进行连接，连接应可靠。

6. 电缆成端应符合下列规定：

(1) 电缆成端应符合本指南“6.2 柜内设备配线”的要求。

(2) 连接器焊点应均匀饱满，无虚焊、假焊。

(3) 连接器按端口分配图确认对应适配器，连接应可靠。

(4) 卡接成端时应使用与模块相配套的专用卡接工具，线序符合产品说明书的要求。

(5) 音频配线架跳通后根据设计要求插接保安端子。

(6) 使用RJ45水晶头插接时，应根据产品说明书制作成端。同时应采用T568B线序，8芯线颜色排序为：白橙、橙、白绿、蓝、白蓝、绿、白棕、棕。

(7) 电缆的屏蔽护套应可靠接地，接地方式需满足设计要求。

7. 配线架、光电缆、芯线、光跳纤的标识应符合本指南“3.15 系统标识标牌”的要求。

6.3.3　精细化管控要点

1. 光电缆、跳纤进入配线架时，引入口应采取绝缘防护措施。

2. 光缆加强芯应固定牢固。光电缆开剥位置应采用热缩套管进行防护。
3. 光电缆根据出线顺序分层固定，间距均匀，避免交叉。
4. 光电缆弯曲应均匀、圆滑，成端前的绑扎应弯度一致。
5. 对绞电缆数量较多时，可分设在网络配线架两侧。
6. 跳纤固定应松紧适宜，不得挤压变形，造成衰耗增大。
7. 光纤熔接时应检查每根光纤接头质量，其损耗应符合规范要求。
8. 采用专用的剥线工具开剥电缆。
9. 卡接时应使用与模块相配套的专用卡接工具。
10. 网络跳线插入 RJ45 插头后应余长自然成弧，弧度一致。
11. 对绞电缆在成端时，注意网络配线架的色谱，严格按照工艺标准施工。
12. 网络配线架采用屏蔽系统时，对绞电缆的金属线应与卡接端子或模块可靠连接。
13. 电缆两端贴有标签，标明型号、长度、起止设备名称等必要的信息。

6.3.4 效果示例

实物效果图如图 6-3-2～图 6-3-5 所示。

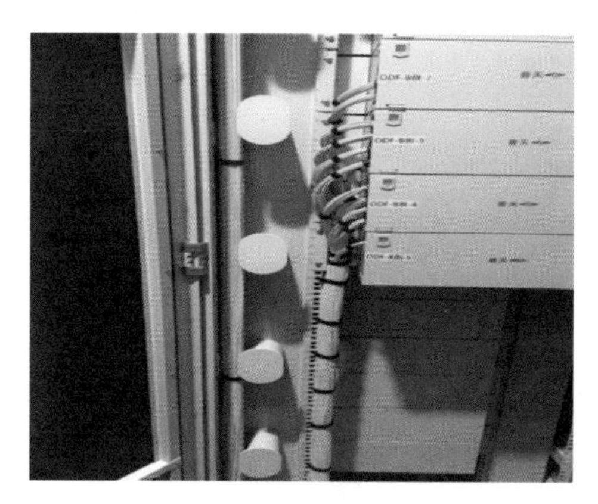

图 6-3-2 光纤配线架

图 6-3-3 数字配线架

图 6-3-4 音频配线架

图 6-3-5 网络配线架扎带绑扎

6.4　室外天馈线安装

室外天馈线可加强无线通信系统室外覆盖信号，为工作人员无线通信提供稳定的无线信号。

6.4.1　施工流程

1. 核查天线立柱（杆）的材质、尺寸应满足设计要求，天线、天线支架、馈线的型号、规格应符合设计及合同要求。

2. 地面安装时，核查接地体、预埋件的材质、尺寸应满足设计要求。

3. 屋顶安装时，应检查屋面预留基础，基础顶面水平；检查预埋地脚螺栓，应垂直、不变形。

室外天馈线安装施工流程如图 6-4-1 所示。

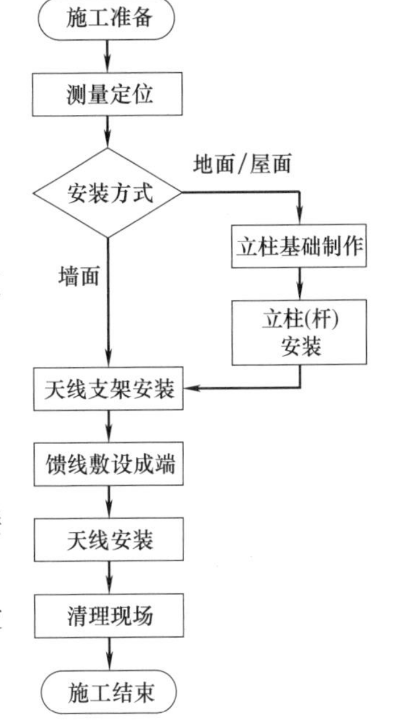

图 6-4-1　室外天馈线安装施工流程图

6.4.2　精细化施工工艺标准

1. 测量定位

(1) 根据施工图纸对现场进行核对，核查天线安装位置、安装高度。

(2) 地面安装时，安装位置应与站场其他专业无冲突，如有冲突应及时协调更改位置。

2. 立柱基础制作

(1) 立柱基础的制作、接地体埋设应符合设计要求，接地电阻应小于 10Ω。

(2) 地脚螺栓露出的长度一致，垂直度、间距应符合设计要求。

(3) 线缆保护管出口应高于基础，并进行防水封堵。

3. 立柱（杆）安装

(1) 立柱（杆）安装应牢固，柱体垂直。

(2) 天线支架连接牢固，支架方向应符合设计要求。

(3) 地面安装的立柱上应安装避雷针，**确保安装的天线在有效保护范围之内；**避雷针接地引下线应符合设计要求。

(4) 屋顶安装的立柱（杆）应在房屋防雷系统保护范围内，否则应安装避雷针，避雷针接地引下线应符合设计要求。

4. 馈线敷设成端

(1) 馈线敷设应符合本指南“3.10 设备房线缆敷设”的要求。

(2) 馈线防护方式应符合设计要求，馈线敷设最小弯曲半径应符合表 6-4-1 的规定。

(3) 馈线引入室内前，在墙洞入口处应制作滴水弯，引入后应在洞口采取防火封堵措施。

馈线敷设最小弯曲半径　　表 6-4-1

型号	单次弯曲(mm)	重复弯曲(mm)
HHTAY-50-42 ($1\frac{5}{8}$″馈线)	280	500
HCTAY-50-32($1\frac{1}{4}$″馈线)	200	380
HCTAY-50-23($\frac{7}{8}$″低损耗馈线)	150	275
HCTAY-50-22($\frac{7}{8}$″馈线)	140	250
HCTAY-50-21($\frac{7}{8}$″软馈线)	90	130
HCAAY-50-12($\frac{1}{2}$″馈线)	80	125
HCAHY-50-9($\frac{1}{2}$″超柔馈线)	17	55

(4) 应根据馈线规格型号、设备或跳线接口类型进行成端。未连接设备、跳线时应进行防水防护。

(5) 立柱（杆）安装的馈线在室外部分的外防护层应有不少于 3 点的接地连接，分别为馈线与天线连接处、离开立柱（杆）处、引入室内前，在立柱（杆）的接地应就近连接避雷针接地引下线，引入室内前的接地应就近接地。

(6) 馈线的地线卡子与馈线连接处应进行防水密封处理。

5. 天线安装

(1) 用螺栓将天线固定在支架上，连接应牢固；墙面安装时，支架安装位置、高度应符合设计要求，与墙面连接牢固。

(2) 定向天线的方向应符合设计要求。

(3) 跳线与天线连接前应制作滴水弯，最小弯曲半径应符合表 6-4-1 的规定。

(4) 跳线与天线连接应可靠，接头应进行防水密封处理。

6.4.3 精细化管控要点

1. 通过现场实际勘察，选取合适的安装位置，特别是楼顶天线尽量安装于楼顶角落，避免安装于楼顶中间位置。

2. 地面安装时，接地体连接可靠，连接处应做好防腐处理，接地电阻应小于 10Ω。

3. 天线应安装在避雷针保护区域 $LPZ0_B$ 范围内。

4. 定向天线的方位角、俯仰角应符合设计要求，方位角误差不宜大于 5°，俯仰角误差不宜大于 0.5°。

5. 在天线安装与调节过程中，应保护好已安装的跳线，避免损伤。

6. 馈线路径应短捷，敷设应平顺，绑扎间距不宜大于 1000mm。

6.4.4 效果示例

1. 安装示意图

天线安装示意图如图 6-4-2、图 6-4-3 所示。

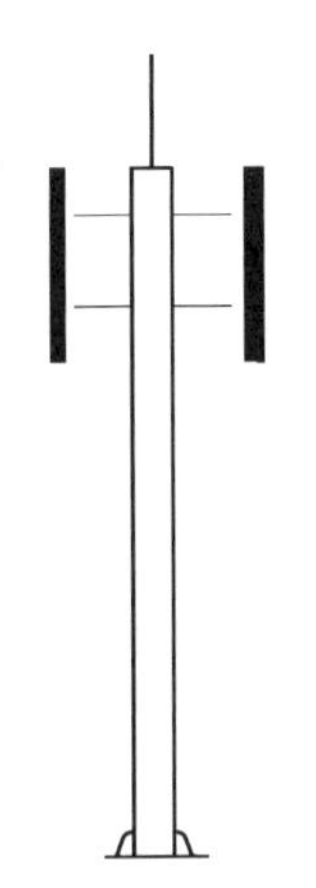

图 6-4-2　地面安装立柱示意图

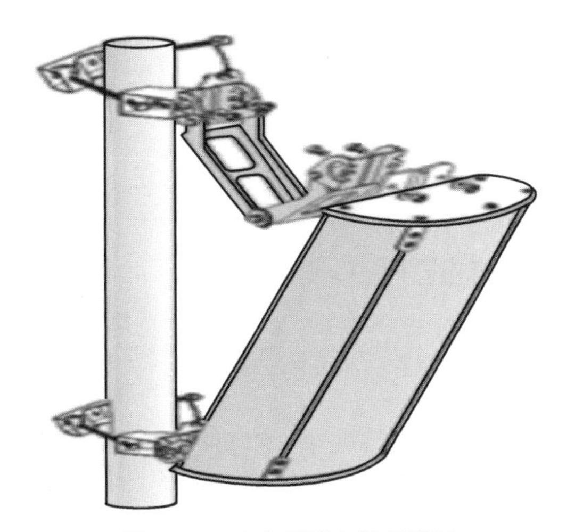

图 6-4-3　定向天线安装示意图

2. 实物效果图

天线安装实物效果图如图 6-4-4～图 6-4-9 所示。

图 6-4-4　定向天线

图 6-4-5　全向天线

图 6-4-6　墙面天线

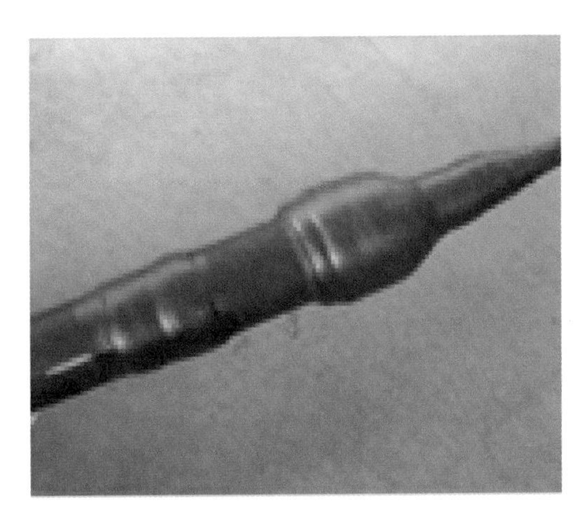

图 6-4-7　接头防水处理

图 6-4-8　楼顶定向天线安装

图 6-4-9　楼顶全向天线安装

6.5　室内天馈线安装

室内天馈线可加强无线通信系统室内覆盖信号，为工作人员无线通信提供稳定的无线信号。

6.5.1　施工流程

在车站桥架已安装完成后进行室内天馈线的安装施工，其流程如图 6-5-1 所示。

6.5.2　精细化施工工艺标准

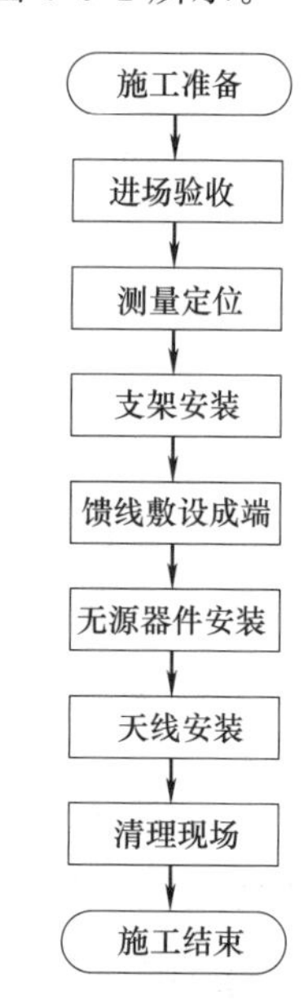

图 6-5-1　室内天馈线安装施工流程图

1. 天线、馈线及附件材料进场验收的规定

(1) 数量、型号、规格和质量应符合设计和订货合同的要求。

(2) 图纸和说明书等技术资料，合格证和质量检验报告等质量证明文件应齐全。

(3) 天线的外观应无凹凸、破损、断裂等现象，驻波比应符合设计要求。

(4) 馈线包装应无破损，外表应无压扁损坏。

2. 测量定位

(1) 根据施工图纸对现场进行核对，核查天线安装位置、安装高度，确定吊挂安装支架长度，核查馈线敷设路径应最短、拐弯最少，核查无源器件安装位置。

(2) 天线安装位置应与其他系统终端设备无冲突、天线下方不得有障碍物遮挡，如有冲突应及时协调更改位置。

(3) 无源器件安装位置应便于检查、散热，避免强电强磁干扰。

(4) 天线安装在封闭式吊顶下时，吊挂安装支架伸出位置需配合装饰装修专业开孔；采用嵌入式安装时，安装位置需配合装饰装修专业开孔。

（5）天线采用吊挂安装方式时宜选用可调节高度的支架。

3. 支架安装

（1）选用可调节高度的支架时，可调节高度支架的适用范围与天线安装高度相匹配。

（2）支架安装钻孔时应避开结构的伸缩缝、渗水漏水部位；如采用壁挂安装方式，支架安装还应避开预埋管线。

（3）支架安装应牢固、垂直。

4. 馈线敷设成端

（1）馈线敷设应符合本指南“3.10 设备房线缆敷设”的要求。

（2）馈线防护方式应符合设计要求，馈线敷设最小弯曲半径应符合表 6-4-1 的规定。

（3）应根据馈线规格型号、设备或跳线接口类型进行成端，未连接设备、跳线时应进行防水防护。

5. 无源器件安装

（1）无源器件应按照产品说明书连接，方向应正确，连接应可靠。

（2）接头应进行防水密封处理。

（3）无源器件不应安装在桥架上，应对无源器件进行固定，不应使接头受力。

6. 天线安装

（1）采用吊挂安装、壁挂安装方式，用螺栓将天线固定在支架上，连接应牢固。

（2）采用嵌入方式，天线四周应盖住吊顶开孔，卡扣应紧密。

（3）跳线与天线连接前应制作滴水弯，最小弯曲半径应符合表 6-4-1 的规定。

（4）跳线与天线连接应可靠，接头应进行防水密封处理。

6.5.3　精细化管控要点

1. 天线的安装位置、高度符合设计要求。
2. 馈线的安装径路合理，并保证馈线的最小弯曲半径。
3. 无源器件连接应方向正确、连接可靠。
4. 天线安装完成后，注意成品保护，防止顶部喷黑造成天线表面污染及被撞击损坏。

6.5.4　效果示例

实物效果图如图 6-5-2～图 6-5-4 所示。

图 6-5-2　公共区吊顶下方天线

图 6-5-3　车控室固定台天线

图 6-5-4　公共区吊顶上方天线

6.6 司机监视器安装

司机监视器为司乘人员提供列车及站台屏蔽门的门开关状态实时画面，保障乘客上下车安全。

6.6.1 施工流程

1. 核查监视器的型号、规格应符合设计及合同要求；监视器壁挂安装支架、落地安装支柱的材质、尺寸应满足设计要求。

2. 成端前，电力线缆、视频线缆已敷设完成。

司机监视器安装施工流程如图 6-6-1 所示。

6.6.2 精细化施工工艺标准

1. 测量定位

（1）根据施工图纸对现场进行核对，核查监视器安装位置、安装高度，确定落地安装支柱的长度。

（2）安装位置应与其他系统终端设备无冲突、无遮挡，如有冲突、遮挡应及时协调更改位置。

（3）安装位置不应使监视器屏幕受外来光直射，如有直射应及时协调更改位置或采取遮光措施。

（4）采用落地式安装时，需配合装饰装修专业在地面预留出线孔。

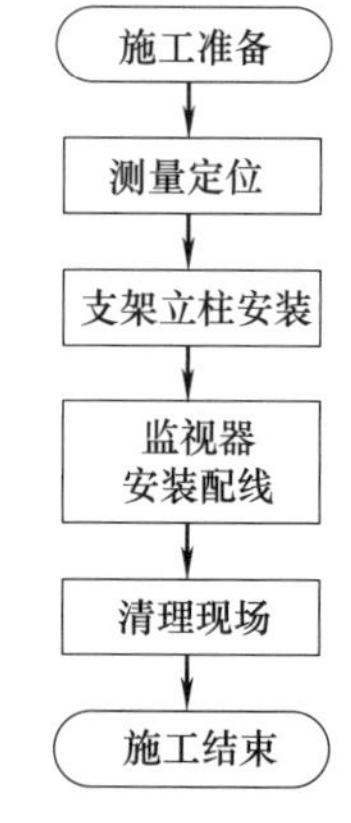

图 6-6-1 司机监视器安装施工流程图

2. 支架支柱安装

（1）支柱安装钻孔时应避开地面拼接缝，壁挂安装时应避开渗水漏水部位、预埋管线。

（2）支架支柱安装应牢固、垂直。

3. 监视器安装配线

（1）监视器使用螺栓固定，连接应牢固可靠。

（2）使用监视器箱体时，按顺序安装箱体、监视器，连接应牢固。

（3）应根据线缆规格型号、设备接口类型进行成端，并与设备可靠连接。

6.6.3 精细化管控要点

1. 安装位置提前与运营单位确认，保证司机观察方便。

2. 施工前做好施工调查，确认监视器安装环境，高架站的外框应该加长，并在屏幕贴上反光膜。

3. 支架和监视器安装应牢固可靠、不晃动，

4. 监视器中心正对停车标中心或正对列车车头的窗户。

5. 预留线缆弯曲半径应符合要求。

6. 安装完成后尽快通电调试，同时做好成品保护，定期巡检，防止监视器受损。

6.6.4 效果示例

司机监视器安装效果图如图 6-6-2 所示。

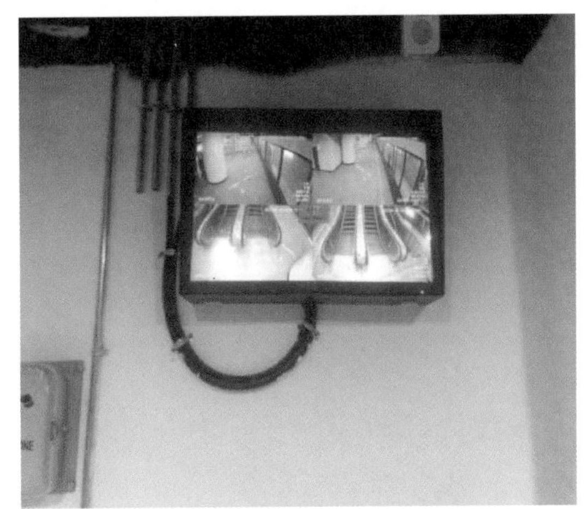

图 6-6-2　司机监视器

6.7 广播扬声器安装

广播扬声器为乘客、工作人员提供车辆进出站提示信息、设备操作提示、紧急通知、临时工作安排、安全文明宣传等内容。广播扬声器有吊挂、壁挂、嵌入式等多种安装方式。

6.7.1 施工流程

1. 核查扬声器的型号、规格应符合设计及合同要求，扬声器吊挂安装、壁挂安装支架的材质、尺寸应满足设计要求。

2. 成端前，广播线缆已敷设完成。

广播扬声器安装施工流程如图 6-7-1 所示。

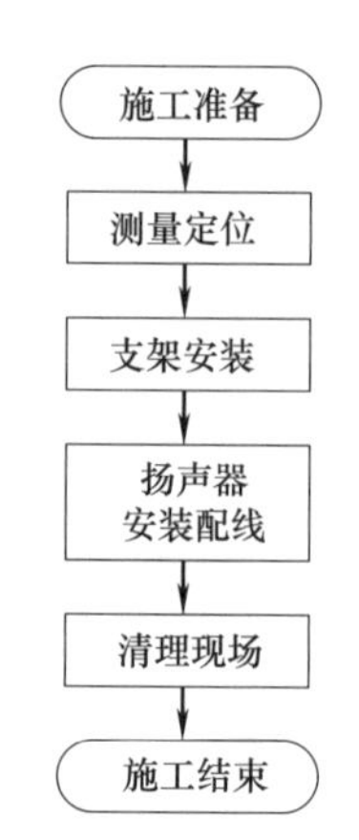

图 6-7-1 广播扬声器安装施工流程图

6.7.2 精细化施工工艺标准

1. 测量定位

（1）根据施工图纸对现场进行核对，核查扬声器安装位置、安装高度，确定吊挂安装支架长度。

（2）采用吊挂安装方式时应与其他系统终端设备无冲突，如有冲突应及时协调更改位置。

（3）采用嵌入式安装时，安装位置需配合装饰装修专业开孔。

2. 支架安装

（1）支架安装钻孔时应避开结构的伸缩缝、渗水漏水部位。采用壁挂安装方式时，还应避开预埋管线。

（2）在钢结构上采用抱箍式安装时，螺栓应紧固。

（3）支架安装应牢固、垂直。

3. 扬声器安装配线

（1）采用吊挂安装、壁挂安装方式，用螺栓将扬声器固定在支架上，连接应牢固。

（2）采用嵌入方式，扬声器四周应盖住吊顶开孔，卡扣应紧密。

（3）扬声器扩音方向应符合设计要求。

（4）线缆不应与电力线路同管或同槽，也不应与通信线缆或数据线缆同管或同槽，须在单独设置的钢管或线槽中敷设，其线槽、线管应采用阻燃材料。

（5）线缆自支路保护管引出后，应使用金属软管防护，预留线缆可进行盘留，弯曲半径应符合要求。

（6）站台层上下行广播区扬声器宜采用奇偶跳接方式。

（7）保护管及线缆应走向合理、绑扎牢固，整齐美观。

（8）应根据线缆规格型号、设备接口类型进行成端，并与设备可靠连接。

6.7.3 精细化管控要点

1. 按照设计图纸定位，扬声器安装应牢固，间隔均匀，并且在同一直线上。

2. 线缆自支路保护管引出后，应使用金属软管防护。线缆穿放时，对保护管口采取必要的保护措施。

3. 吊顶嵌入安装的扬声器，应在吊顶相应位置开孔，开孔的孔径应小于扬声器外延。

4. 扬声器安装完成后采用塑料薄膜防护，防止车站喷黑及灰尘污染扬声器。开通验收前，及时摘除塑料薄膜。

6.7.4 效果示例

1. 安装示意图

扬声器安装示意图如图 6-7-2～图 6-7-4 所示。

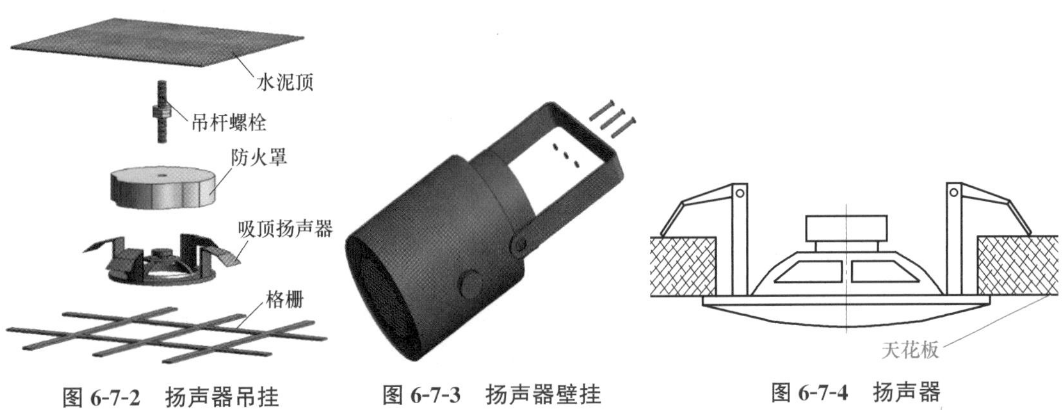

图 6-7-2　扬声器吊挂安装示意图

图 6-7-3　扬声器壁挂安装示意图

图 6-7-4　扬声器嵌入安装示意图

2. 实物效果图

扬声器安装实物效果图如图 6-7-5～图 6-7-12 所示。

图 6-7-5　壁挂扬声器

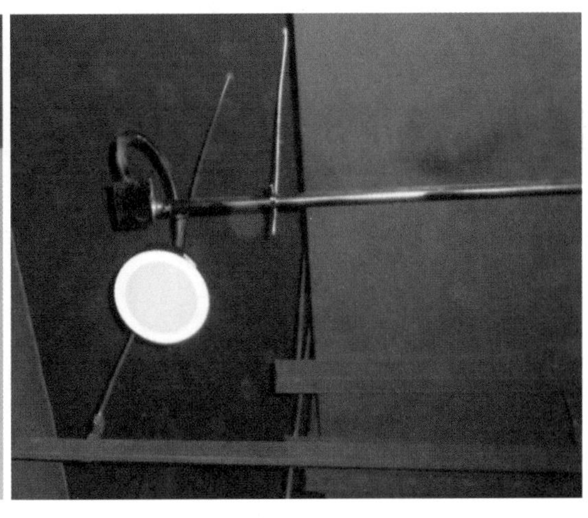

图 6-7-6　扬声器线缆预留及防护

图 6-7-7　扬声器吊挂安装

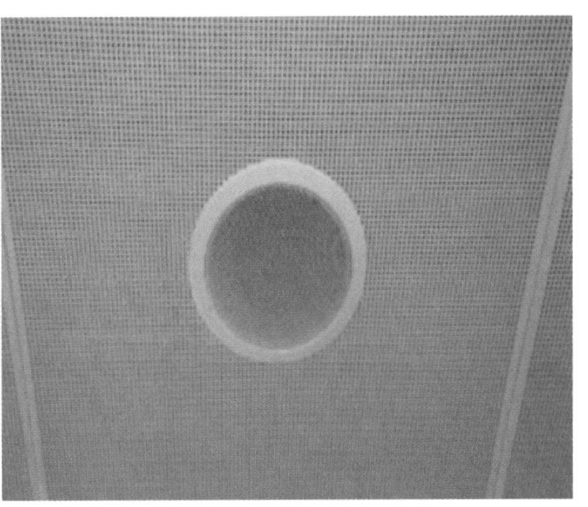

图 6-7-8　扬声器嵌入安装

图 6-7-9　设备区扬声器壁挂安装

图 6-7-10　库内号筒扬声器

图 6-7-11　库外号筒扬声器

图 6-7-12　音柱扬声器

6.8　乘客信息显示屏安装

乘客信息显示屏为乘客提供车辆到发信息、安全提示信息、宣传短视频等内容。乘客信息显示屏分为 LCD 屏和 LED 屏，乘客信息 LCD 屏一般安装在车站站厅层、站台层等位置，乘客信息 LED 屏一般安装在车站出入口、高架车站站台层等位置。

6.8.1　施工流程

1. 核查显示屏的型号、规格应符合设计及合同要求，显示屏吊挂安装、壁挂安装支架的材质、尺寸应满足设计要求。

2. 成端前，电力线缆、光缆已敷设完成。

乘客信息显示屏安装施工流程如图 6-8-1 所示。

6.8.2　精细化施工工艺标准

1. 测量定位

(1) 根据施工图纸对现场进行核对，核查显示屏安装位置、安装高度，确定吊挂安装支架长度。

(2) 显示屏安装位置应与装修格栅、其他系统终端设备无冲突、无遮挡，如有冲突、遮挡应及时协调更改位置。

(3) 遇封闭式吊顶时，吊挂安装支架伸出位置需配合装饰装修专业开孔；采用嵌入式安装时，安装位置需配合装饰装修专业按照显示屏的尺寸预留安装位置。

(4) 采用吊挂安装方式时宜选用可调节高度的支架。

(5) 在钢结构上安装时，应与装饰装修专业确认在钢结构上的安装方式。

(6) 在设计时可与公共区立柱及站台屏蔽门包边板结合，采用嵌入式安装。

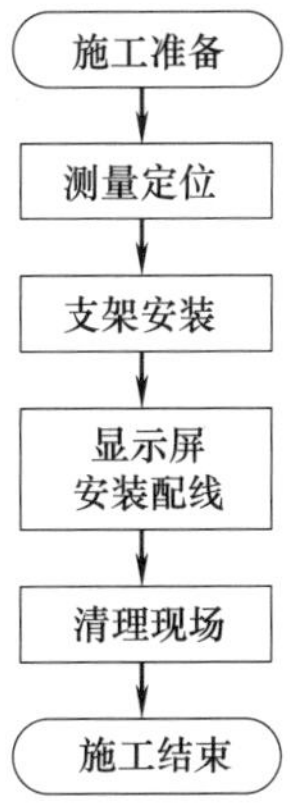

施工准备 → 测量定位 → 支架安装 → 显示屏安装配线 → 清理现场 → 施工结束

图 6-8-1 乘客信息显示屏安装施工流程图

2. 支架安装

(1) 选用可调节高度的支架时，可调节高度支架的适用范围与显示屏安装高度相匹配。

(2) 支架安装钻孔时应避开结构的伸缩缝、渗水漏水部位。采用壁挂安装方式时，还应避开预埋管线。

(3) 采用嵌入式安装时，应根据显示屏安装尺寸固定支架。

(4) 在钢结构上钻孔时，位置、孔径应同时符合装饰装修专业要求；采用抱箍式安装时，螺栓应牢固。

(5) 支架安装应牢固、垂直。

3. 显示屏安装配线

(1) 根据设计要求，采用吊挂安装、壁挂安装、嵌入方式安装，用螺栓将 LCD 屏或 LED 屏箱体固定在支架上，连接应牢固。

(2) LED 显示单元拼接应紧密，物理拼缝不超过其像素中心距的 25%。

(3) 嵌入式 LCD 屏安装后应与装饰装修专业预留位置四边贴合，表面平齐。

(4) 前端控制设备可安装于 LCD/LED 屏箱体内，如使用独立设备箱，应将设备箱抱装于支架上，安装牢固。

(5) 电力线缆、光缆自支路保护管引出后，应使用金属软管防护，预留线缆可进行盘留，弯曲半径应符合要求。

(6) 保护管及线缆应走向合理、绑扎牢固，整齐美观。

(7) 应根据线缆规格型号、设备接口类型进行成端，并与设备可靠连接。

6.8.3 精细化管控要点

1. LED 显示单元在箱体内拼接时应紧密，LED 屏幕应无明显漏光现象。

2. 显示屏定位应准确，避免导向标识、摄像机等遮挡乘客观看视线或灯具照明引起屏幕反光。

3. 按照设计要求的观看角度，调整 LCD 屏与支架间角度，确保显示效果最佳。

4. LED 屏壁挂安装应水平，箱体与墙面无明显安装缝隙。

5. 站台上下行两侧 LCD 屏安装高度统一，并且前后在一条线上。

6. 与装饰装修专业配合吊顶开孔应该位置正确、大小适宜。

7. 安装完成后尽快通电调试，同时做好成品保护，定期巡检，防止显示屏受损、被盗。

6.8.4 效果示例

1. 安装示意图

LCD 屏吊挂安装示意如图 6-8-2、图 6-8-3 所示。

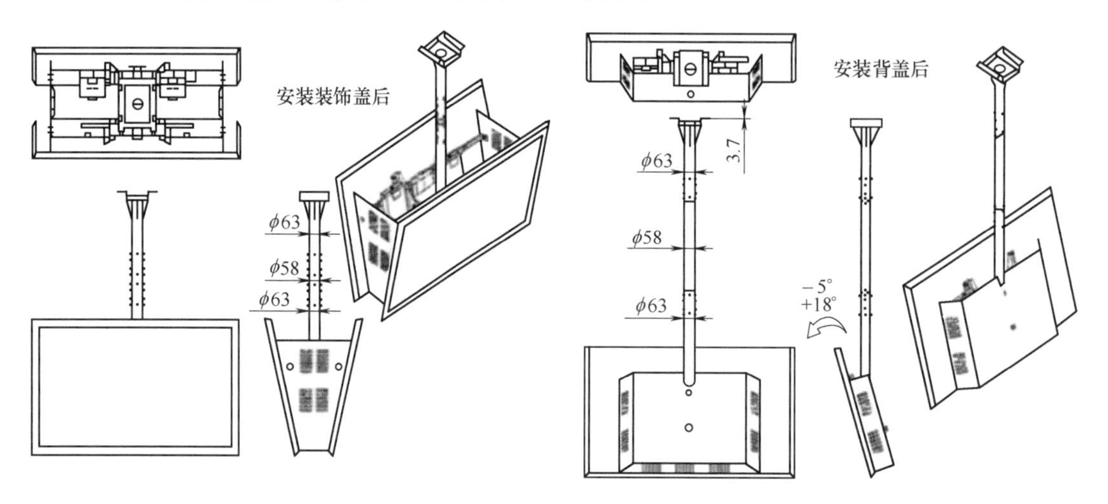

图 6-8-2 双面 LCD 屏吊挂安装示意图

图 6-8-3 单面 LCD 屏吊挂安装示意图

2. 实物效果图

LCD 及 LED 屏安装实物效果图如图 6-8-4、图 6-8-5 所示。

图 6-8-4 LCD 屏

图 6-8-5 LED 屏

6.9 时钟子钟安装

时钟子钟为乘客、工作人员提供准确的时间信息。时钟子钟分为指针式子钟和数字式子钟两种。

6.9.1 施工流程

1. 核查子钟的型号、规格应符合设计及合同要求，子钟吊挂安装支架、壁挂安装预埋件的材质、尺寸应满足设计要求。

2. 壁挂安装的子钟安装前接线盒、钢管已经预埋，墙面已施工完成；成端前，子钟连接线缆已敷设完成。

时钟子钟安装施工流程如图 6-9-1 所示。

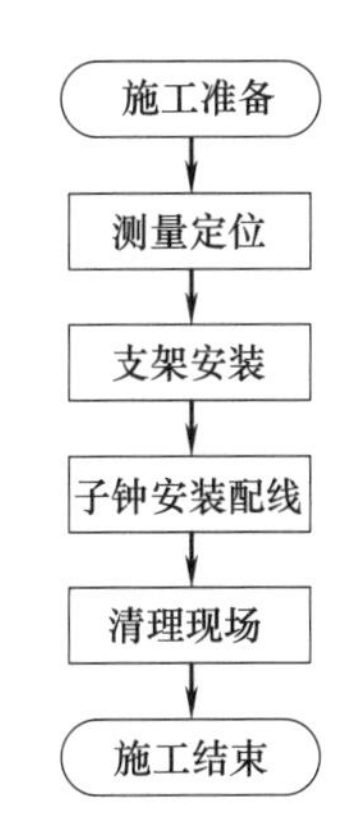

图 6-9-1　时钟子钟安装施工流程图

6.9.2 精细化施工工艺标准

1. 测量定位

(1) 根据施工图纸对现场进行核对，核查子钟安装位置、安装高度，确定吊挂安装支架长度。车控室子钟安装位置还应符合运营单位要求。

(2) 子钟安装位置应与装修格栅、其他系统终端设备无冲突、无遮挡，如有冲突、遮挡应及时协调更改位置。

(3) 遇封闭式吊顶时，支架伸出位置需配合装饰装修专业开孔。

(4) 在钢结构上安装时，应与装饰装修专业确认在钢结构上的安装方式。

(5) 采用吊挂安装方式时宜选用可调节高度的支架。

(6) 采用壁挂安装方式时，如有预埋件需提前安装，需与装饰装修专业协调墙面开孔。

2. 支架安装

(1) 选用可调节高度的支架时，可调节高度支架的适用范围与子钟安装高度相匹配。

(2) 支架安装钻孔时应避开结构的伸缩缝、渗水漏水部位。采用壁挂安装方式时，还应避开预埋管线。

(3) 在钢结构上钻孔时，位置、孔径应同时符合装饰装修专业要求；采用抱箍式安装时，螺栓应牢固。

(4) 支架安装应牢固、垂直。

3. 子钟安装配线

(1) 采用吊挂安装方式时，用螺栓将子钟固定在支架上，连接应牢固；采用壁挂安装方式时，将子钟底板上的挂孔与预埋件牢固连接；数字式子钟应横平竖直，指针式子钟“12”时符应垂直向上。

(2) 线缆自支路保护管引出后，应使用金属软管防护，预留线缆可进行盘留，弯曲半径应符合要求。

(3) 保护管及线缆应走向合理、绑扎牢固，整齐美观。

(4) 应根据线缆规格型号、设备接口类型进行成端，并与设备可靠连接。

6.9.3 精细化管控要点

1. 子钟应避开立柱、导向标识、摄像机等阻碍乘客视线的结构、设备。

2. 子钟安装位置在水平方向、垂直方向应统一，同一区域安装高度应统一。

3. 子钟支架安装时，遇封闭式吊顶开孔位置正确、大小适宜，遇格栅吊顶应从格栅缝隙处引下。

4. 支架和子钟安装应牢固可靠、不晃动，

5. 预留线缆弯曲半径应符合要求。

6.9.4 效果示例

1. 安装示意图

子钟安装示意图如图 6-9-2～图 6-9-4 所示。

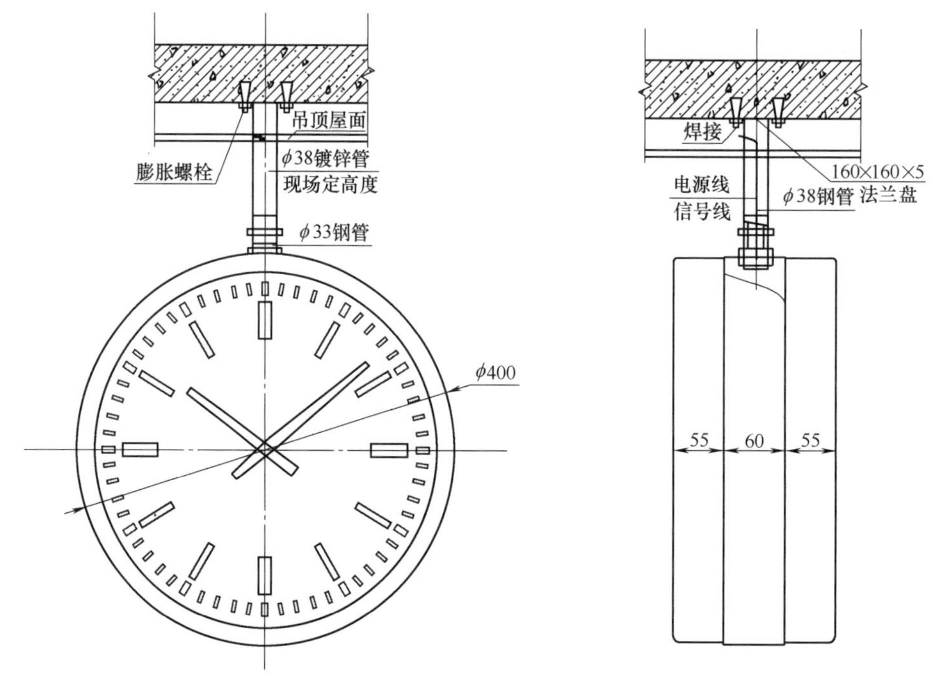

图 6-9-2 指针式子钟吊挂安装示意图

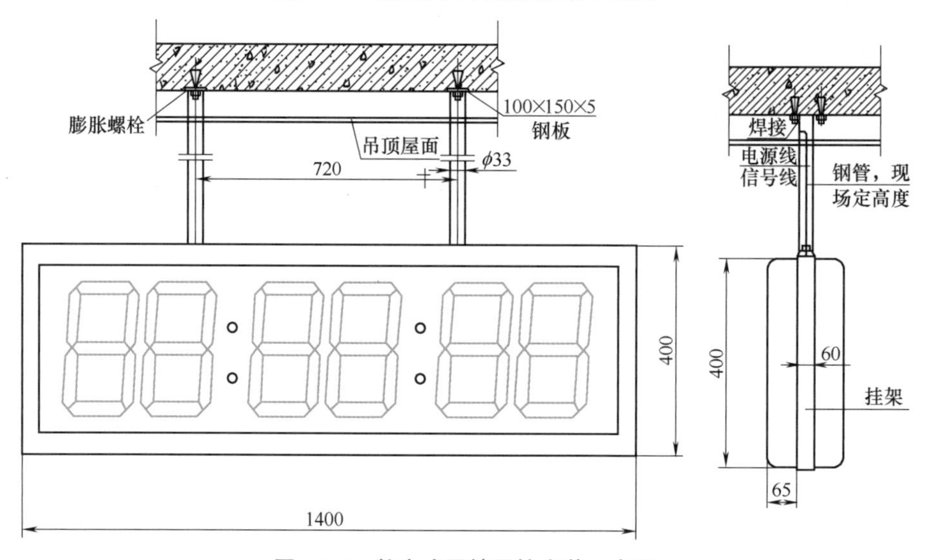

图 6-9-3 数字式子钟吊挂安装示意图

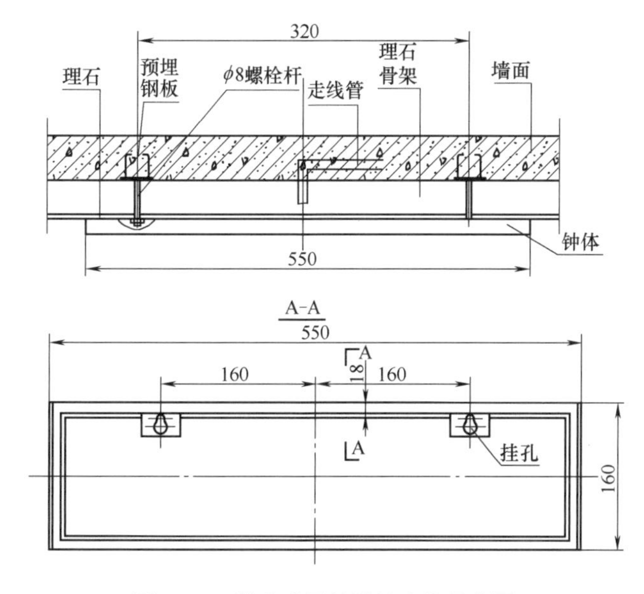

图 6-9-4　数字式子钟壁挂安装示意图

2. 实物效果图

子钟安装实物效果图如图 6-9-5～图 6-9-7 所示。

图 6-9-5　钢结构上子钟安装

图 6-9-6　数字式子钟吊挂安装

图 6-9-7　指针式子钟吊挂安装

第七章

信号系统

信号系统是根据列车与线路的相对位置和状态，人工或自动实现行车指挥和列车运行控制、安全间隔控制的信息自动化系统。通常由列车运行自动控制系统（ATC）和车辆段信号控制系统两大部分组成。本章将信号系统安装工程划分转辙设备安装、道岔缺口监测设备安装、信号机安装、应答器安装、计轴安装、箱盒安装及配线、发车表示器安装、按钮装置安装（包括折返按钮安装、紧急停车按钮安装等）、轨道电路安装、室内机柜配线等内容。

7.1 转辙设备安装

转辙设备用以转换道岔位置，改变道岔开通方向，锁闭道岔尖轨，反映道岔位置，是保证行车安全的重要的信号基础设备。安装主要包括安装装置、外锁闭装置、转辙机的安装等。

7.1.1 施工流程

1. 转辙设备安装前，应验证道岔铺设状态满足设备安装技术条件，重点验证下列内容：

（1）各牵引点处岔枕间距，检查牵引点基本轨两孔中心与尖轨安装连接铁的两孔中心是否对中。

（2）尖轨与基本轨应达到静态宏观密贴。

（3）各牵引点处轨距、尖轨开程。

（4）人工拨动尖轨时，滑动平顺，没有明显阻滞。

（5）滑床台应整体水平，滑床板应无“吊板”。

（6）道岔应方正，尖轨前后偏移不大于±10mm，

（7）各牵引点处转辙机基坑深度和周边宽度符合设计文件要求。

2. 转辙设备安装前，轨道专业应提供锁轨证明资料。

3. 转辙机安装完成后，应采取相应防水措施。

转辙设备安装施工流程如图 7-1-1 所示。

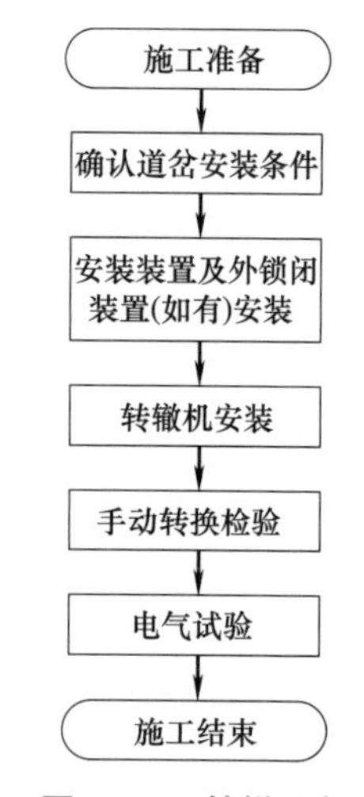

图 7-1-1 转辙设备安装施工流程图

7.1.2 精细化施工工艺标准

1. 安装装置、外锁闭装置、转辙机进场时应进行检查，规格、型号、质量应符合设计要求。

2. 安装装置、外锁闭装置、转辙机的安装方式应满足设计要求。

3. 安装装置安装应符合下列规定：

（1）固定长基础角钢的角形座铁应与钢轨紧贴。

（2）长基础角钢与单开道岔直股基本轨或对称形道岔中心线垂直，其偏移量不得大于 20mm。

（3）固定道岔转换设备的短基础角钢应与长基础角钢垂直连接。

（4）密贴调整杆、表示杆或锁闭杆、尖端杆、第一连接杆与长基础角钢之间应平行，其前后偏差均不应大于 20mm。

（5）各部绝缘及铁配件安装应正确，并应无遗漏、破损现象。

（6）固定尖轨接头铁的螺栓头部与基本轨不得相碰。

（7）当密贴调整杆动作时，其空动距离不得小于 5mm。

（8）连接杆的调整丝扣余量不应小于 10mm。

4. 采用外锁闭装置转辙机时，外锁闭装置的安装应符合下列规定：

（1）锁闭框、尖轨连接铁、锁钩和锁闭杆等部件的安装应正确，并应连接牢固。

（2）可动部分在转换过程中应动作平稳、灵活，并应无磨卡现象。

（3）锁闭框下部两侧的限位螺钉应有效插入锁闭杆两侧导向槽内，不得松脱。

5. 转辙机的安装及配线应符合下列规定：

（1）转辙机动作杆与密贴调整杆应在一条直线上，并应与表示杆、道岔第一连接杆平行。

（2）配线线缆不得有中间接头，并应无损伤、老化现象。

（3）机箱内部的配线应绑扎整齐。

（4）当绝缘软线两端芯线采用铜线绕制线环时，应缠绕紧密，线环的孔径与连接端子柱外径应匹配。

（5）配线在引入管口处应加防护。

（6）接插件应插接牢固，防松脱装置应紧固。

（7）转辙机外部配线宜采用带护套的配线电缆。

（8）转辙机至终端电缆盒线缆防护管应采用非金属橡胶软管，两端宜采用螺纹丝扣连接方式。

（9）转辙机安装于露天环境下宜增设防雨罩。

6. 各零部件安装应正确、齐全；螺栓应紧固、无松动；开口销应齐全，其双臂对称劈开角度应为 60°～90°。

7. 转辙装置手动转换检验应符合下列规定：

（1）手动操作转辙机，道岔能转换到底，尖轨与基本轨应密贴良好。

（2）第一连接杆处尖轨和基本轨间夹入 2mm 试验板，转辙机锁闭，夹入 4mm 试验板，转辙机不得锁闭，自动开闭器动接点不能打入静接点组内。

（3）在道岔转换过程中，可动部分动作平稳、灵活，无别劲、卡阻现象。

8. 电气试验应符合下列规定：

（1）正常转换道岔时，挤切销应保证不发生挤切或挤脱，表示正确。

（2）道岔在定位和反位时，尖轨与基本轨第一连接杆处有不小于 4mm 的间隙时，转辙机不能锁闭或接通表示。

（3）道岔实际开向应与操纵意图、继电器动作、定反位表示一致。

（4）断开任意一组表示接点时，应切断表示电路。

（5）转辙机正常转动时，摩擦连接器不空转，作用良好；道岔因故不能转换到底时，摩擦连接器应空转。

7.1.3　精细化管控要点

1. 转辙设备安装前应检查测量基本轨轨距、尖轨开程、道岔方正等关键数据，与相关方确认满足安装条件；对钢轨号眼、打孔等关键工序，应复核数据正确、减少误差。

2. 转辙机安装前应观察现场环境，不具备条件时先将转辙机置于安全位置；安装后加强巡查，及时排水。系统调试前应及时与机电单位协调，尽快启用自动排水设施。

7.1.4 效果示例

1. 安装示意图

转辙机及外锁闭装置安装示意图如图 7-1-2、图 7-1-3 所示。

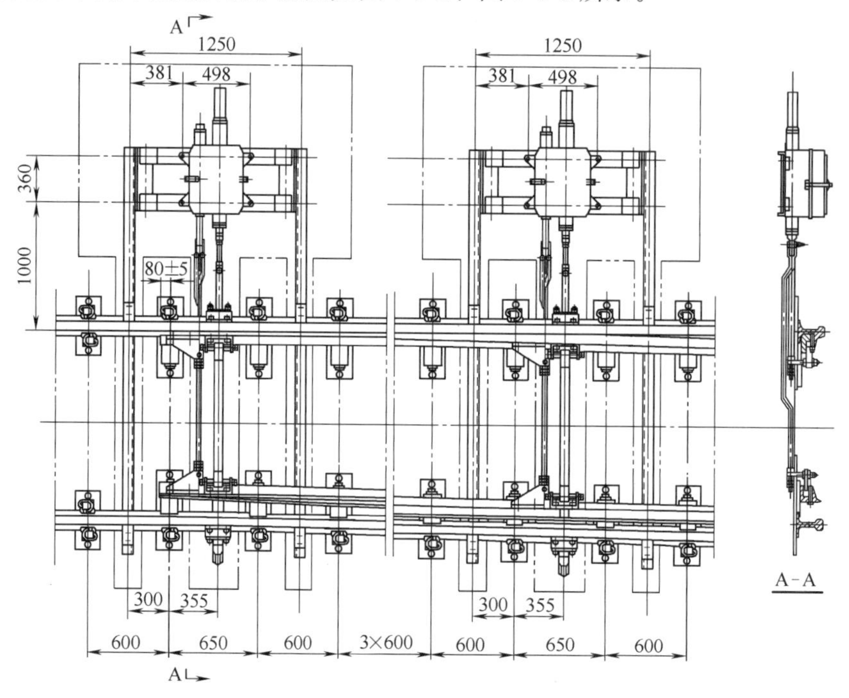

图 7-1-2 转辙机安装示意图

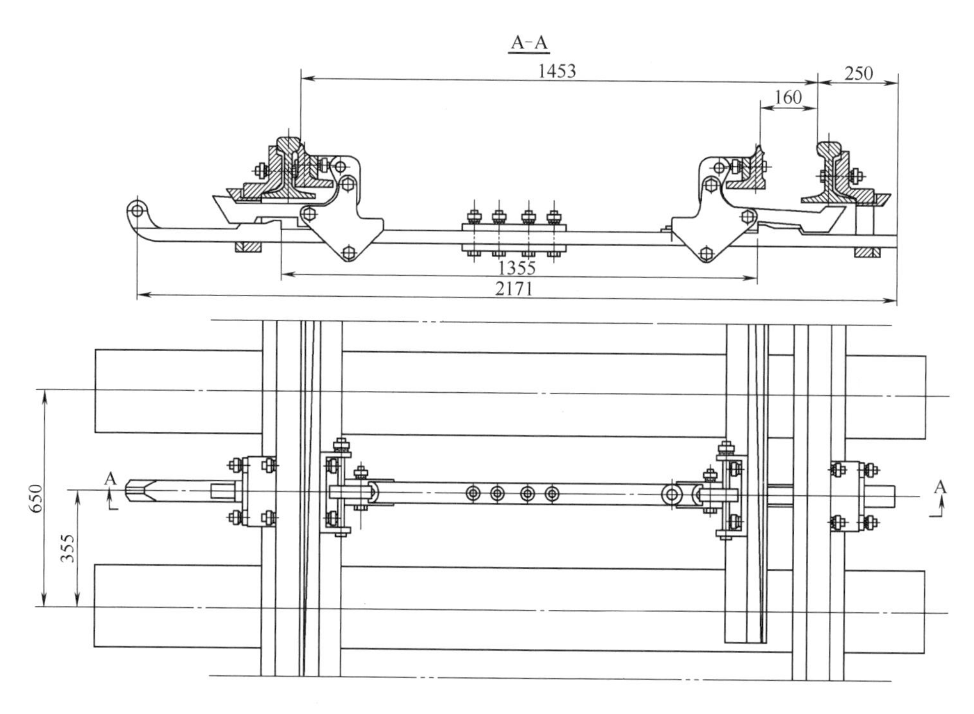

图 7-1-3 外锁闭装置安装示意图

2. 实物效果图

转辙机安装实物效果图如图 7-1-4、图 7-1-5 所示。

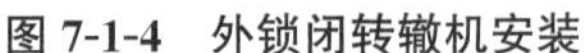

图 7-1-4　外锁闭转辙机安装

图 7-1-5　内锁闭转辙机安装

7.2　道岔缺口监测设备安装

道岔缺口监测设备是通过在转辙机内安装摄像头等图像采集设备，识别检测杆的缺口，进行缺口位置的存储和比较，分析缺口偏移量的变化趋势，及时养护调整，防止道岔密贴不良故障和无表示故障发生的设备。监测设备部件安装与转辙机机械动作部分保持分离，不影响转辙机内原有部件的安装与功能。

7.2.1　施工流程

1. 道岔缺口监测设备应在转辙机安装完成后进行安装。
2. 室内外干线电缆应预留缺口监测信号线和电源线。
3. 安装前应确保室内外连接电缆绝缘合格。

道岔缺口监测设备安装施工流程如图 7-2-1 所示。

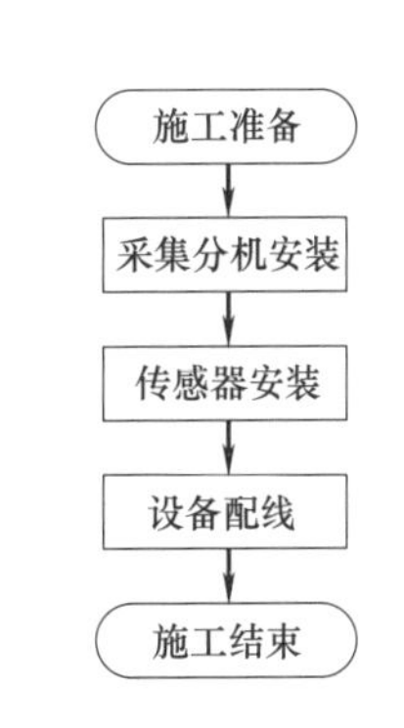

图 7-2-1　道岔缺口监测设备安装施工流程图

7.2.2　精细化施工工艺标准

1. 道岔缺口监测设备的安装应符合下列规定：

（1）安装位置符合设计文件要求。

（2）采集分机、传感安装位置及安装方式符合产品技术文件要求。

（3）视频摄像头与转辙机缺口相对位置正确。

（4）道岔编号显示室内外一致。

（5）设备安装应牢固。

（6）采集分机、传感器及附属设备的安装，不得改变转辙机的基本结构，不能遮挡转辙机缺口视线和影响转辙机的正常使用。

（7）监测设备与转辙机外壳间的绝缘电阻，用500V兆欧表测量，不得小于1.5MΩ。

2. 道岔缺口监测设备配线应符合下列规定：

（1）转辙机内监测设备至终端电缆盒或变压器箱的配线应采用多股铜芯绝缘软线，截面积不应小于0.4mm^2。

（2）配线不应有损伤，不应有中间接头。

（3）采用柱形端子时，绝缘软线两端芯线应用铜线绕制线环或冷压接线端子压接等方式配线。

（4）采用弹簧接线端子时，端子配线应一孔一线，并插接牢固。

（5）螺栓应涂防松胶固定。

7.2.3 精细化管控要点

1. 缺口监测设备应固定牢固，螺栓紧固力矩符合要求。

2. 缺口监测设备与转辙机表示杆、转辙机盖保证安全距离。

3. 系统分机配置表应与现场转辙机缺口配置一致；系统站场图应与现场实际图一致，标识正确。

7.2.4 效果示例

1. 安装示意图

采集分机及图像传感器安装示意图如图7-2-2、图7-2-3所示。

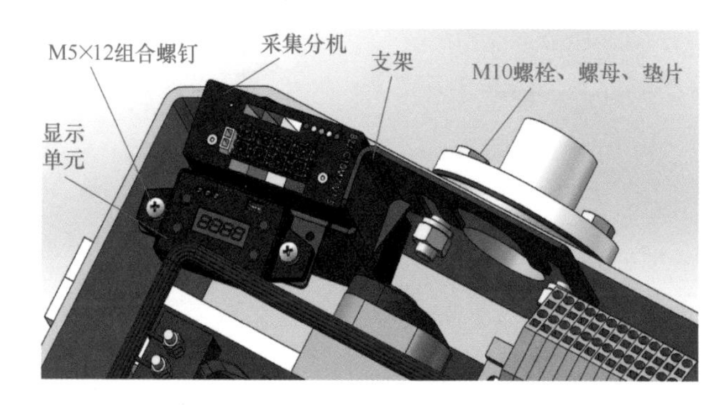

图7-2-2　采集分机安装示意图

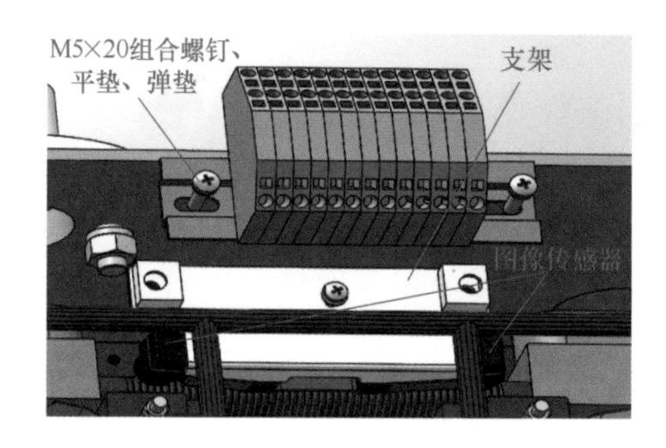

图7-2-3　图像传感器安装示意图

2. 实物效果图

缺口监测设备如图 7-2-4 所示。

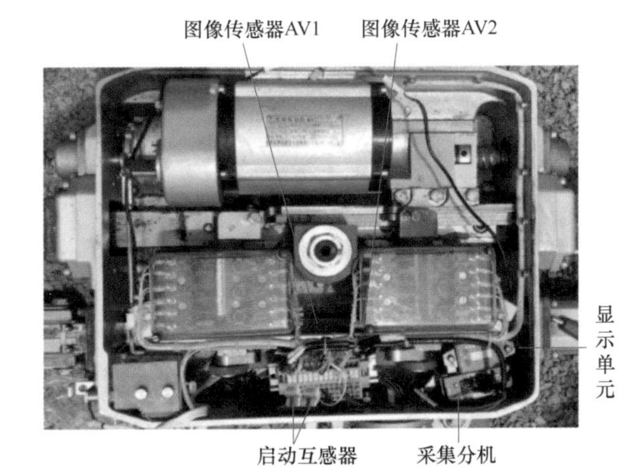

图 7-2-4　缺口监测设备

7.3　信号机安装

信号机是用来指挥列车运行的现场设备，它直接向司机发出行车指令，是列车进入车站或占用区间的凭证。根据固定方式可分为混凝土基础式、金属支架式、金属机柱式安装。

7.3.1　施工流程

1. 信号机应在轨道铺设完成后安装。

2. 信号机安装地点的地形地物、限界符合安装要求。

3. 信号机应设在列车运行方向的右侧。特殊地段因条件限制，需设于左侧时，应取得设计及建设单位同意。

信号机安装施工流程如图 7-3-1 所示。

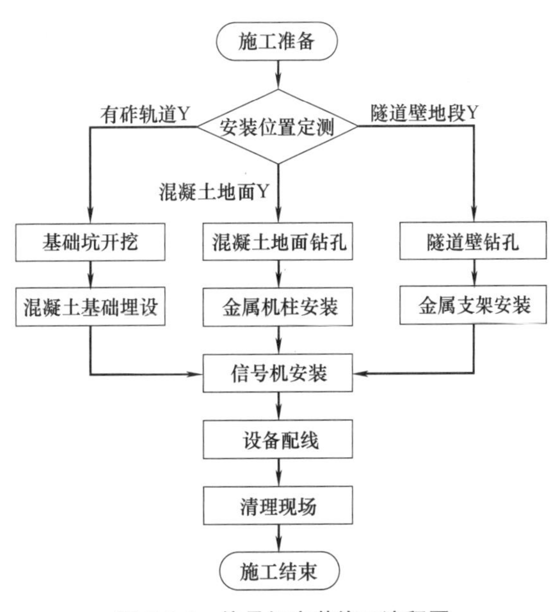

图 7-3-1　信号机安装施工流程图

7.3.2　精细化施工工艺标准

1. 信号机及其附属设施进场时应进行检查，其型号、规格、质量应符合设计要求。

2. 信号机的安装位置、安装高度、显示方向、显示距离及灯光配列应符合设计要求。

3. 当信号机安装于有砟轨道时采用混凝土基础安装方式，应符合下列规定：

（1）混凝土基础制作高度宜为1100mm，宽度宜为300mm，厚度宜为220mm。进场时，其表面应无蜂窝麻面、缺角，强度等级不应小于C30。

（2）混凝土基础顶面应高于轨面200～300mm，基础埋深应不小于500mm。

（3）基础螺栓应垂直，螺栓间距应准确，外露部分应有防锈措施，基础表面应平整光洁并应无缺边掉角现象。

（4）基础预埋引线管管口应高于基础顶面20mm。

4. 当信号机安装于隧道壁时采用金属支架安装方式，应符合下列规定：

（1）金属支架与隧道壁应采用锚栓固定牢固，支架顶面应水平。

（2）金属支架不应跨越隧道接缝，支架固定锚栓孔边缘距建/构筑物边缘不应小于50mm。

（3）金属支架应采用防腐处理。

5. 当信号机安装于混凝土地面时采用金属机柱安装方式，应符合下列规定：

（1）信号机机构与机柱云台应采用螺栓连接牢固。机柱底板与混凝土地面应采用锚栓固定牢固。

（2）机柱出线口应采取防水及防导线磨损措施。

（3）机柱高度大于1300mm时，应增设检修平台，高度不小于350mm。平台应与机柱采用同样防腐措施。

6. 信号机机构安装应符合下列规定：

（1）组件安装应齐全，并应无破损、裂纹现象。

（2）连接件应连接正确，紧固件平衡应紧固。

（3）开口销安装应正确，劈开角度应为60°～90°。

（4）机构与机构固定件之间应加装橡胶垫防护。

（5）机构最下方灯位进线口处应封堵严密，避免潮气或者灰尘进入机构中。

7. 各连接部件应有防松措施；连接螺栓露出螺母外的螺扣不宜小于5mm。

8. 信号机配线应符合下列规定：

（1）引入机构应采用配线电缆，线色与灯位颜色保持一致。

（2）机构至箱盒间线缆应采用压缩空气用织物增强橡胶软管进行防护。

（3）配线不得有中间接头，并应无破损、老化现象。

（4）接线端子采用柱形端子时，绝缘软线采用铜线绕制线环或冷压接线端子压接等方式配线。

（5）接线端子采用弹簧接线端子时，端子配线应一孔一线，并插接牢固。

（6）在箱盒、机构内部配线应绑扎整齐。

（7）配线在引入管口处应进行防护处理。

9. 信号机金属支架或基础应采用多股铜芯软线就近与接地装置连接，截面积不小于16mm^2，接地电阻应符合设计文件要求。

7.3.3 精细化管控要点

1. 信号机机构与混凝土基础、金属支架、机柱应连接牢固；金属支架、机柱应采用固定锚栓安装牢固。各连接部件应采取措施防止松动。

2. 信号机安装位置应满足限界要求。

3. 信号机线把宜采用工厂化预配，提高工效、标准统一。

4. 信号机配线端子应压接、插接牢固。

7.3.4　效果示例

1. 安装示意图

混凝土基础式、金属机柱式信号机安装示意图如图 7-3-2、图 7-3-3 所示。

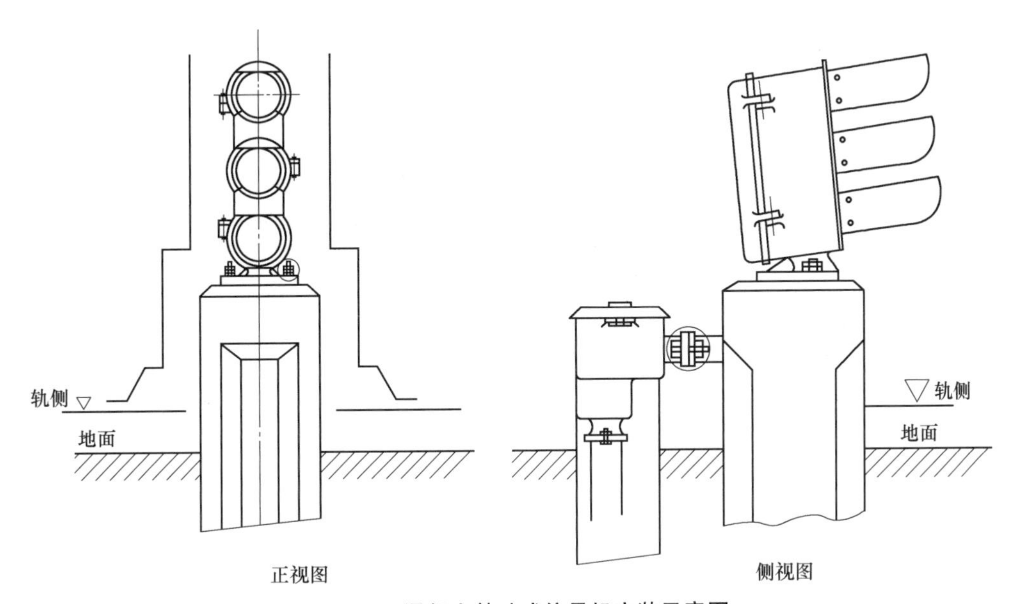

图 7-3-2　混凝土基础式信号机安装示意图

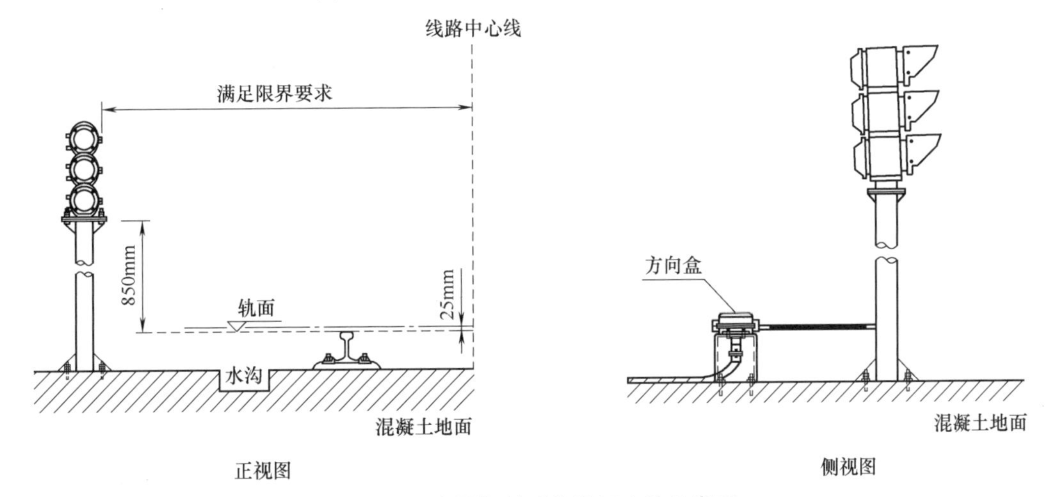

图 7-3-3　金属机柱式信号机安装示意图

2. 实物效果图

各类信号机安装实物效果图如图 7-3-4～图 7-3-6 所示。

图 7-3-4　金属机柱式信号机安装

图 7-3-5　隧道壁金属支架式信号机安装

图 7-3-6　混凝土基础式信号机安装

7.4　应答器安装

应答器是一种用于从地面向列车传输信息的点式设备，分为无源应答器和有源应答器。主要用途是向车载信号设备提供可靠的固定信息和可变信息。根据安装地段，安装方式分为有砟轨道和无砟轨道，安装内容包括支架安装和应答器固定，支架分为整体支架和连接支架。

7.4.1　施工流程

1. 应答器应在长轨焊接完成后进行支架安装，动车调试前完成固定连接。
2. 有砟轨道应答器安装应在道砟捣固密实后进行。

应答器安装施工流程如图 7-4-1 所示。

7.4.2　精细化施工工艺标准

1. 应答器及附件进场时应进行检查，其型号、规格、质量应满足设计要求。
2. 应答器的安装位置、安装方法应满足设计要求。
3. 应答器的安装高度及纵向、横向偏移量应满足设计要求。

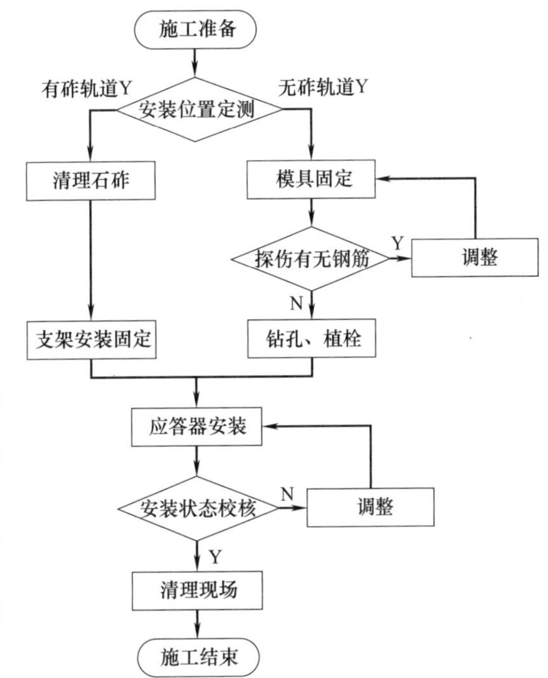

图 7-4-1　应答器安装施工流程图

4. 有源应答器馈电盒的安装应符合下列规定：

（1）馈电盒的连接电缆应采取机械防护措施，并应采用卡具固定。

（2）馈电盒内部配线应正确，并应连接牢靠。

（3）馈电盒密封装置应完整，防潮性能应良好。

（4）馈电盒体应接地良好。

5. 应答器安装位置应符合设计文件要求，实际设置位置与设计位置允许偏差±500mm。

6. 应答器周围与金属体距离要求应符合下列规定：

（1）应答器平行于长边的中心线两侧与金属体距离不应小于 315mm。

（2）应答器平行于短边的中心线两侧与金属体距离不应小于 410mm。

（3）应答器 x 轴基准标记点下部与金属体距离一般为 210mm，特殊情况下不应小于 140mm。

7. 应答器的安装方位应符合下列规定：

（1）应答器顶面应低于钢轨顶面，距离应符合应答器技术要求。

（2）应答器应安装在两钢轨间的中心位置，横向偏移允许偏差±15mm。

（3）应答器上平面应与两钢轨面平行，左右面应与钢轨平行。

（4）应答器安装的 X 轴、Y 轴、Z 轴旋转角度允许误差范围应符合表 7-4-1 的要求，如图 7-4-2 所示。

应答器安装旋转角度允许误差范围　　表 7-4-1

序号	旋转方向	允许误差范围
1	X 轴旋转	±2°
2	Y 轴旋转	±5°
3	Z 轴旋转	±10°

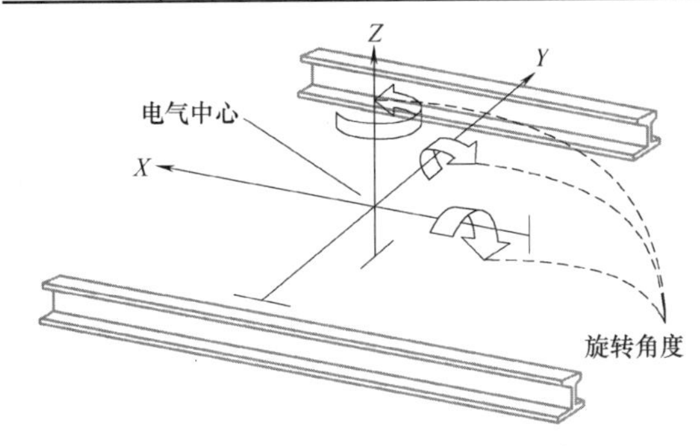

图 7-4-2　应答器安装旋转角度示意图

8. 应答器的安装方式应符合下列规定：

（1）有砟轨道地段应采用抱箍方式安装在轨枕上。

（2）无砟轨道地段应采用锚栓方式安装。

（3）在框架式轨道板中空地段，应采用连接支架方式安装。

（4）应答器安装均应牢固、固定螺栓齐全。

9. 正线轨行区应答器支架应具有防绊倒功能，利于逃生行走。

10. 车辆基地停车列检库检查坑地段，应答器连接支架应易于拆装恢复，宜采用可变位连接支架。

7.4.3 精细化管控要点

1. 应答器编号应与设计图相符，位置应与编号相符。
2. 支架固定孔位置应避开道床钢筋。
3. 紧固螺栓应采用扭力扳手设定标准值。
4. 无砟轨道安装钻孔应采用专用钻孔模具控制钻孔间距和钻孔深度。
5. 应答器采用横向安装方式，不具备安装条件的特殊地段可采用纵向安装方式。
6. 应答器顶面至钢轨顶面的距离满足技术要求。
7. 应答器中心线应与线路中心线重合，左右允许偏差满足技术要求。
8. 应答器相对于 X、Y、Z 轴允许的倾斜角度满足技术要求。
9. 支架安装应使用定位打孔模板，模板横向、纵向中心分别与应答器定测位置和轨道线路中心线重合，并做好标识。

7.4.4 效果示例

1. 安装示意图

应答器安装示意图如图 7-4-3、图 7-4-4 所示。

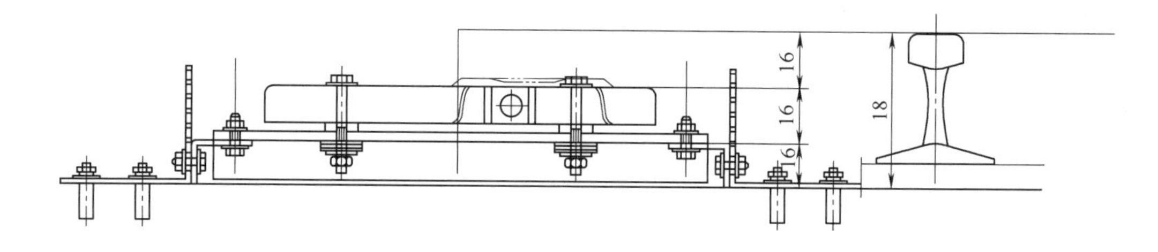

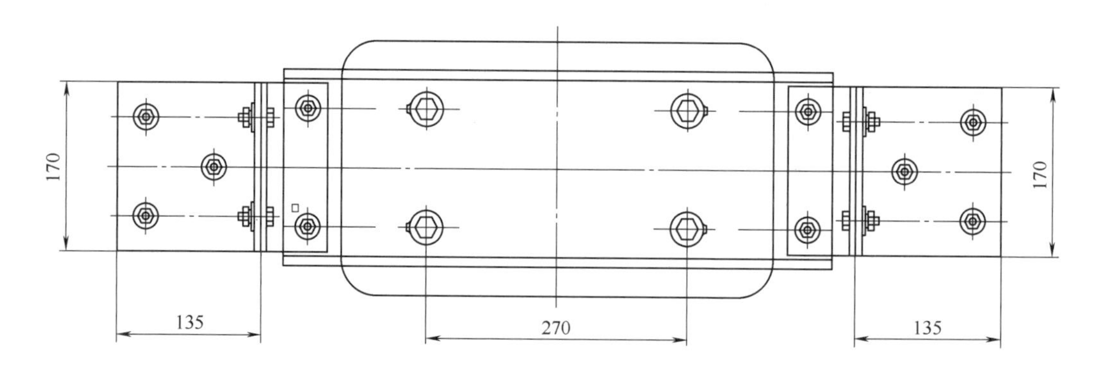

图 7-4-3　应答器安装示意图（一）

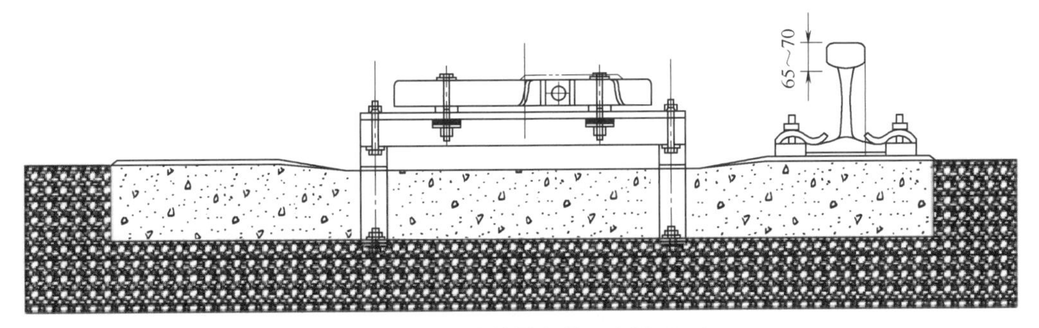

图 7-4-4　应答器安装示意图（二）

2. 实物效果图

实物效果图如图 7-4-5～图 7-4-8 所示。

图 7-4-5　无砟轨道安装方式

图 7-4-6　有砟轨道安装方式

图 7-4-7　框架式轨道板安装方式

图 7-4-8　停车列检库应答器安装

7.5　计轴安装

计轴是用来检查区间是否有列车或车辆的检查监督设备。安装内容包括计轴磁头和电子盒安装。

7.5.1 施工流程

计轴安装前应确认钢轨已经锁定，取得锁轨证明。计轴安装施工流程如图 7-5-1 所示。

7.5.2 精细化施工工艺标准

1. 计轴装置及附件进场时应进行检查，其型号、规格、质量应符合设计要求。

2. 计轴装置的安装位置、安装方法应符合设计要求。

3. 计轴磁头的安装应符合下列规定：

（1）计轴磁头安装点距离轨缝、均回流线应不小于 2m，磁头安装在两根轨枕中间钢轨上，安装位置应避开轨距杆等金属器件；磁头周边 600mm 范围内无其他金属干扰物。

（2）磁头安装应采用绝缘材料与钢轨隔离。

（3）磁头在钢轨上的安装孔中心距轨底高度、孔径、孔距、两相邻磁头的安装间距应符合设计要求。

（4）磁头安装应平稳、牢固，螺栓应紧固、无松动。

（5）计轴磁头电缆应采用橡胶软管防护，并应采用卡箍固定。过水沟时应采用镀锌钢管防护。

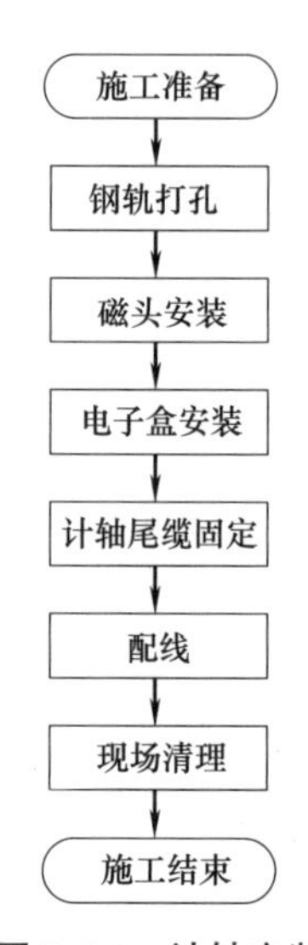

图 7-5-1 计轴安装施工流程图

（6）固定磁头钢轨孔边缘深度 1～2mm 应有 45°倒角。

4. 计轴电子盒的安装应符合下列规定：

（1）电子盒安装位置应根据磁头电缆的布置方式确定，宜靠近信号设备机房。

（2）电子盒内部配线应连接正确、排列整齐。

（3）电子盒密封装置应完整。

（4）电子盒体应采用 $25mm^2$ 的铜线就近接地。

（5）电子盒安装应平稳、牢固，螺栓应紧固、无松动。

（6）计轴装置采用的专用电缆长度应符合设计要求；电缆走线不得盘圈、弯折。

（7）电缆引入后应对引入孔进行灌胶防水密封处理。

7.5.3 精细化管控要点

1. 钢轨打孔应采用专用钻具，钻具架设稳固，钻头应与轨腰垂直，自钢轨外侧向钢轨内侧打孔。

2. 钢轨打孔后应对钢轨进行探伤，确保钢轨无损伤。

3. 磁头安装孔应采用 45°倒角工具进行倒角，并清除金属屑。

4. 固定磁头应采用扭矩扳手，固定螺栓的方向保持一致。

5. 岔区安装计轴设备时应按照设计图纸定测，区分曲股、直股位置。

7.5.4 效果示例

1. 安装示意图

计轴设备安装示意图如图 7-5-2 所示。

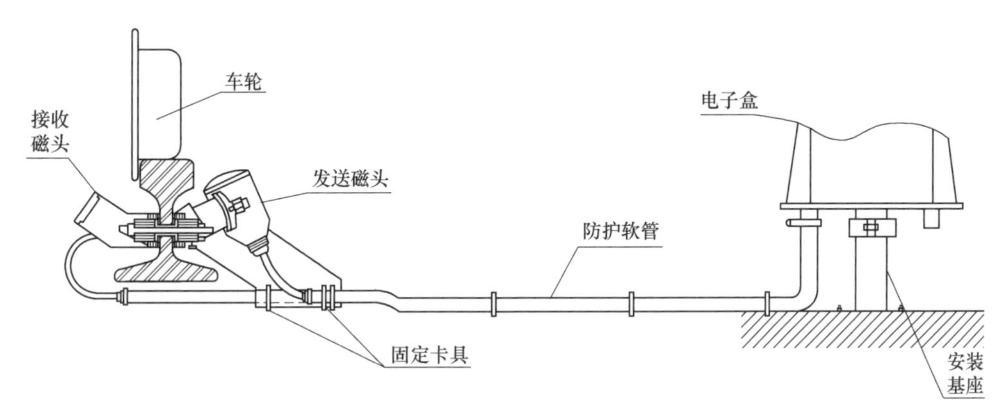

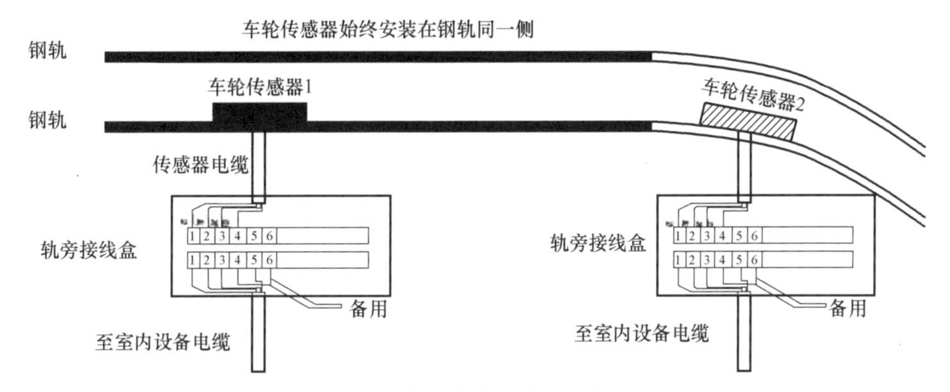

图 7-5-2 计轴设备安装示意图

2. 实物效果图

计轴设备安装实物图如图 7-5-3 所示。

图 7-5-3 计轴设备安装实物图

7.6 箱盒安装及配线

箱盒用于室外信号电缆与信号轨旁设备间的连接，安装内容包括箱盒的安装固定、配线。箱盒主要包括方向盒、终端盒、变压器箱等，根据安装方式可分为金属支架、锚栓固定安装和混凝土基础埋设安装。

7.6.1 施工流程

1. 箱盒安装前应测试已敷设电缆电气特性合格。

2. 应复核现场箱盒安装位置，核对已敷设电缆的条数及规格型号。

箱盒安装及配线施工流程如图 7-6-1 所示。

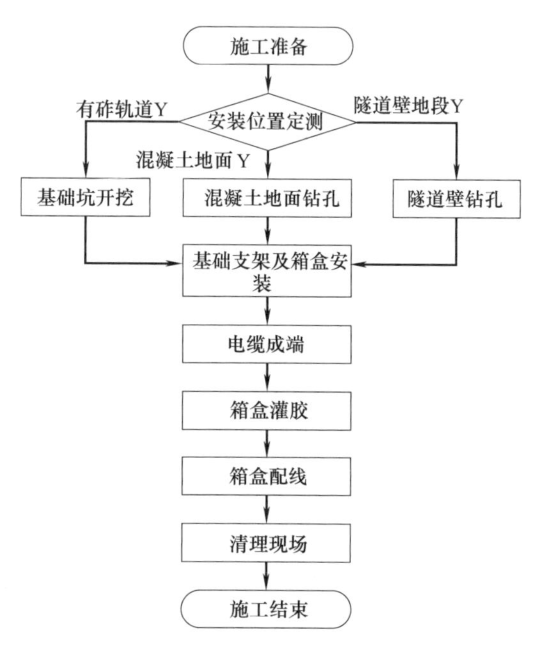

图 7-6-1 箱盒安装及配线施工流程图

7.6.2 精细化施工工艺标准

1. 箱盒、支架或混凝土基础进场时应进行检查，其型号、规格、质量应满足设计要求。

2. 箱盒的安装位置、安装方式应满足设计要求。

3. 箱盒安装应符合下列规定：

（1）采用金属支架安装时，锚栓型号应与支架类型相匹配，同一设备的两基础不得跨越线路结构伸缩缝，锚栓距离隧道管片接缝不小于 100mm。

（2）方向盒采用混凝土基础安装时，基础顶面高出硬化面 150mm，方向盒两基础中心连线平行于钢轨，两个或两个以上方向盒并排埋设时，其高低间距应一致，且与线路平行。

（3）信号机终端盒中心与信号机中心连线应与线路平行，采用混凝土基础安装时，信号机终端盒的引线孔应与信号机基础对应。

（4）转辙机终端电缆盒的引线口应对向岔尖，距道岔第一连接杆 700～750mm，终端电缆盒中心距线路中心 2400～2450mm。

（5）变压器箱采用混凝土基础安装时，基础顶面与钢轨顶面高度一致。

（6）各种箱盒内引入电缆均挂电缆铭牌，标明来去向、用途、长度、芯数，铭牌挂于相应电缆根部。

4. 电缆成端应符合下列规定：

（1）电缆外护套和引入孔之间应进行密封处理。

（2）电缆的钢带、铝护套应连通。

（3）电缆引入箱盒，钢带耳朵与线缆应径向垂直紧贴箱盒底面。

（4）金属芯线根部不得有损伤；对外露金属芯线、端子和根部以下的护层应进行绝缘保护。

（5）电缆成端后应保持电缆芯组的自然排序，并应避免芯线混乱。

5. 箱盒灌胶应符合下列规定：

（1）灌胶胶面应高于金属屏蔽层、胶面应平整、无麻点。

（2）灌注后应无漏胶现象。

6. 箱盒配线应符合下列规定：

（1）引入箱盒内的电缆应在端子上与其他电缆或设备软电线进行连接，每根芯线应留有2～3次线环的余量，备用芯线应预留至最远程端子进行配线连接的长度。

（2）当采用柱型端子接线时，芯线线环应按顺时针绕制，线环间及线环与螺母间应设置垫圈。

（3）当采用插接型端子配线时，应一孔一线。

（4）配线应正确，连接应可靠。

（5）电缆芯线应顺直穿号码套管，线把应用扎带均匀绑扎。

（6）钢带、铝护套及屏蔽层与接地引接线的连接应采用冷压接工艺，连接应牢固，接地引接线应使用不小于 1.5mm^2 的多股铜芯软线。

7. 箱盒内端子编号应符合下列规定：

（1）终端电缆盒端子应从基础开始按顺时针方向依次编号。

（2）分向电缆盒端子应面对车控室按顺时针方向依次编号；当采用压接端子连接方式时，其端子编号应满足设计要求。

（3）变压器箱端子编号，靠箱边侧应为奇数，靠设备侧应为偶数，站在面向箱子引线孔侧端子应自右向左依次编号。

7.6.3 精细化管控要点

1. 电缆成端前，应对电缆芯线进行导通、线间绝缘和对地绝缘测试。

2. 电缆引入孔应进行密封处理，电缆引入成端后应灌注冷封胶，胶面与芯线根部不低于20mm。

3. 配线之前，应充分紧固螺杆根母，防止螺杆根母松动。

4. 电缆芯线配线时应采用专用配线标尺控制长度，芯线弧度一致。

5. 将芯线梳理、分组、编号，在电缆成端根部增加印有电缆组别的胶管，并露在胶面上。

7.6.4 效果示例

1. 安装示意图

各类安装和配线示意图如图7-6-2～图7-6-6所示。

2. 实物效果图

箱盒安装和配线成品如图7-6-7、图7-6-8所示。

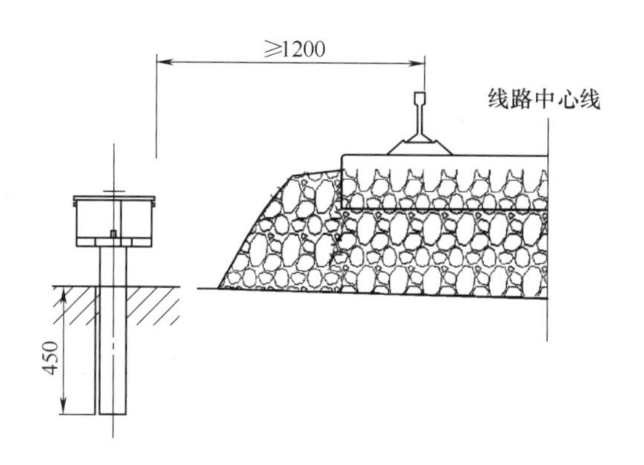

图 7-6-2　方向盒在路基地段安装示意图

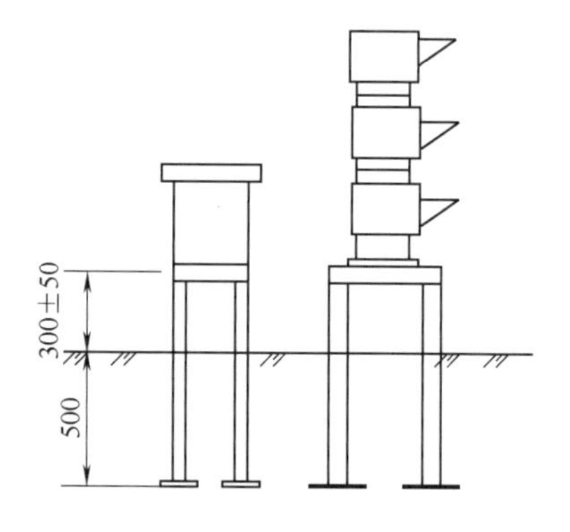

图 7-6-3　矮型信号机用箱盒安装示意图

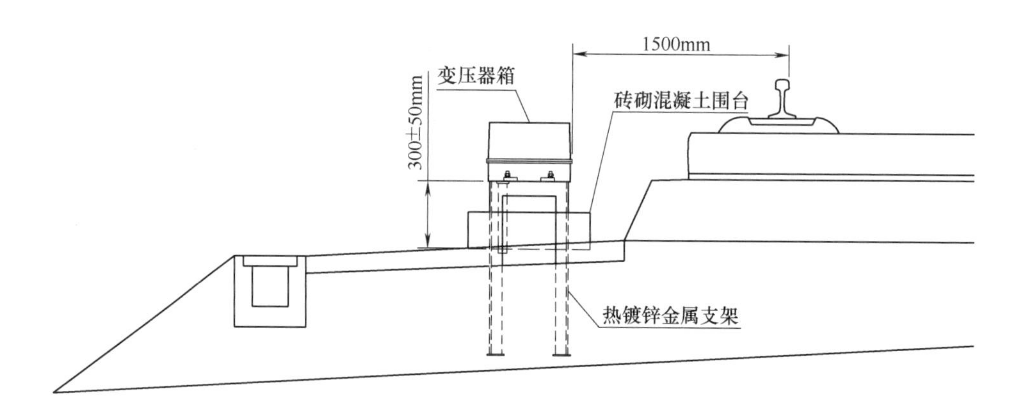

图 7-6-4　轨道变压器箱在路基地段安装示意图

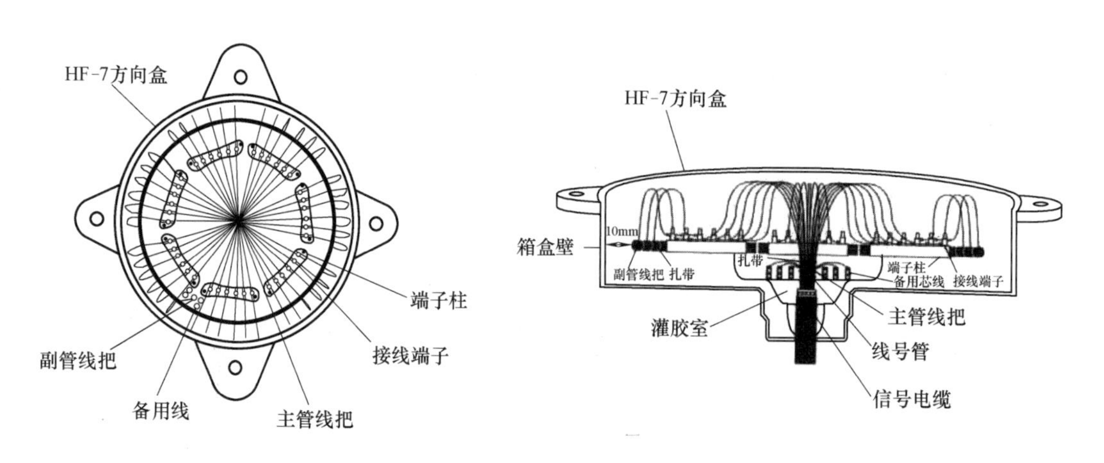

图 7-6-5　方向盒配线示意图

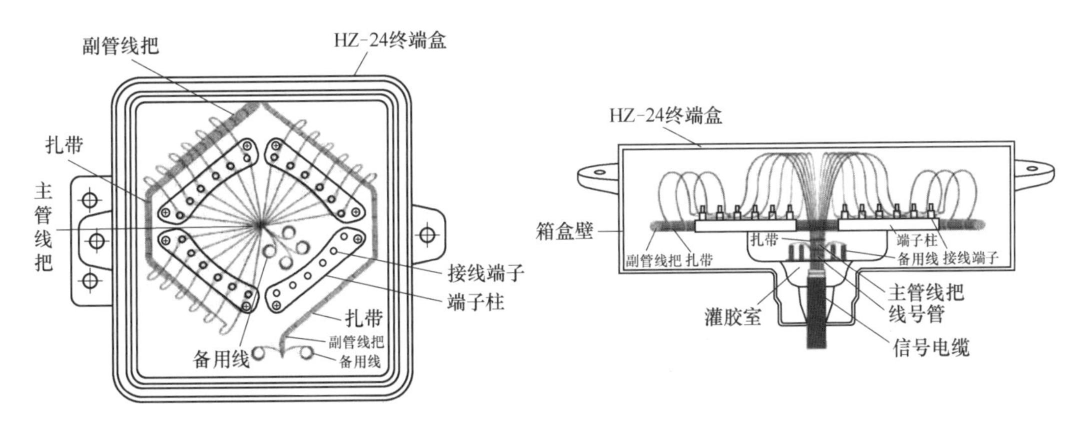

图 7-6-6　终端盒配线示意图

图 7-6-7　箱盒安装成品

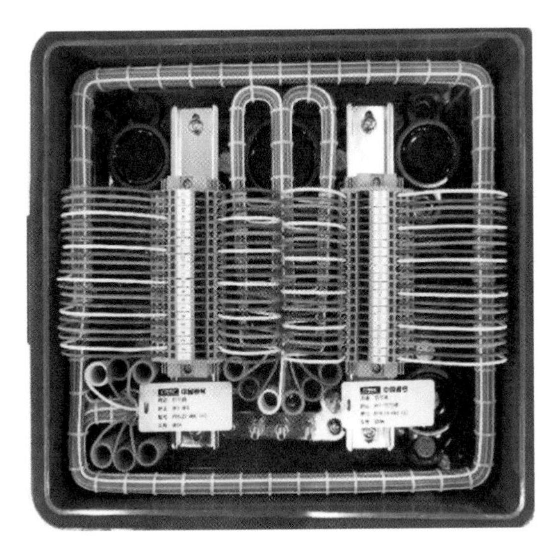

图 7-6-8　箱盒配线成品

7.7 发车表示器安装

发车表示器能接收列车自动监控系统提供的控制命令和信息，为列车司机提供到站停车时间、发车时间、晚点时间等信息的显示。发车表示器安装内容包括支架及设备安装，安装方式可分为立柱式、壁挂式或吊挂式安装。

7.7.1 施工流程

发车表示器安装于墙体时，应在墙面刷白完成后安装；安装于地面时，应在地砖铺设前安装。发车表示器安装施工流程如图 7-7-1 所示。

7.7.2 精细化施工工艺标准

1. 发车表示器设备、支架进场时应进行检查，其型号、规格、质量应满足设计要求。

2. 发车表示器的安装位置、安装方式应满足设计要求。

3. 发车表示器安装应符合下列规定：

（1）采用立柱式安装方式时，立柱与地面应采用锚栓固定牢固，箱体与立柱连接螺栓应拧紧、牢固；采用壁挂或吊挂安装方式时，连接支架与墙体采用锚栓固定牢固，箱体与支架连接螺栓拧紧、牢固。

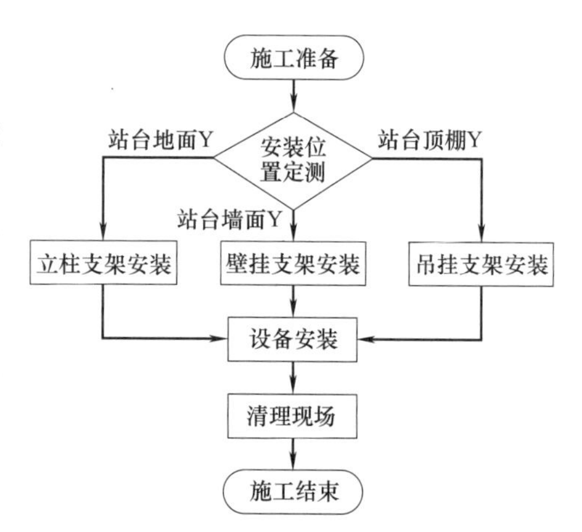

图 7-7-1　发车表示器安装施工流程图

（2）立柱、支架、吊挂件等应采用防腐处理，安装位置及高度应满足限界要求。支架安装应做到横平竖直、安装牢固。

（3）发车表示器与支架间连接螺栓应采用双螺母紧固，露出螺母外的螺扣不小于 5mm。

（4）发车表示器内部接地端子应采用不小于 16mm^2 地线与贯通地线连接。

7.7.3 精细化管控要点

1. 发车表示器配线引入管口处应采取防护措施，防护管采用卡箍固定。

2. 安装前与运营相关方对接确认安装位置，确保满足运营需求；根据现场情况，调整安装位置。

7.7.4 效果示例

1. 安装示意图

发车表示器立柱式、壁挂式、吊挂式安装示意图如图 7-7-2～图 7-7-4 所示。

2. 实物效果图

发车表示器立柱式、壁挂式、吊挂式安装实物效果图如图 7-7-5～图 7-7-7 所示。

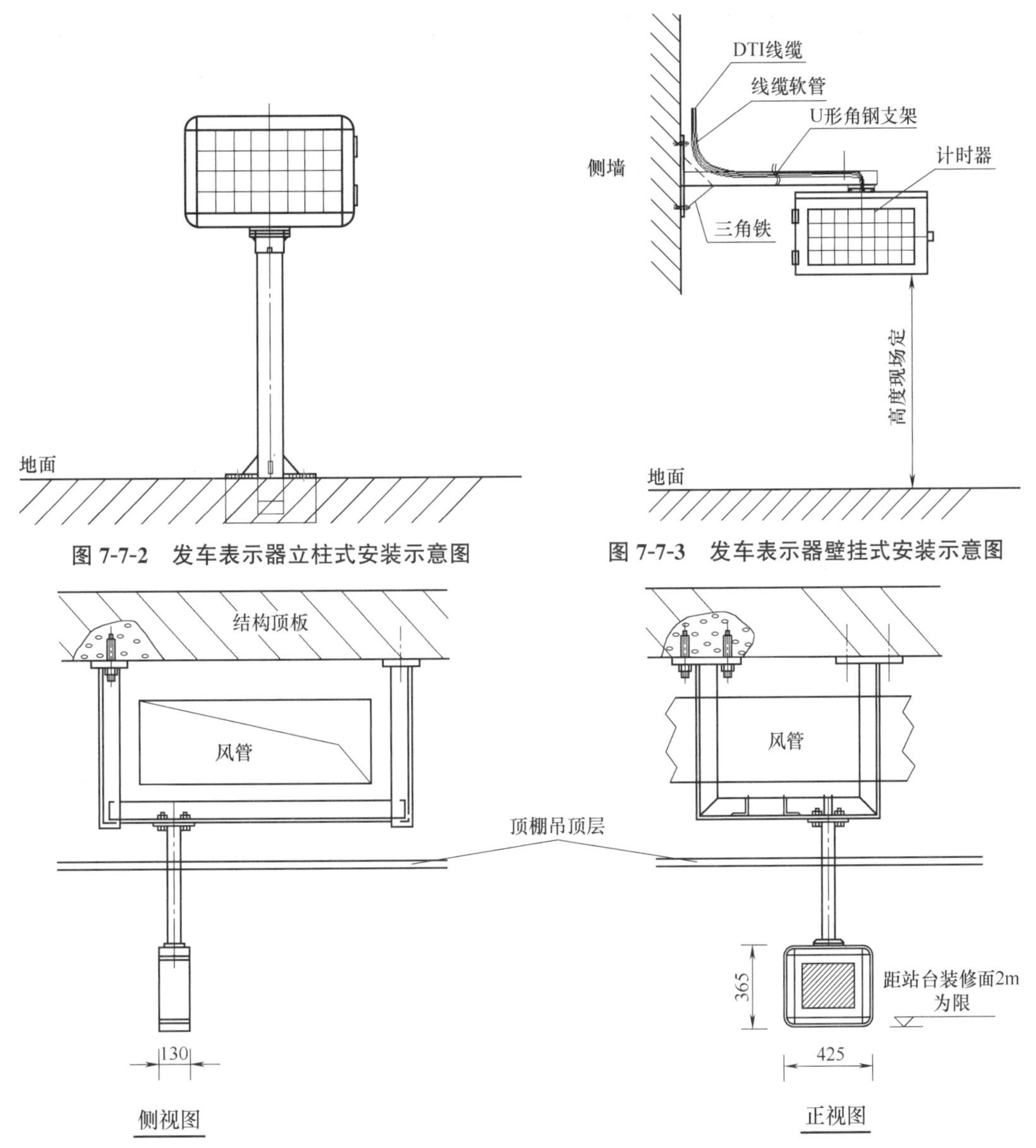

图 7-7-2　发车表示器立柱式安装示意图

图 7-7-3　发车表示器壁挂式安装示意图

图 7-7-4　发车表示器吊挂式安装示意图

图 7-7-5　发车表示器立柱式安装

图 7-7-6　发车表示器壁挂式安装

图 7-7-7　发车表示器吊挂式安装

7.8　按钮装置安装

按钮装置安装主要包含折返按钮安装、紧急停车按钮安装、区域封锁箱按钮、站台联动开门/关门按钮、车辆基地车控室应急盘、同意按钮、发车确认按钮安装等。安装方式可分为立柱式、壁挂式或嵌入式安装。

7.8.1　施工流程

按钮装置安装于墙体时，应在墙面刷白完成后安装；安装于地面时，应在地砖铺设前安装；嵌入式安装时，应在装修面完成后安装。

按钮装置安装施工流程如图 7-8-1 所示。

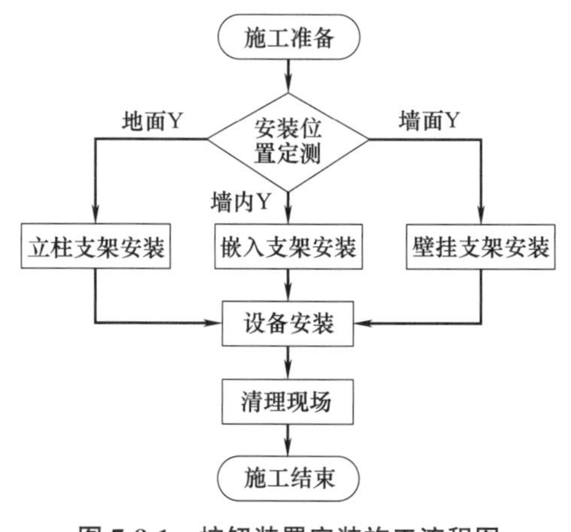

图 7-8-1　按钮装置安装施工流程图

7.8.2　精细化施工工艺标准

1. 按钮装置及配线线缆进场时应进行检查，其型号、规格、质量应满足设计要求。

2. 按钮装置的安装位置、安装方式应满足设计要求，安装在站台上的按钮箱不得妨碍乘客通行。

3. 按钮操作应灵活、无卡阻，灯光显示应明亮。

4. 按钮装置应安装平顺、牢固，各部件组装应完整，箱盘体应无破损、裂纹、脱焊、锈蚀现象。

5. 金属立柱、支架应经防腐处理。

6. 按钮装置安装应符合下列规定：

（1）采用立柱式安装方式时，立柱应垂直于地面安装。

（2）采用壁挂式安装方式时，连接支架与墙体采用锚栓固定。

（3）采用嵌入式安装方式时，预留孔内应采用螺纹杆固定按钮箱，按钮箱表面应与装饰面平齐，按钮箱体周边与装饰面间应密封。

7. 按钮装置配线应符合下列规定：

（1）按钮装置配线引入管口处应加防护，防护管槽应固定牢固。

（2）配线应连接正确、端子压接牢固，不得损伤芯线外皮。

7.8.3　精细化管控要点

按钮装置采用嵌入式安装时，应提前与装饰装修专业沟通，核对预留孔深度满足按钮装置安装要求。

7.8.4　效果示例

1. 安装示意图

按钮装置立柱式、壁挂式、嵌入式安装示意图如图 7-8-2～图 7-8-4 所示。

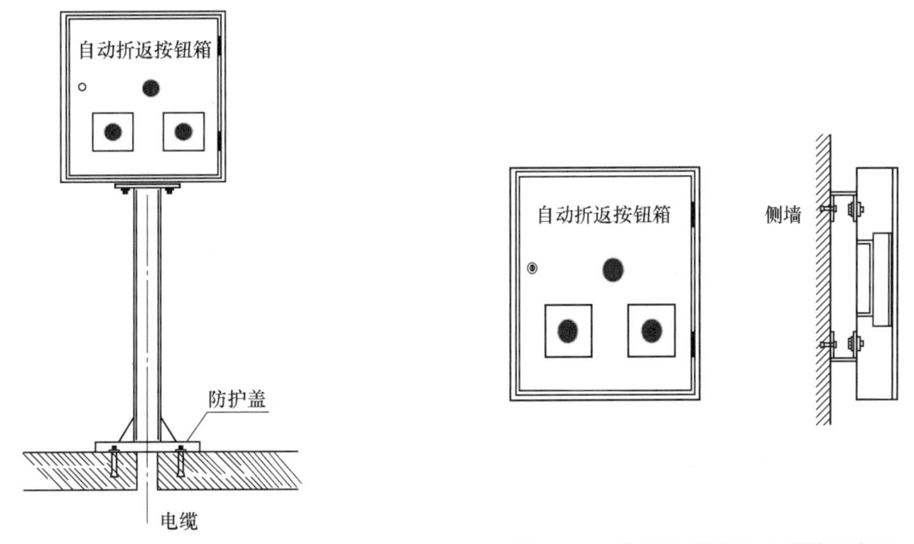

图 7-8-2　按钮装置立柱式安装示意图

图 7-8-3　按钮装置壁挂式安装示意图

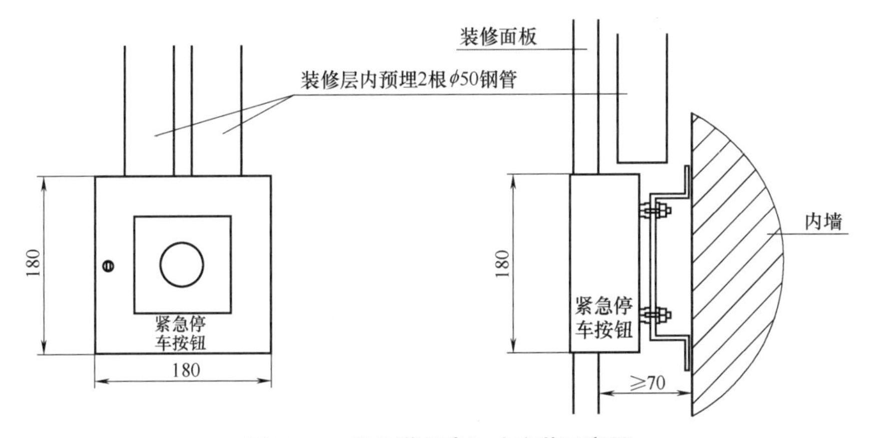

图 7-8-4　按钮装置嵌入式安装示意图

2. 实物效果图

各类按钮装置安装成品如图 7-8-5～图 7-8-7 所示。

图 7-8-5　自动折返按钮装置安装成品

图 7-8-6　按钮柱安装成品

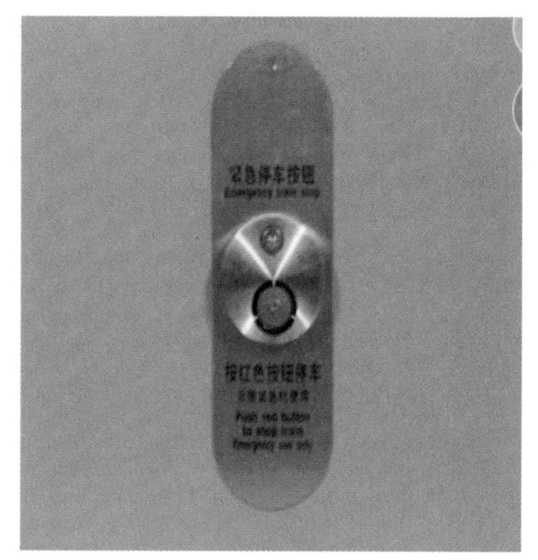

图 7-8-7　紧急停车按钮装置安装成品

7.9　轨道电路安装

轨道电路是用于自动、连续检测轨道线路是否被机车车辆占用，也用于控制信号装置或转辙装置，以保证行车安全的设备。安装内容主要包括轨道电路发送、接收设备、钢轨绝缘及各类轨道连接线安装。

7.9.1　施工流程

轨道电路安装，应在确认轨道铺设完成，取得铺轨专业锁轨证明资料后进行安装。轨道电路安装施工流程如图 7-9-1 所示。

7.9.2　精细化施工工艺标准

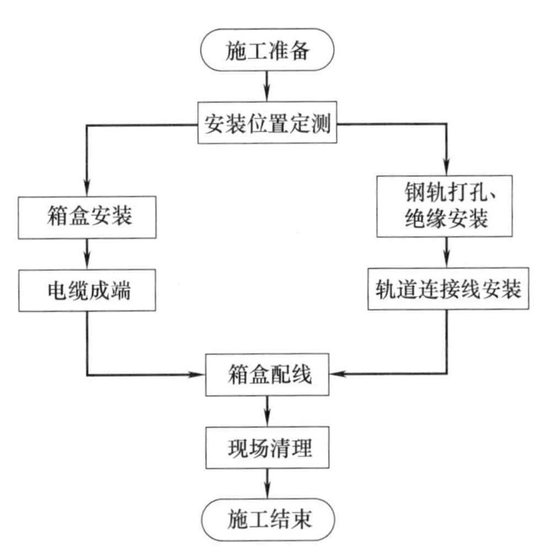

图 7-9-1　轨道电路安装施工流程图

1. 轨道电路设备、材料进场时应进行检查，其型号、规格、质量应满足设计要求。

2. 轨道电路设备的安装位置、安装方法应满足设计要求。

3. 轨道电路限流装置的调整应满足轨道电路性能要求，不得拆除变阻器的止档。

4. 轨道箱设备安装、配线应符合下列规定：

(1) 轨道箱内设备应布局正确、与底板固定牢固，软线把预配正确。

(2) 绝缘节两侧轨道电路设备合用一个变压器箱时，其中心应正对轨缝；绝缘节处发送或接收设备单独设置变压器箱时，靠近绝缘节的变压器箱基础应安装在绝缘节端第一、二枕木孔之间。

(3) 变压器箱基础应与钢轨垂直，基础顶面应与钢轨底面相平。

(4) 轨道箱基础埋设深度不得小于 350mm，埋深不足时应培土加固，基坑填土应分层夯实。

(5) 电缆芯线绝缘应符合要求。

(6) 配线线缆型号及规格应满足设计要求；配线线缆应无破损、老化和中间接头现象。

(7) 电缆芯线应顺直、绑扎整齐，绕制线环连接接线端子，应保证每根芯线留有 2～3 次线环的余量，备用芯线的长度应能够保证与最远端子进行配线连接。

(8) 钢带、铝护套及屏蔽层与接地引接线的连接应采用冷压接工艺，连接应牢固。接地引接线应使用标称横截面积不小于 1.5mm^2 的多股铜芯塑料软线。

5. 钢轨打孔应符合下列规定：

(1) 钢轨引接线塞钉孔中心距钢轨绝缘夹板（鱼尾板）端部应为 100±10mm，两相邻塞钉孔间距应为 60～80mm。

(2) 钢轨孔边缘深度 1～2mm 应有 45°倒角。

6. 钢轨绝缘安装应符合下列规定：

(1) 轨道电路的两钢轨绝缘应并列安装；当不能并列安装时，其错开的距离应满足设计要求。

(2) 设于警冲标内方的钢轨绝缘，除渡线及其他侵限绝缘外，绝缘安装位置距警冲标计算位置的最小距离应满足设计要求。

(3) 除辙叉根部外的钢轨绝缘夹板螺栓应正反交替安装，轨端绝缘的顶部与轨面应平齐。

(4) 钢轨绝缘配件应安装正确、齐全、无破损。

7. 钢轨引接线的安装应符合下列规定：

（1）无牵引电流通过的钢轨引接线截面积不应小于 $15mm^2$，有牵引电流通过的钢轨引接线截面积应满足设计要求。

（2）当钢轨引接线穿越股道时，应采用绝缘橡胶管防护；固定引接线的卡钉、卡具不得与钢轨铁垫板、防爬器接触。

（3）钢轨引接线连接螺栓的绝缘管、垫圈等部件应安装正确、齐全；螺栓应紧固、无松动。

8. 钢轨接续线的安装应符合下列规定：

（1）有牵引电流通过的钢轨接续线应为多股铜线，其截面积应满足设计要求。

（2）钢轨接续线应安装在钢轨外侧；在道岔辙叉根部或其他安装困难处，接续线可安装在钢轨内侧。

（3）塞钉式钢轨接续线应紧贴钢轨鱼尾夹板上部，安装应平直、无弯曲；胀钉式钢轨接续线应沿钢轨底边敷设安装；焊接式钢轨接续线应在钢轨鱼尾夹板的两侧焊接牢固，并应呈弧形下垂。

9. 道岔跳线的安装应符合下列规定：

（1）无牵引电流通过的道岔跳线截面积不应小于 $15mm^2$，有牵引电流通过的道岔跳线截面积应满足设计要求。

（2）当道岔跳线穿越钢轨时，距轨底的距离不应小于 30mm，并应采用卡具固定在轨枕上；当在整体道床处过轨时，应采用卡具直接固定在道床上。

10. 回流线的安装应符合下列规定：

（1）伸缩轨牵引回流线应采用镀锌钢管防护；伸缩轨两端回流线的伸缩量应满足设计要求。

（2）回流线应采用焊接方式或胀钉方式与钢轨连接，连接应牢固、无松动。

11. 各类连接线的金属裸露部分，在安装完后应涂刷机械油。钢绞线应无断股、锈蚀现象。塞钉不得弯曲，打入深度应为露出钢轨 1～4mm，塞钉头与钢轨的接缝处应涂漆封闭。

7.9.3 精细化管控要点

1. 绝缘片安装前应确保接头处轨腰上干净无杂物，保证绝缘效果。

2. 钢轨打孔前应核对、确认钢轨打孔标记位置正确；打孔后应对钢轨进行探伤且采用倒角器进行 45°倒角。

3. 引接线与塞钉连接时，应使引接线向远离钢轨绝缘夹板方向倾斜，引接线与钢轨底部夹角应为 30～60°。

4. 穿越钢轨的轨道连接线距轨底应不小于 30mm，应固定于混凝土小枕木，固定应牢固。

7.9.4 效果示例

1. 安装示意图

各类安装示意图如图 7-9-2～图 7-9-6 所示。

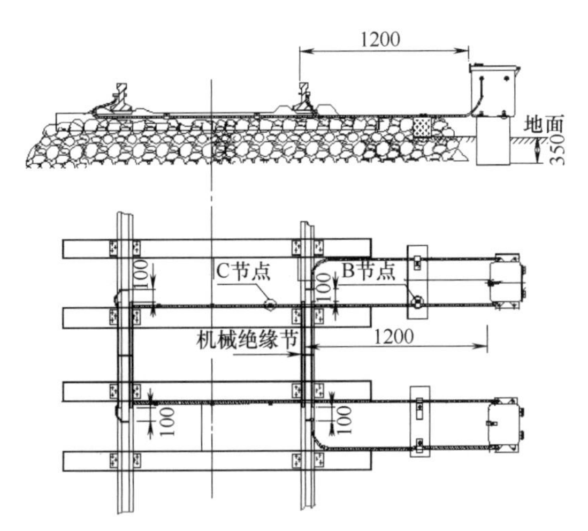

图 7-9-2　单独设置变压器箱安装示意图

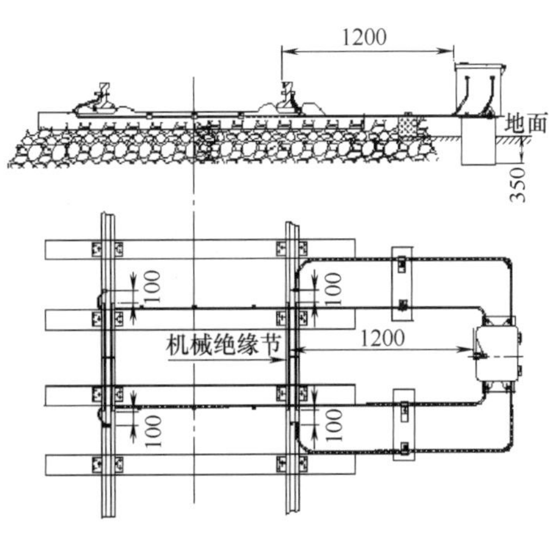

图 7-9-3　合用一个变压器箱安装示意图

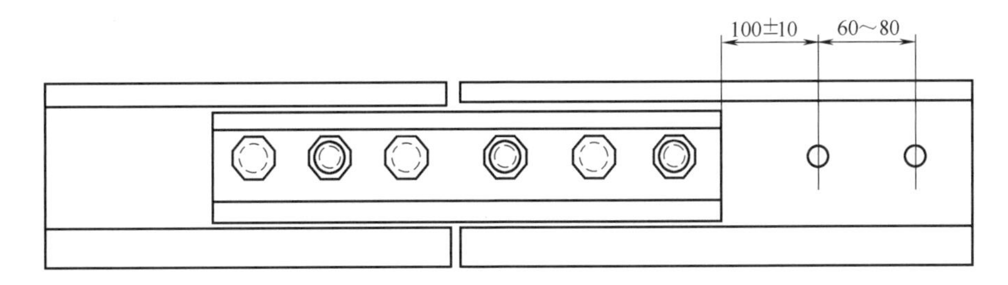

图 7-9-4　钢轨打孔示意图

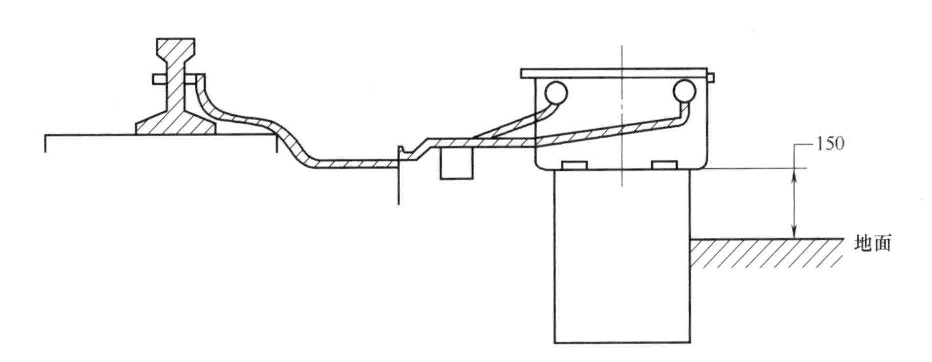

图 7-9-5　钢轨引接线安装示意图

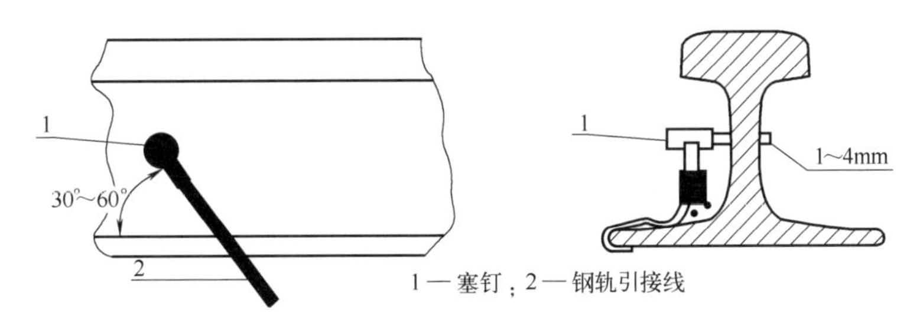

图 7-9-6　塞钉安装及固定示意图

2. 实物效果图

轨道电路设备安装、配线及轨道连接线安装实物效果图如图 7-9-7、图 7-9-8 所示。

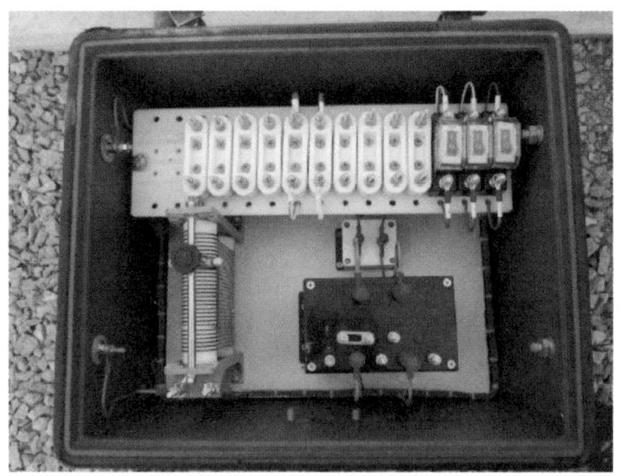

图 7-9-7　轨道电路设备安装、配线

图 7-9-8　轨道连接线安装

7.10　室外设备硬面化

室外设备硬面化是指室外安装在地面的信号轨旁设备周边进行硬面化处理，可提高信号设备的稳定性，并为检修人员提供了作业平台。

7.10.1　施工流程

室外设备硬面化应在设备埋设稳固、端正且设备调试完成后进行施工。室外设备硬面化施工流程如图 7-10-1 所示。

7.10.2　精细化施工工艺标准

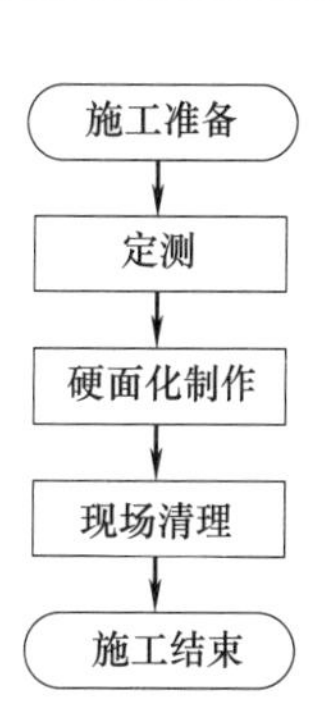

图 7-10-1　室外设备硬面化施工流程图

1. 硬面化材料进场时应进行检查，其型号、规格、质量应满足设计和使用要求。

2. 硬面化施工定测应符合下列规定：

（1）电缆标边缘应距硬面化边缘 150mm。

（2）电缆盒边缘应距设备边缘 250mm，电缆盒基础边缘应距硬面化边缘 250mm。

（3）变压器箱基础边缘应距硬面化边缘 250mm。

（4）信号机基础边缘应距硬面化边缘 250mm。

（5）相邻设备采用同一个围桩，硬面化边缘距机柱边缘应大于 500mm，距基础边缘应大于 200mm。

3. 硬面化制作应符合下列规定：

（1）传统硬面化混凝土水泥、砂子、石头比例应为 1∶2.5∶5。

（2）硬化面顶面距箱盒底部 100～150mm（矮型信号机的硬化面应保证与信号机安装基础的出线口大于 80mm），硬化面边缘与枕木边缘距离，站内大于 400mm，区间大于 800mm。

（3）两个硬化面外缘间隔小于 200mm 时，应集中硬化。间隔 800mm 左右时，两个硬化面应在同一水平面上。

（4）碎石地段设备箱盒硬面化高度与水泥枕木顶面相同，箱盒基础上平面距离硬化面高度应在 150～200mm 之间。基础及设备边缘至硬面化边缘 250～300mm 范围内，水泥围桩砌筑在地面应水平方正、整体牢固。平台顶面采用水泥包封的厚度不应小于 30mm。

（5）转辙机平台砌筑时应在转辙机底部预留 100mm 以上维修空间，枕木侧挡砖墙高度应与枕木顶面相平，动作杆、表示杆及长角钢处预留缺口，不影响设备正常工作。

（6）室外轨旁设备周边硬面化范围、硬面化用混凝土的强度及硬面化的上部厚度应满足设计要求。

（7）相邻轨旁设备周边应采用同一个围桩及硬面化处理。

（8）硬面化表面应平整光洁无裂纹，并应无缺边掉角现象。

4. 硬面化也可采用新型 SMC 复合材料板拼接围桩。

7.10.3　精细化管控要点

1. 硬面化表面应向线路外侧倾斜 5°，便于排除积水。

2. 硬化面四周应采用空心砖或留出排水孔，排水孔方向与所属线路垂直。

7.10.4　效果示例

1. 安装示意图

传统室外硬面化及 SMC 复合材料硬面化示意图如图 7-10-2、图 7-10-3 所示。

2. 实物效果图

传统室外硬面化及 SMC 复合材料硬面化成品如图 7-10-4、图 7-10-5 所示。

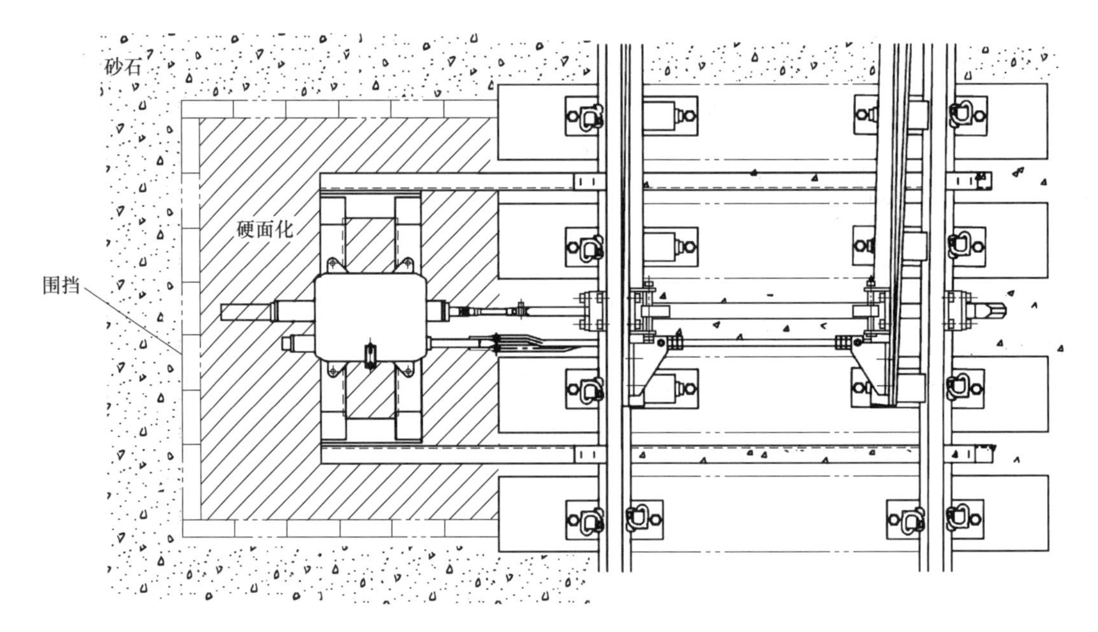

图 7-10-2　传统室外硬面化示意图

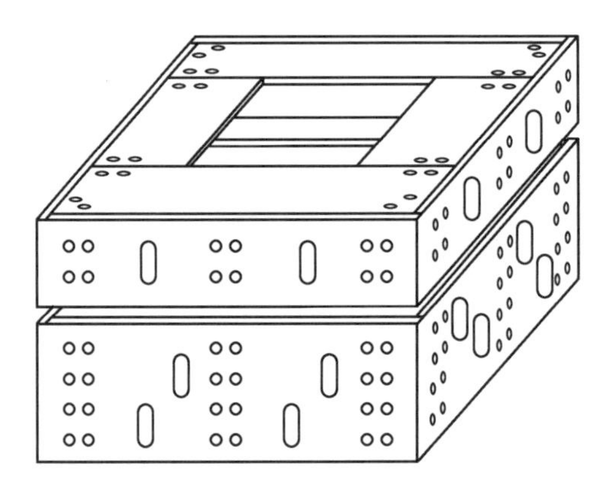

图 7-10-3　SMC 复合材料硬面化示意图

图 7-10-4　传统室外硬面化成品

图 7-10-5　SMC 复合材料硬面化成品

7.11　电缆成端

电缆成端是指信号电缆引入室内进入防雷分线柜前进行固定、电缆护套接地的过程，成端接地方式采用成端盒连接。

7.11.1　施工流程

1. 核对已敷设电缆的规格、型号、数量满足设计文件要求。

2. 确认电缆室内路径、成端位置。

电缆成端施工流程如图 7-11-1 所示。

7.11.2　精细化施工工艺标准

1. 成端盒进场时应进行检查，其型号、规格、质量应满足设计要求。

2. 线缆应分层排放固定整齐，拐弯半径符合设计文件要求。

3. 成端盒接地应在电缆进入分线柜前或在电缆间内环切去除外护套，将成端盒接地端子通过铜排贯通，再接至机房接地母排，所有连接处螺栓紧固，无松动。

4. 电缆开剥长度统一，成端盒安装高度、间距一致，接地端子朝向一致。

5. 距电缆成端盒上方 150mm 处加挂电缆编号及去向铭牌。

6. 电缆引入间、引入口以及多层电缆重叠敷设等位置应设电缆排列顺序表。

施工准备
↓
线缆排放固定
↓
电缆开剥
↓
接地连接
↓
检查测试
↓
现场清理及成品保护
↓
施工结束

图 7-11-1　电缆成端施工流程图

7.11.3　精细化管控要点

1. 成端完成后，需做绝缘测试，测试合格后再进行灌胶。

2. 成端盒无漏胶、溢胶现象发生。

3. 接地端子接触良好，连接牢固。

4. 各类成端方式电缆分层排放时，每层电缆应排列顺直；布放应均匀圆滑、排列整齐无交叉，符合电缆弯曲半径的要求。

7.11.4 效果示例

1. 安装示意图

电缆成端安装示意图如图 7-11-2 所示。

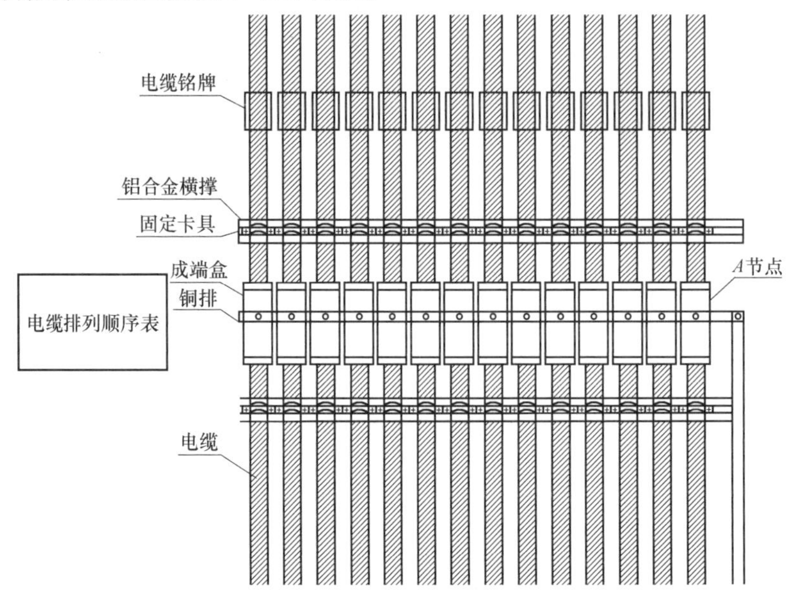

图 7-11-2　电缆成端安装示意图

2. 实物效果图

电缆成端安装如图 7-11-3 所示。

图 7-11-3　电缆成端安装

7.12　室内机柜配线

线缆敷设完成后，根据施工图纸，把每根芯线按图连接至指定端子，实现设备之间的连通。施工内容主要包括分线柜配线、组合柜配线、接口柜配线以及电源屏配线。

7.12.1　施工流程

核对线缆规格、型号、布放位置符合设计文件要求，无遗漏。室内机柜配线施工流程如图7-12-1所示。

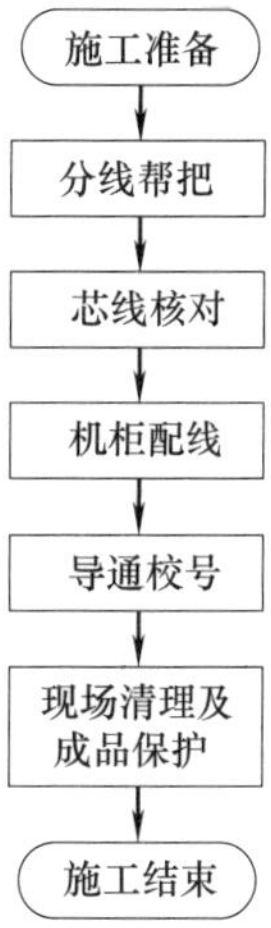

施工准备 → 分线帮把 → 芯线核对 → 机柜配线 → 导通校号 → 现场清理及成品保护 → 施工结束

图7-12-1　室内机柜配线施工流程图

7.12.2　精细化施工工艺标准

1. 室内设备配线线缆进场时应进行检查，其型号、规格、质量应满足设计要求。

2. 配线线缆布放应符合下列规定：

（1）配线线缆不得有中间接头或绝缘破损。

（2）信号线、电源线应分开布放。

（3）配线线缆布放应留有余量，不同用途的载频配线布放方式应满足设计要求。

（4）配线线缆布放弯曲半径应满足线缆最小弯曲半径的要求。

3. 线缆终端连接应符合下列规定：

（1）当线缆采用接线端子方式连接时，每个端子上的配线不宜超过两个线头；连接时，各线间应采用金属垫片隔开；端子根部螺母应紧固无松动；配线接头根部应采用塑料套管防护，套管长度应均匀一致。

（2）当线缆采用焊接方式连接时，不得使用带腐蚀性的焊剂；焊接应牢固，焊点应饱满光滑、无毛刺，配线应无脱焊、断股现象。

（3）当线缆采用压接方式连接时，应使用与芯线截面相适应的专用压线工具；压接时接点片与导线应压接牢固、长度适当，配线应无脱股、断股现象。

（4）当线缆采用插接方式连接时，应一孔一线，严禁一孔插接多根导线；插接时应采用专用工具操作，多股铜芯线插接前应压接接线帽。

（5）屏蔽线的屏蔽层应与屏蔽端子连接良好。

4. 电缆终端应固定在机架上，排列应整齐美观，引出端应标识正确、清晰。

5. 电缆芯线在连接端子前的扭绞状态应满足设计要求；线头剥切部分芯线不得有伤痕；绕制线环时，线环应按顺时针方向旋转。

7.12.3　精细化管控要点

1. 电缆芯线弧度适中，无直角。

2. 配线应使用专用标尺确定配线长度，配线完成后应保持芯线无应力，弧度一致，整齐美观。

3. 电缆线束应根据机柜结构分两侧或多线槽分线粗绑，并做好标识。
4. 配线应采用线号管标明去向，线号管长度一致。
5. 每根芯线应进行导通及绝缘测试，测试结果应合格。
6. 线缆开剥应采用专用工具，不得损伤芯线外层绝缘。
7. 整理配线，线缆应绑扎整齐、拐弯处自然弯曲。

7.12.4 效果示例

1. 安装示意图

分线柜、组合柜、接口柜配线示意图如图 7-12-2～图 7-12-4 所示。

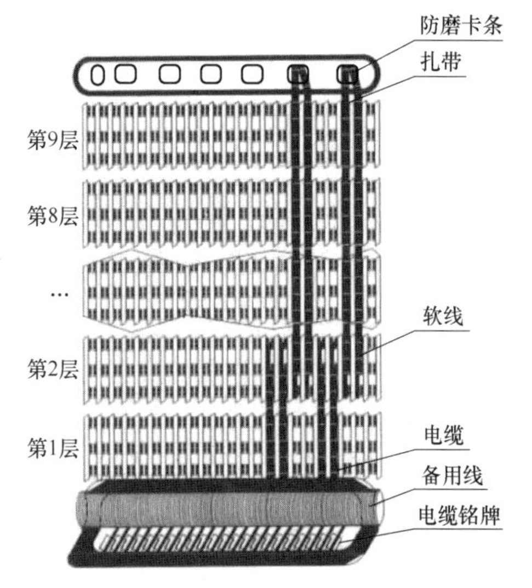

图 7-12-2　分线柜配线示意图

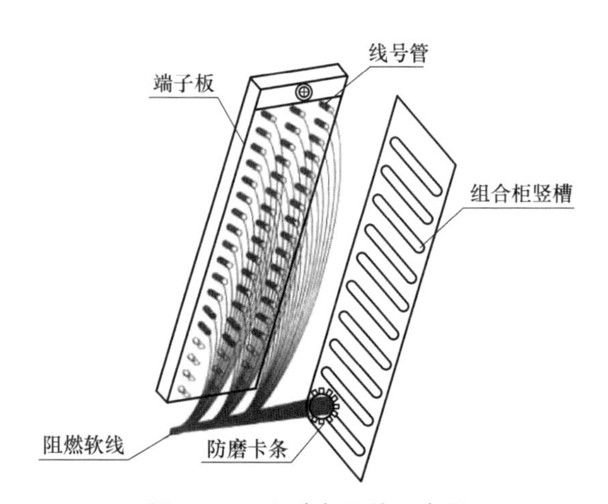

图 7-12-3　组合柜配线示意图

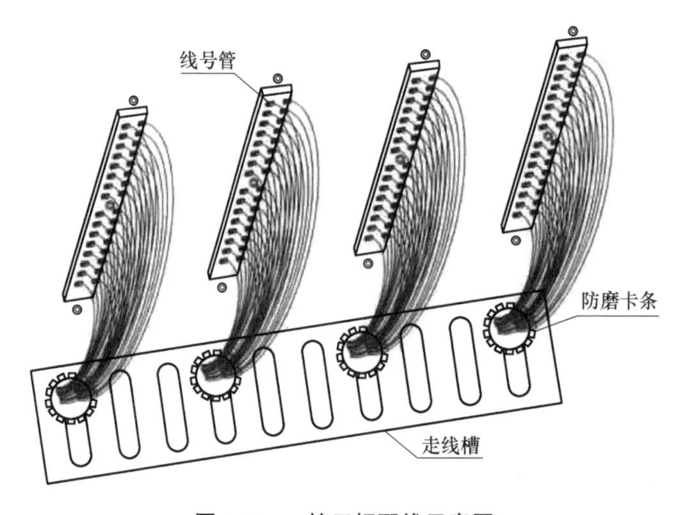

图 7-12-4　接口柜配线示意图

2. 实物效果图

分线柜、组合柜、接口柜、电源屏配线如图 7-12-5～图 7-12-8 所示。

图 7-12-5　分线柜配线

图 7-12-6　组合柜配线

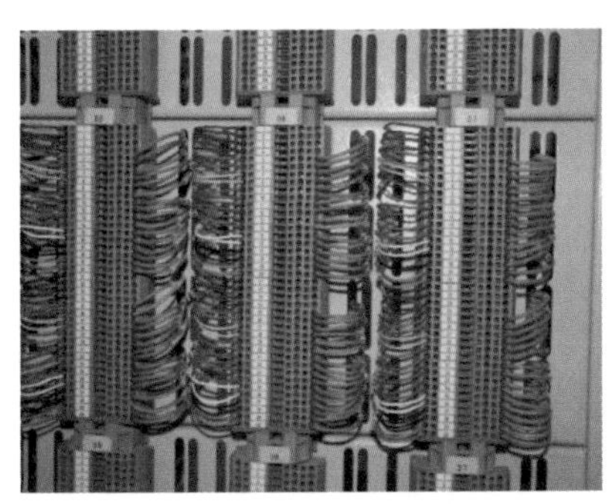
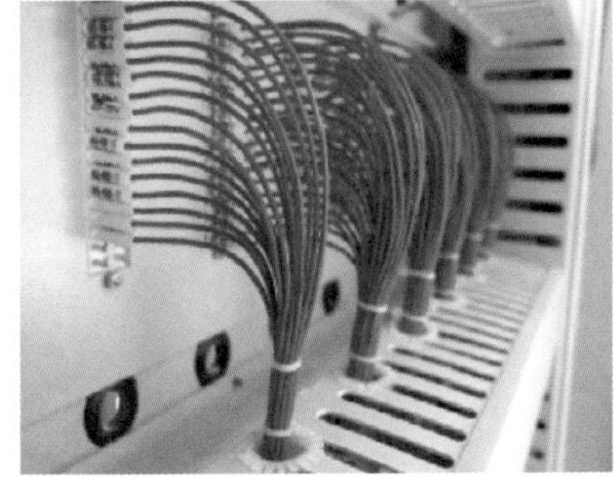

图 7-12-7　接口柜配线

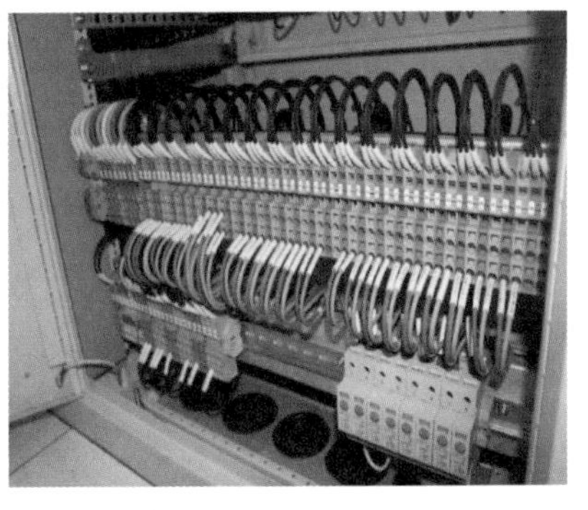

图 7-12-8　电源屏配线

7.13 电源防雷配电箱安装

电源防雷配电箱指安装在信号电源进线处，以保护设备免遭沿电源线路侵入的雷击过电压造成损害的设备，一般采用壁挂式安装。

7.13.1 施工流程

1. 电源防雷配电箱应在墙面刷白完成后安装。

2. 确认防雷配电箱的安装位置、尺寸、距离地面高度符合设计文件要求，安装前需与相关专业现场确认。

3. 确认防雷配电箱容量，防止倒配。

电源防雷配电箱安装施工流程如图 7-13-1 所示。

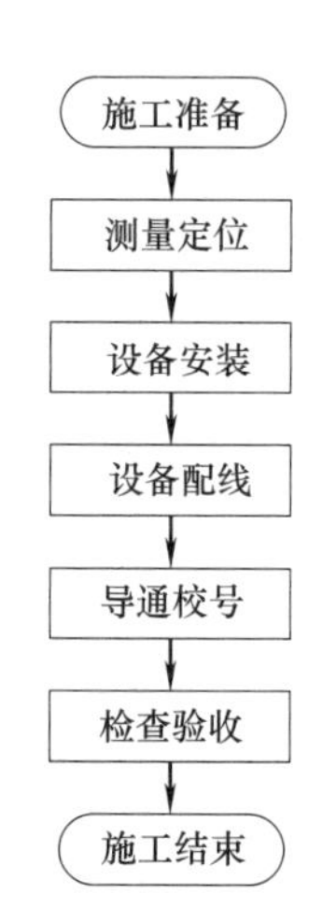

图 7-13-1 电源防雷配电箱安装施工流程图

7.13.2 精细化施工工艺标准

1. 电源防雷配电箱进场时应进行检查，其型号、规格、质量应满足设计要求。

2. 电源防雷配电箱的安装位置、安装方式应满足设计要求。

3. 电源防雷配电箱的安装应符合下列规定：

（1）电源防雷配电箱与被防护设备之间的连接线路应采用最短路径，不应迂回绕接。

（2）配线与其他设备配线应分开布放；其他设备配线不应借用电源防雷配电箱的配线端子。

4. 电源防雷配电箱中心距地面或防静电地板面应为 1500±200mm，底面与外电网监测箱底面平齐。

5. 箱体应垂直安装，调节偏差不应大于箱体高度的 0.1%。

6. 防雷配电箱至地面电缆应采用走线槽防护，箱体及走线槽进、出线孔处应采用防磨卡条进行防护。

7. 电源防雷配电箱外壳与箱内接地端子间应采用截面积不小于 $6mm^2$ 铜导线连接。

8. 防雷配电箱与外电网监测箱进行整合，即“电源防雷配电和监测一体箱”，减少安装工序，且便于施工和维护。

7.13.3 精细化管控要点

1. 电源防雷配电箱与外电网监测箱底面平齐并列安装，连接紧密，箱体表面与墙面宜平齐。

2. 箱体及走线槽进、出线孔处应进行防火封堵。

7.13.4 效果示例

1. 安装示意图

防雷配电箱安装示意图如图 7-13-2 所示。

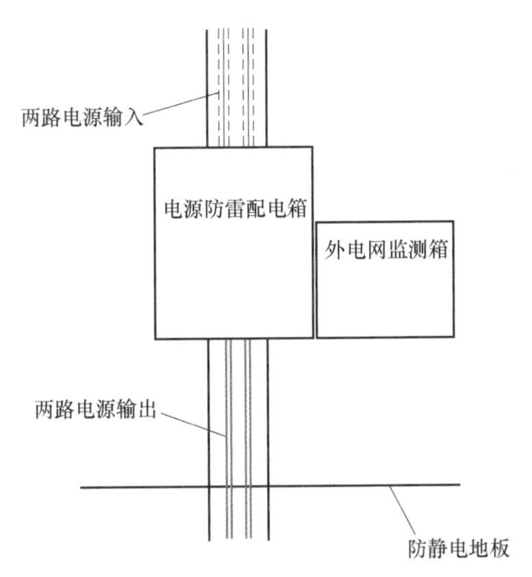

图 7-13-2　防雷配电箱安装示意图

2. 实物效果图

防雷配电箱如图 7-13-3 所示。

图 7-13-3　防雷配电箱

7.14　室内接地

室内接地包括为防止室内机柜设备外壳带电对人身安全造成危害的安全接地、为防止信息干扰的电缆护套或屏蔽接地、用于接收并排放防雷元件中的防雷电流的防雷接地，各类接地分别接入接地箱。

7.14.1　施工流程

1. 现场复核综合接地体位置。

2. 完成电源屏、电源防雷配电箱、各类机柜、机架等安装，完成室内引入电缆成端、屏蔽线布放。

室内接地施工流程如图 7-14-1 所示。

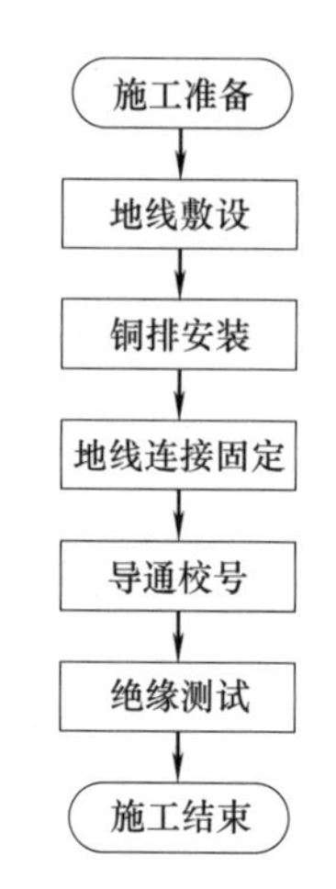

图 7-14-1　室内接地施工流程图

7.14.2　精细化施工工艺标准

1. 接地装置进场时应进行检查，其型号、规格、质量应满足设计要求。

2. 信号设备室内信号接地箱与综合接地箱之间的接线应连接正确、可靠。采用综合接地时，接地电阻不应大于 1Ω。

3. 地线压接端子应稳定、可靠、无松动。

4. 接地线应标识齐全、内容正确。

5. 接地连接线应采用冷压端子压接牢固，并采用热缩管防护，不得压接外皮。

6. 接地铜排和接地螺栓采用镀镍铜材质，防止氧化。

7.14.3　精细化管控要点

1. 铜排尺寸不应小于 40mm×4mm，连接孔应满足设备接地要求，采用绝缘柱固定于地面或安装于箱体内。

2. 设备门体、走线槽、线架与机柜、机架主体部分应进行等电位连接。

3. 电源屏、操作显示设备、各类机柜等室内设备应与墙体绝缘，就近与接地铜排连接。

4. 地线与接地铜排连接时，接地螺栓应由下向上、由里向外穿。

7.14.4　效果示例

1. 安装示意图

室内接地示意图如图 7-14-2 所示。

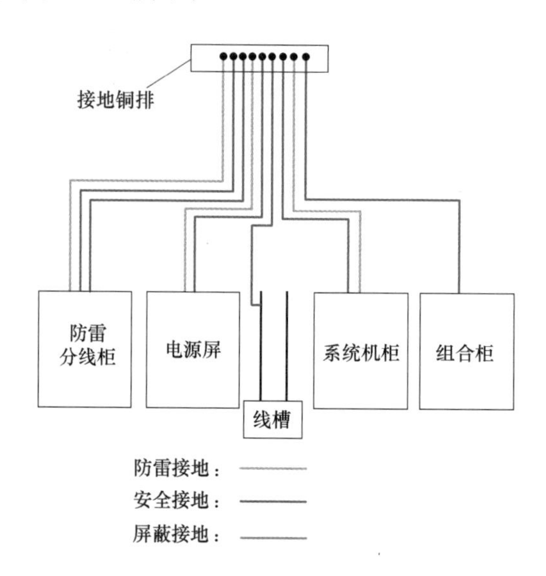

图 7-14-2　室内接地示意图

2. 实物效果图

室内接地如图 7-14-3 所示。

图 7-14-3　室内接地

第八章

综合监控系统

综合监控系统是通过计算机网络、信息处理、控制及系统集成等技术实现对城市轨道交通机电系统设备的监视、控制及综合管理。其系统是对机电系统的监视、控制及综合管理的成套设备及软件的总称。通常采用集成和互联方式构成，将电力监控、环境与设备监控和站台屏蔽门控制等系统集成到综合监控系统，亦可将广播、视频监控、乘客信息、时钟、自动售检票、门禁等系统与综合监控系统互联，也可互联防淹门、通信系统集中告警等监控信息。本章将综合监控系统安装工程划分为BAS模块箱安装及配线、一体化车控室安装、调度台及大屏安装、温湿度传感器安装等内容。

8.1 BAS 模块箱安装及配线

BAS 模块箱设置于监控设备相对集中的场所，如照明配电室、空调机房、冷水机房、区间风井等处，用于与就近电气控制设备接口。BAS 模块箱利用车站两端冗余 PLC 控制器通过以太环网将现场设备统一接入，分别对车站两端的机电设备进行监控管理。BAS 模块箱一般采用挂墙方式安装。

8.1.1 施工流程

BAS 模块箱应在墙体刷白及装修一米标高完成后进行箱体安装。BAS 模块箱安装及配线施工流程如图 8-1-1 所示。

8.1.2 精细化施工工艺标准

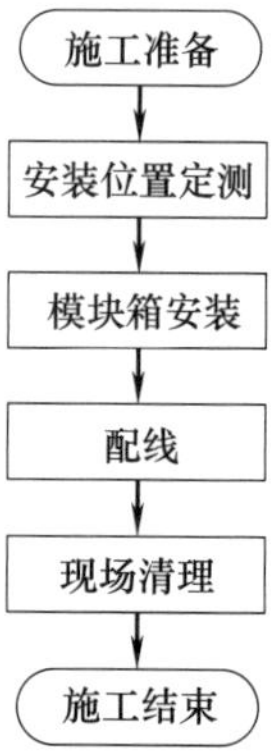

1. BAS 箱及附件进场时应进行检查，其型号、规格、质量应满足设计要求。

2. BAS 箱安装位置、安装方法应满足设计要求。

3. 模块箱安装应符合下列规定：

（1）锚栓应按标注位置打孔放入，胀管不得露出墙面。

（2）BAS 箱应安装牢固，且不应设置在水管下方，安装垂直度允许偏差不应大于 1.5‰。

（3）**当两个以上的模块箱、低压控制箱并排安装时，间距应符合设计文件要求，各箱门打开应保证不小于 110°，设备底面应在同一水平线上。**

（4）BAS 箱的进出口应做防火封堵，并应封堵严密。

（5）**BAS 箱安装于结构墙时，箱体背部不应紧贴结构墙面，应预留不小于 3mm 的间隙。**

施工准备
安装位置定测
模块箱安装
配线
现场清理
施工结束

图 8-1-1 BAS 模块箱安装及配线施工流程图

3. 配线应符合下列规定：

（1）**线缆成端盘留余量不应小于 100mm。**

（2）盘留线缆应逐条固定、排列整齐，线缆不应出现弯折、交叉、外皮破损的现象。

（3）**进线孔位置应做钝化处理，粘贴防磨胶条。**

（4）光缆开剥后纤芯应预留 1200mm，加强芯应预留 40mm。

（5）光纤盘留应平顺，弯曲半径不应小于 40mm。

（6）模块箱内的线缆应平顺无扭绞，各端子应接线正确，配线两端标识应齐全。

4. 模块箱的金属框架应可靠接地，门和框架的接地端子间应用裸编织铜线或软地线连接。

8.1.3 精细化管控要点

1. 模块箱定位应采用激光水平仪、水平尺，在墙面划出固定螺栓孔位置。

2. 将控制箱定位孔对准锚栓穿入，采用对角紧固方式拧紧固定螺母。

3. 设备及设备各构件间应连接紧密、牢固，安装用的紧固件应有防锈层。

4. 光缆尾纤应按标定的纤序连接设备，光跳线应单独布放，并应采用塑料缠绕管进行防护，不得挤压和扭曲。

5. 线缆应在进线孔前同一位置开剥，不得损伤线芯绝缘，开剥口应套热缩管防护。

8.1.4　效果示例

1. 安装示意图

BAS 模块箱安装示意图如图 8-1-2 所示。

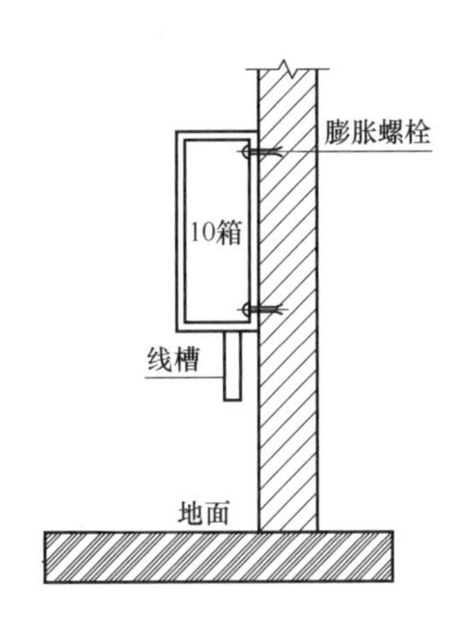

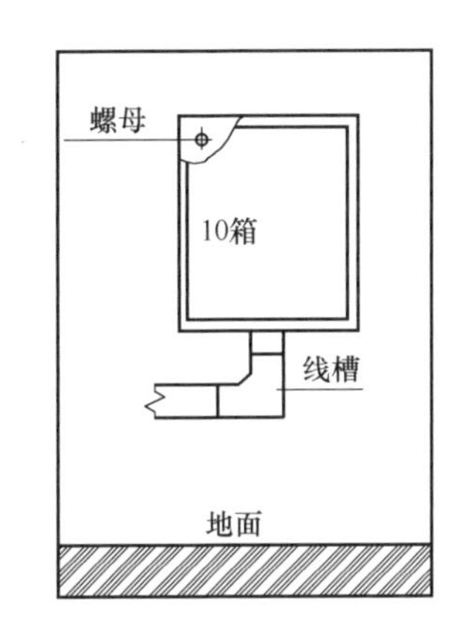

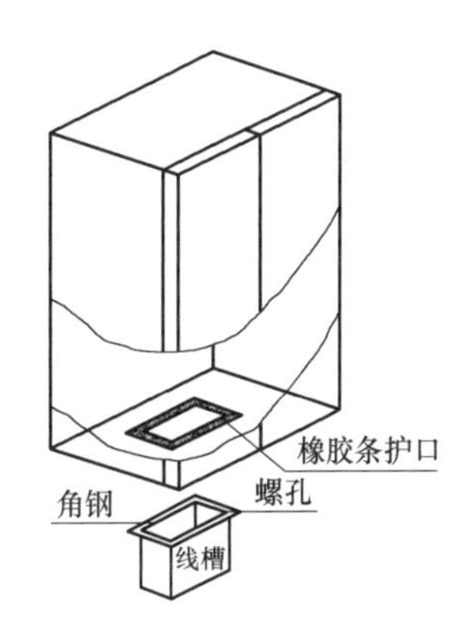

图 8-1-2　BAS 模块箱安装示意图

2. 实物效果图

BAS 模块箱如图 8-1-3～图 8-1-6 所示。

图 8-1-3　BAS 模块箱安装

图 8-1-4　BAS 模块箱并排安装

图 8-1-5　模块箱线缆绑扎固定

图 8-1-6　模块箱配线

8.2　一体化车控室安装

一体化车控室是将车控室所有的盘体、箱体、柜体集成安装，为信号、自动售检票、综合监控、站台屏蔽门、门禁、视频监控、乘客信息、广播等系统设备提供统一位置和操作空间，符合操作管理流程化、人因工程学要求，满足基于车站控制室对车站统一管理和操作的业务需求，并使车站管理和设备操作更为规范、便捷。一体化车控室包括一体化柜及 IBP 盘等，主要施工内容为底座固定、柜体安装等。

8.2.1　施工流程

1. 一体化柜底座安装前应检查下列条件：

（1）地面绝缘漆、室内顶部风管、线管、空调施工全部完成。

（2）室内预留孔洞符合设计文件要求。

2. 各类功能柜安装应在防静电地板/地砖完成后进行。

3. 柜体安装完成后应覆盖保护。

一体化柜安装施工流程如图 8-2-1 所示。

8.2.2　精细化施工工艺标准

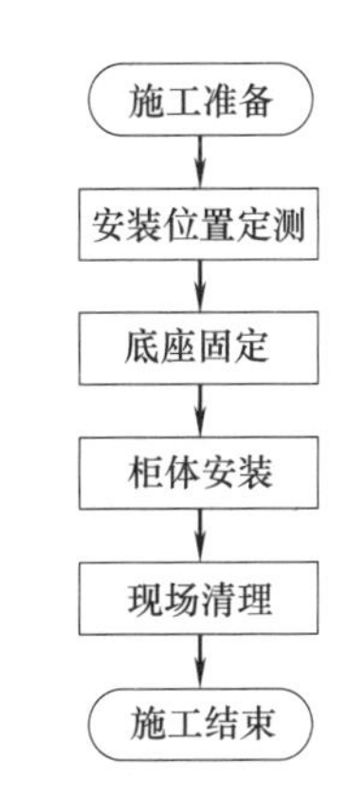

图 8-2-1　一体化柜安装施工流程图

1. 一体化柜及附件进场时应进行检查，其型号、规格、质量应满足设计要求。

2. 一体化柜的安装位置、安装方法应满足设计要求。

3. 一体化柜安装应符合下列规定：

（1）地脚螺栓应垂直、牢固，其安装深度和露出地面高度应符合设备安装要求，螺栓应完好无损。

（2）IBP 盘与底座之间应采用不锈钢连接螺栓固定。

（3）设备安装应牢固、配件齐全，不应有损伤变形和破损。

（4）柜、盘应安装牢固，且不应设置在送风管、空调下方。柜、盘安装垂直度允许偏差不应大于 1.5‰，相互间接缝不应大于 2mm，成列盘面偏差不应大于 5mm。

8.2.3　精细化管控要点

1. 在进行机柜、底座安装时，应进行调平、调正，并使用专用 U 形槽垫片，严禁使用螺栓、螺母等材料。同时，优先保证底座调平。

2. IBP 盘、机柜固定宜采用可调底座，通过调节杆在竖支撑内上下滑动调节机柜底座的高度，实现整套盘面安装调节。

3. 机柜安装后及时进行防水、防尘保护，关闭柜门，防止柜门变形。

8.2.4　效果示例

安装示意图如图 8-2-2、图 8-2-3 所示。

图 8-2-2　一体化安装 BIM 图（IBP 盘）

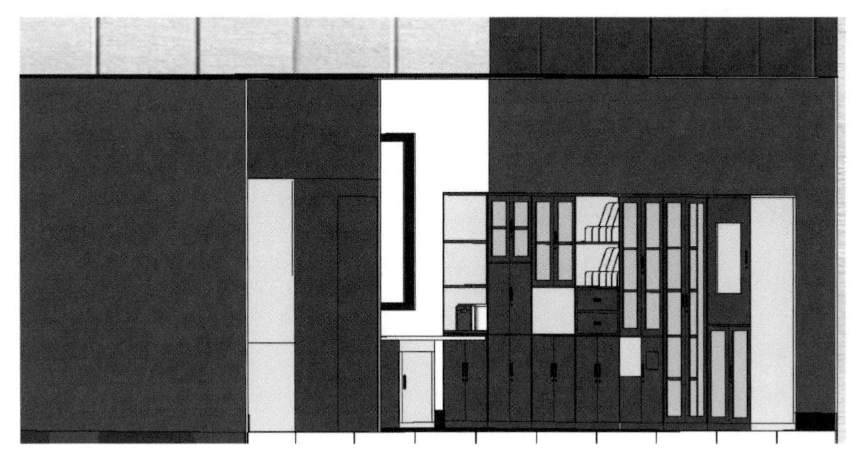

图 8-2-3　一体化安装 BIM 图（多功能柜）

8.3　调度台及大屏安装

调度台为支撑运营调度业务的各类系统设备提供符合一体化操作服务，符合人因工程学要求的硬件统一设置空间和人机交互环境，使运营调度更为规范和便捷，环境更为协调和美观。

大屏幕投影系统（OPS）由投影拼接单元、多屏图形控制器、应用管理系统软件等构成，大屏系统划分为多个显示区域，供信号、视频监控、综合监控等系统使用，投影单元可以进行弧形拼接。

8.3.1　施工流程

1. 底座安装前应检查下列条件：

（1）地面绝缘漆、室内顶部风管、线管、空调施工全部完成。

（2）室内预留孔洞符合设计文件要求。

2. 调度台安装应在防静电地板完成后进行。

3. 大屏安装完成后应覆盖保护。

调度台及大屏安装施工流程如图 8-3-1 所示。

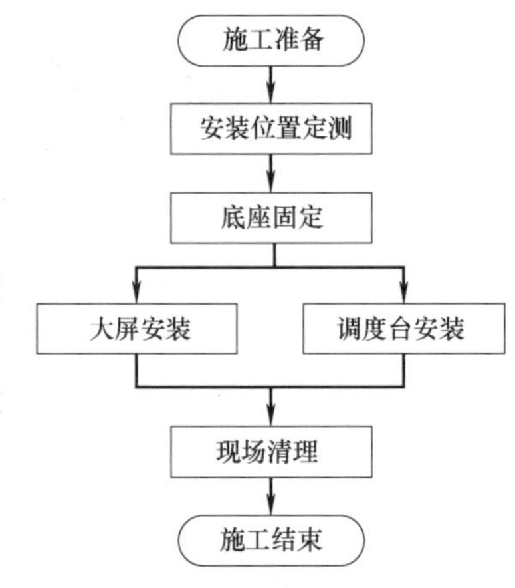

图 8-3-1　调度台及大屏安装施工流程图

8.3.2　精细化施工工艺标准

1. 调度台、大屏及附件进场时应进行检查，其型号、规格、质量应满足设计要求。

2. 调度台、大屏的安装位置、安装方法应满足设计要求。

3. 大屏安装应符合下列规定：

（1）相邻屏幕之间的间隙不应大于 1.0mm。

（2）多屏拼接的整墙屏幕正立面应无凹凸不平现象。

（3）支架、导轨、夹具应安装正确、牢固；连接部件应安装齐全，并应连接紧固、无松动。

4. 调度台安装应符合下列规定：

（1）调度台安装应保证调度台排列顺序正确，倾斜偏差应满足设计文件要求。

（2）调度台应安装牢固，各连接处密贴平直。

5. 设备机架应可靠接地。

8.3.3　精细化管控要点

1. 大屏底座安装管控要点：

（1）以墙面为基准，按设计图纸在地面放线、底座位置划线，用水准仪测量室内地坪高度是否符合设计文件要求。

（2）根据一米标高线测量底座高度。

（3）各底座间用螺栓横向连接，用水平仪测量调整底座水平，固定牢固。

2. 大屏调平固定管控要点：

（1）监视墙架应和大屏处在同一平面。

（2）按照由低到高的顺序组装监视墙框架，框架应牢固、横平竖直。

（3）大屏位置复核、平齐测量：测量大屏与墙体间尺寸与图纸一致；测量水平度、垂直度满足设计文件要求。

3. 组合屏箱体连接紧密、牢固。

4. 调度台及大屏安装完成后及时进行成品保护。

8.3.4　效果示例

安装示意图如图 8-3-2 所示。

图 8-3-2　调度台及大屏安装 BIM 图

8.4　温湿度传感器安装

温湿度传感器是一种装有热敏和湿敏元件，能够用来测量温度和湿度的传感器装置。温湿度传感器包括室内温湿度传感器、管道式温湿度传感器。

8.4.1 施工流程

室内温湿度传感器在装饰装修面层完成后进行安装；管道式温湿度传感器在风管保温完成后进行安装。温湿度传感器安装施工流程如图 8-4-1 所示。

8.4.2 精细化施工工艺标准

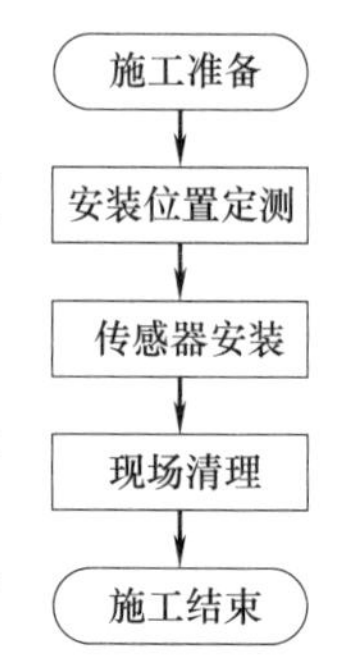

图 8-4-1 温湿度传感器安装施工流程图

1. 温湿度传感器及附件进场时应进行检查，其型号、规格、质量应满足设计要求。

2. 温湿度传感器的安装位置、安装方法应满足设计要求。

3. 传感器的底座应固定牢固，其连接导线应可靠压接或焊接，当采用焊接时，不得使用带有腐蚀性的助焊剂。

4. 管道式温湿度传感器安装在风速平稳的位置，应避免安装在风管死角和蒸汽放空口的位置。

5. 传感器的信号线应使用屏蔽线，接线应正确。

8.4.3 精细化管控要点

1. 室内温湿度传感器的位置应远离门窗等冷热源和风口处，安装于检修和更换方便的位置。

2. 公共区温湿度传感器安装高度位置与设计图纸一致，与装修专业沟通开孔位置，避免开孔错误。

3. 公共区安装时，温湿度传感器采用后进线方式，相邻不同种类传感器安装，应保证顶部或底部平齐，间距应为 30mm。

4. 传感器应在调试之前安装，安装完成后应加装防护罩进行防尘、防潮、防腐蚀保护，调试过程中及调试后应及时将防护罩恢复。

5. 管道式温湿度传感器安装完成后，应设置醒目标识标牌。

8.4.4 效果示例

1. 安装示意图

室内温湿度传感器及管道式温湿度传感器安装示意图如图 8-4-2、图 8-4-3 所示。

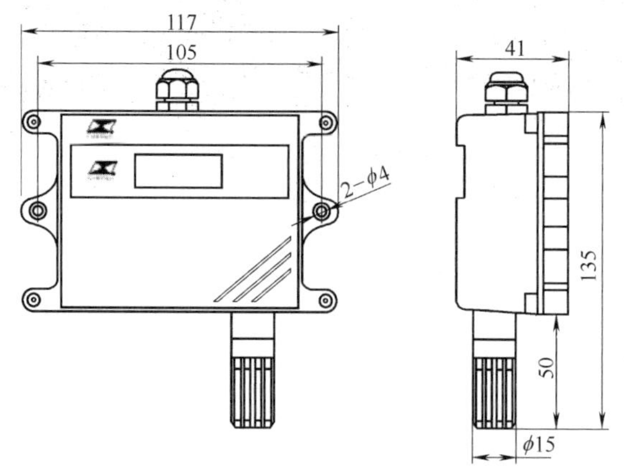

图 8-4-2 室内温湿度传感器安装示意图

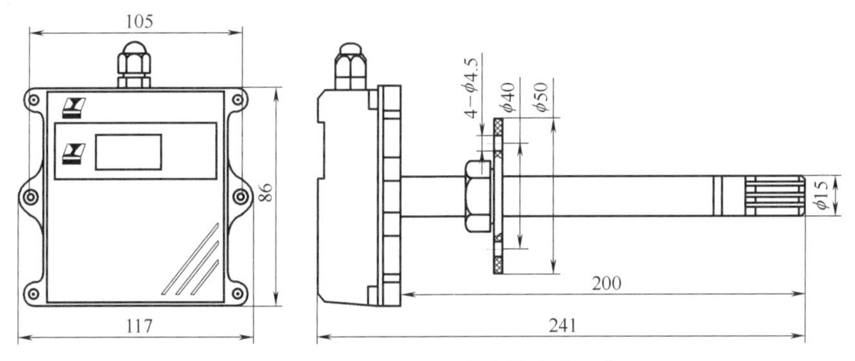

图 8-4-3　管道式温湿度传感器安装示意图

2. 实物效果图

室内温湿度传感器及管道式温湿度传感器安装方式如图 8-4-4、图 8-4-5 所示。

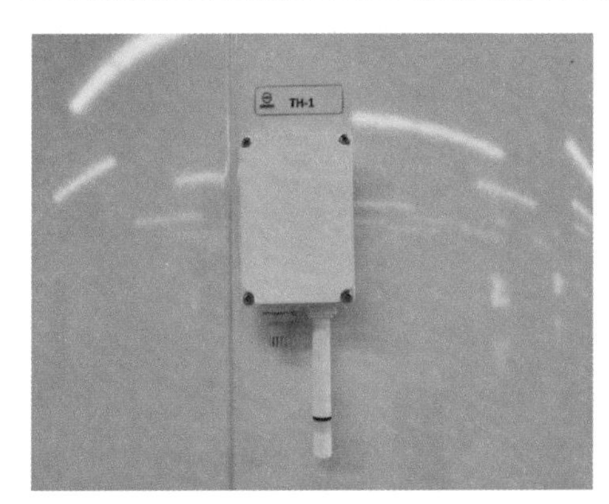

图 8-4-4　室内温湿度传感器安装方式

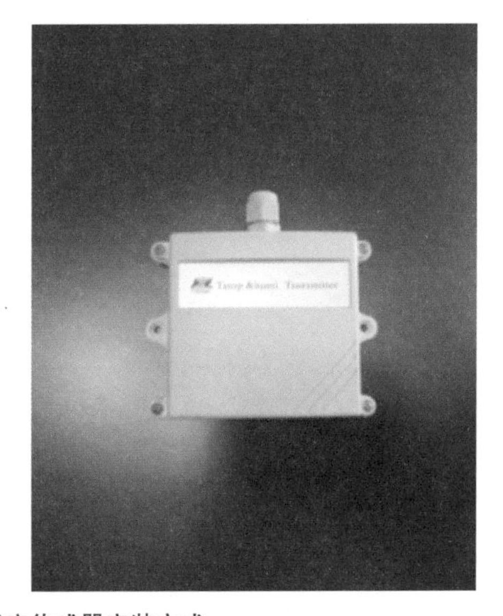

图 8-4-5　管道式温湿度传感器安装方式

第九章

火灾自动报警系统及气体灭火系统

火灾自动报警系统是实现火灾监测、自动报警并直接联动消防救灾设备的自动控制系统。由设置在控制中心的中央级监控管理系统、车站和车辆段的车站级监控管理系统、现场级监控设备及相关通信网络等组成。

气体灭火系统包括气体灭火控制系统和气体灭火系统设备。

气体灭火控制系统接受火灾自动报警系统报警、灭火指令，实现对气体灭火系统设备的控制及状态反馈接受。

本章将火灾自动报警及气体灭火系统安装工程包括控制器（包括火灾报警控制器、气体灭火控制器、消防电话控制器、感温光纤报警控制器）、末端设备（包括点型火灾探测器、手动火灾报警按钮、消火栓报警按钮、声光警报器、消防电话分机、气体灭火控制组件）、线型感温火灾探测器、吸气式感烟火灾探测器、FAS模块箱、气体灭火系统管网设备（包括气体灭火设备、气体灭火管网系统）安装等内容。

9.1 控制器安装

控制器包括了火灾报警控制器、气体灭火控制器、消防电话控制器、感温光纤报警控制器等主控设备。

火灾报警控制器是火灾自动报警系统的中枢，可向探测器、模块供电，其功能：1）用来接收火灾信号并启动火灾报警装置。该设备也可用来指示着火部位和记录有关信息。2）能通过火警发送装置启动火灾报警信号或通过自动消防灭火控制装置启动自动灭火设备和消防联动控制设备。3）对监视系统的正确运行和对特定故障给出声、光警报。

气体灭火控制器专用于气体自动灭火系统中，接受火灾报警控制器的灭火指令，可以连接紧急启停按钮、手自动转换开关、气体喷洒指示灯、声光警报器等设备，并且提供驱动电磁阀的接口，用于启动气体灭火设备。

消防电话控制器又叫作消防电话主机。消防电话主机是消防通信专用设备，当发生火灾报警时，由它可以提供方便快捷的通信手段，是消防控制及其报警系统中不可缺少的通信设备。在消防通信系统中，消防电话主机发挥了关键的作用。在发生火灾时，控制人员可以通过消防电话主机通知各个区域的相关人员，并告知相关火灾情况，并可以及时疏散区域内人员，保证人员的生命安全。

火灾报警控制器按结构型式可分为壁挂式（明装、暗装）、一体化柜式和消防立柜式三种。

气体灭火控制器按结构型式可分为壁挂式明装、嵌入式暗装两种。

消防电话控制器按结构型式可分为一体化柜式、消防立柜式两种。

感温光纤报警控制器按结构型式可分为壁挂式、一体化柜式、消防立柜式三种。

9.1.1 施工流程

1. 壁挂式安装应在装修面完成后进行支架和机箱安装，系统联调前完成线路连接。

2. 消防立柜式和一体化柜式应在静电地板安装前完成定位及底座（即安装基础）安装，单机单系统调试前完成线路连接。

控制器安装施工流程如图 9-1-1 所示。

9.1.2 精细化施工工艺标准

1. 根据设计文件和合同要求检查控制器及配件，规格、型号、数量应符合设计文件及合同要求。

2. 检查控制器及配件外观，表面应无明显划痕、毛刺等机械损伤，紧固部位应无松动。

3. 根据车控室（消防控制室）综合排布图确定控制器安装方式、位置及标高，如墙面为轻质墙体，应有加固方案。

4. 采用消防立柜式安装时，立柜应安装完成且内部空间满足设备安装要求；采用 IBP 盘面开孔安装时，IBP 盘面预留安装孔洞应满足设备安装要求，且 IBP 盘内应预留控制器接线空间。消防立柜式、一体化柜式控制器安装前，应根据地面网格线确定安装位置，根据地板标高确定立柜、一体化柜底部标高，底座支架应采用 5 号热镀锌角钢制作。

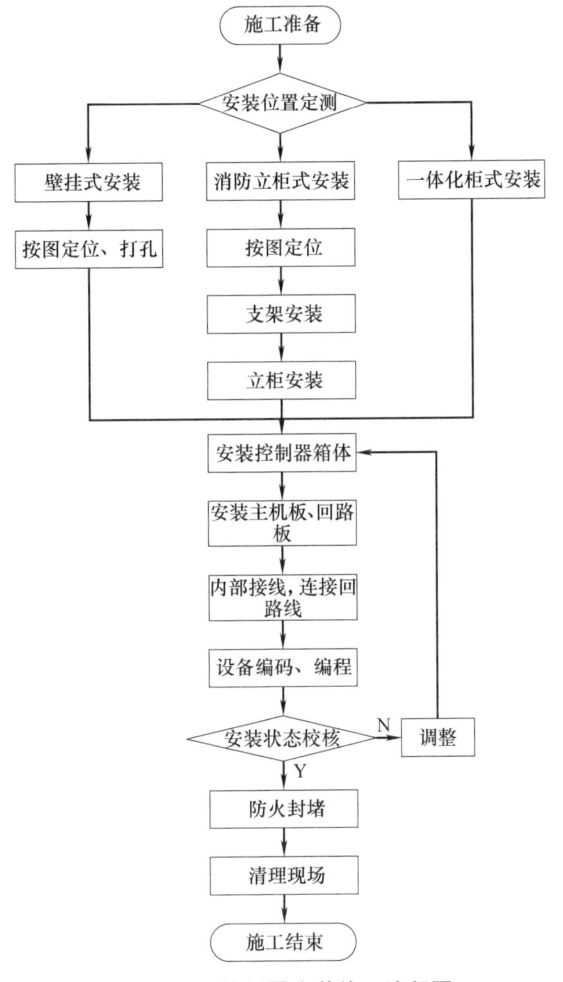

图 9-1-1　控制器安装施工流程图

5. 控制器安装。

(1) 控制器在墙面安装时，应安装牢固，不应倾斜，如图 9-1-2 所示，安装要求如下：

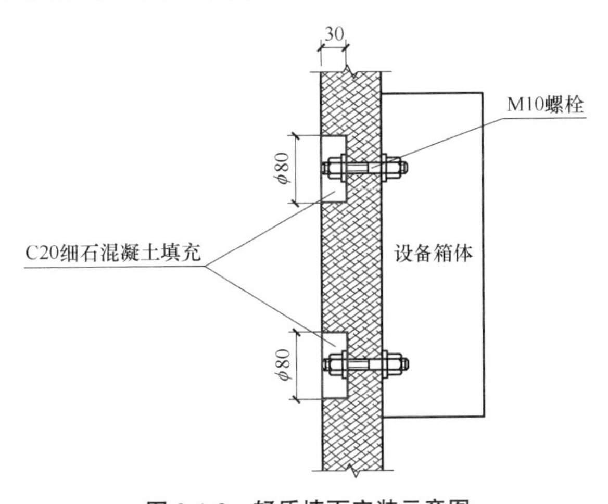

图 9-1-2　轻质墙面安装示意图

1）墙面安装孔洞的定位应以装修完成地面为基准点，确保安装标高及水平度、垂直度满足设计要求。

2）安装前应调整水平、垂直偏差，满足要求后上紧所有紧固件。

（2）控制器安装在轻质墙面时应符合下列规定：

1）应采用专用工具钻孔、镂槽或切锯，墙面不得任意剔凿，不得横向镂槽。

2）控制器的固定螺杆规格不小于 M10，穿墙固定并采用 C20 细石混凝土填实。

3）单点吊挂力不小于 800N。

（3）控制器采用消防立柜式安装时应符合下列规定：

1）**金属框架及基础型钢与保护导体应采用截面积 6mm^2 的黄绿色绝缘铜芯软导线连接，并应有标识。**

2）金属框架底边宜高出地面 100～200mm。

3）基础型钢安装允许偏差应符合表 9-1-1 要求。

基础型钢安装允许偏差 **表 9-1-1**

项目	允许偏差(mm)	
	每米	全长
不直度	1.0	5.0
水平度	1.0	5.0
不平行度	—	5.0

（4）控制器采用一体化柜式安装时，应符合下列规定：

1）一体化柜式柜应确保火灾报警控制器的操作空间满足规范要求。

2）一体化柜式柜预留孔洞大小应满足控制器箱门开启至 120°的要求。

3）一体化柜式柜应预留检修空间，便于后期检查及维修。

6. 箱（柜）内接线。

控制器的引入线缆符合下列规定：

（1）配线应整齐，无绞接现象，不同用途线缆分别绑扎成束，如图 9-1-3 所示，绑扎带根据用途采用不同颜色区分。

（2）导线连接应紧密、不伤线芯、不断股，垫圈下螺栓两侧压的导线截面积应相同。

（3）线缆芯线的端部均应制作用途、编号及起止点标识，并应与设计文件一致，字迹应清晰且不易褪色。

（4）端子排每个接线端接线不应超过 2 根，多芯线应采用线（铜）鼻子压接后再连接端子排，防松垫圈等零件应齐全。

（5）线缆应留有不小于 200mm 的余量。

（6）线缆穿管、槽盒处及箱柜进线处，应采用防火堵料封堵严密，并确保美观。

（7）主电源不应采用剩余电流动作保护和过负荷保护装置保护，宜采用单磁式断路器。

（8）控制器与消防电源、备用电源直接连接，不得使用电源插头。主电源设置明显的永久性标识。

（9）控制器的蓄电池现场安装时，根据设计文件核对蓄电池的规格、型号、容量。

（10）控制器接地线应牢固，并设置明显的永久性标识，如图 9-1-4 所示。

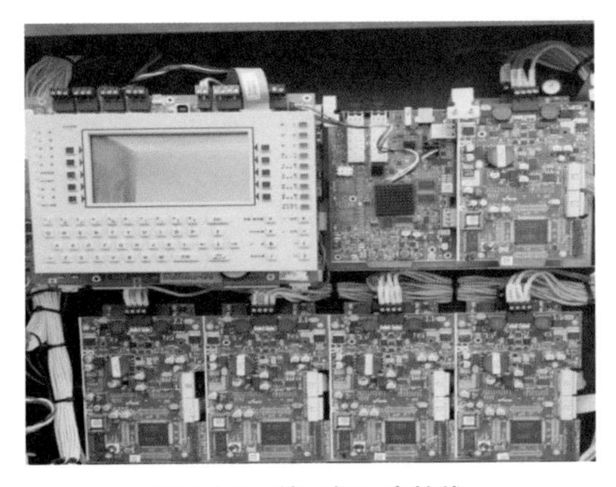

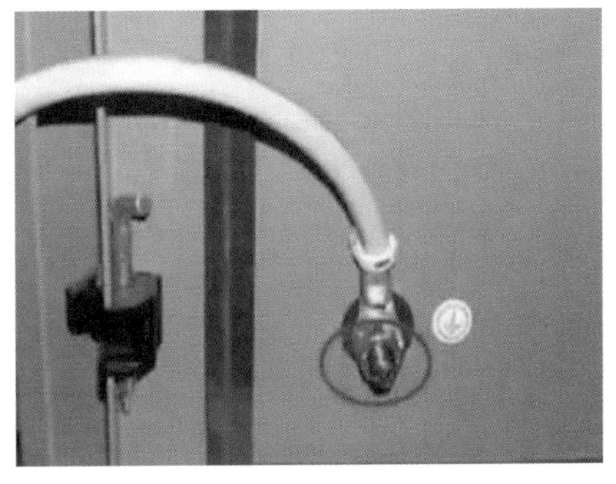

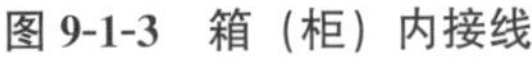

图 9-1-3　箱（柜）内接线

图 9-1-4　箱（柜）内接地线连接

7. 防火封堵。

防火封堵应符合下列要求：

（1）控制器的开孔部位及电缆穿保护管的管口处实施防火封堵，如图 9-1-5 所示。

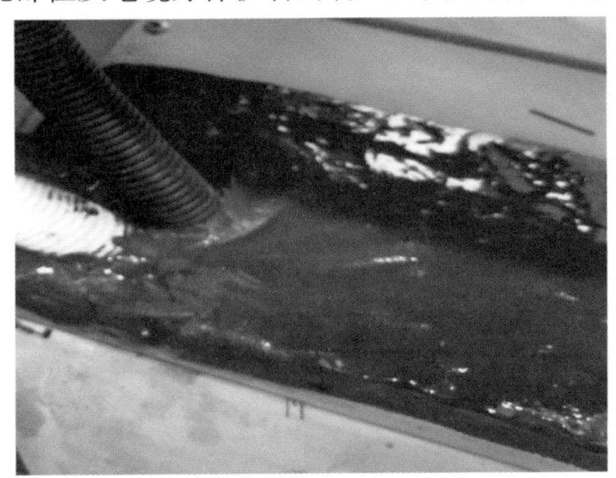

图 9-1-5　盘（柜）内进出线防火封堵

（2）封堵面积大于 0.25m^2 时，应在封堵组件下方加设支撑构件（如防火隔板加紧固件、金属构件等），以确保稳定性，支撑构件应具有相应的耐火性能，采用防火漆处理。

（3）贯穿防火封堵组件，应保持本身结构的稳定性，不出现脱落、移位和开裂等现象，并应具有良好的密烟效果，在潮湿部位宜采用具有较好耐水性能的防火封堵组件。当防火封堵组件本身结构稳定性不足时，应采用合适的支撑构件进行加强，支撑构件及其紧固件应具有与被贯穿物相应的耐火性能及力学稳定性能。

8. 检查。

（1）控制器安装位置、高度、正面操作距离符合规范要求。

（2）控制器安装牢固，不应倾斜，水平垂直度偏差符合规范要求，轻质墙体、立柜控制器和一体化柜式柜安装应符合施工要求。

（3）**箱柜内配线整齐，不得交叉**，并固定牢靠，端子排的每个接线端接线不超过 2 根。

（4）金属框架及基础型钢的接地线截面积及材质应符合设计要求，联合接地阻值不大于1Ω，独立接地阻值不大于4Ω，接触面应紧密连接，接地位置及数量满足设计要求。

（5）**不同电压等级的线缆应单独配管穿线，控制器电源线严禁采用插头，蓄电池规格、型号、容量满足设计要求。**

（6）线缆绑扎成束，线缆留有不小于200mm的余量，线缆芯线的端部均标明编号，并与设计文件一致，字迹清晰且不易褪色。

（7）防火封堵实施部位无遗漏，封堵紧密无塌陷、封堵材质满足设计要求。

（8）功能测试应符合要求。

9.1.3 精细化管控要点

1. 控制器安装牢固，壁挂机箱背板的4个安装孔或立柜机箱底板的4个安装孔均采用螺母、平垫、弹垫固定牢固。

2. 将引入线缆整理平整，并预留不小于200mm余量，线缆引入线应有字码管标识，字迹清晰且不易褪色。

3. **对照图纸制作引入线缆字码管，对线缆接头进行线鼻子压接处理，对照设备说明书进行接线并设置各类标识标牌，核实接线的正确性并进行绑扎。电缆引入位置应采用柔性材料对金属边缘进行包裹，防止电缆敷设时强力拉扯线缆造成线缆绝缘层破损。控制器电源线应单独配管配线，防止电压干扰。**

4. 对线缆引入管口进行防火封堵。

9.1.4 效果示例

1. 安装示意图

各类控制器安装示意图如图9-1-6～图9-1-9所示。

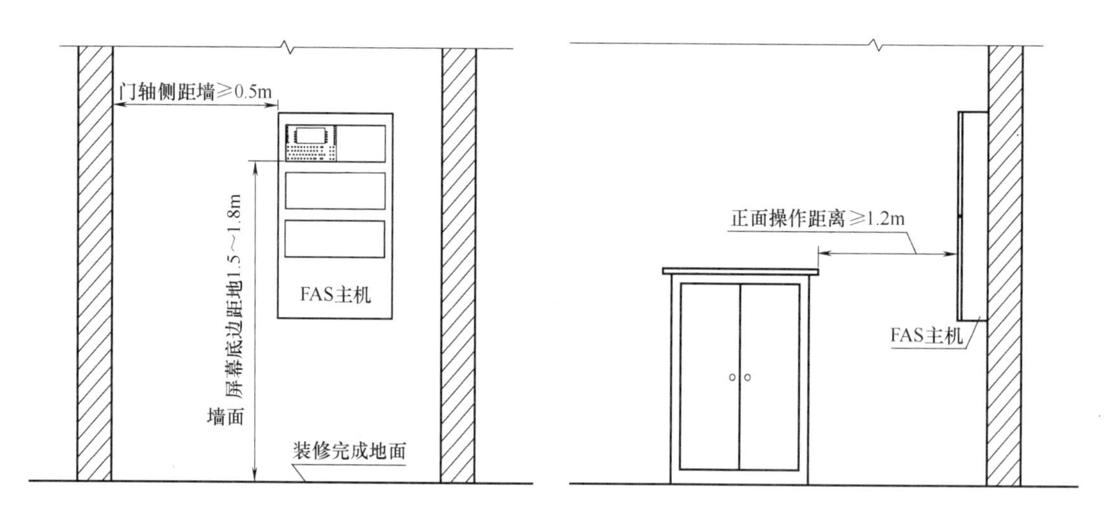

图9-1-6 火灾报警控制器安装示意图

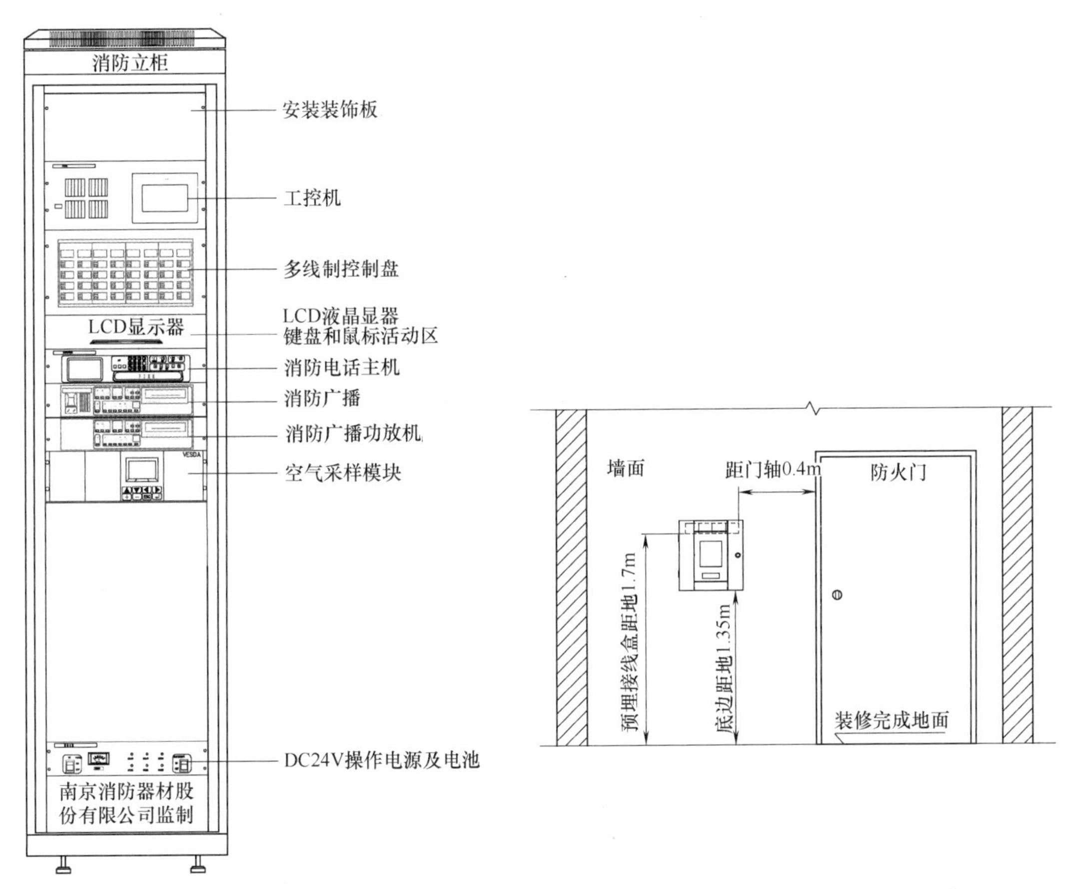

图 9-1-7　消防立柜式控制器安装示意图

图 9-1-8　气体灭火控制器安装示意图

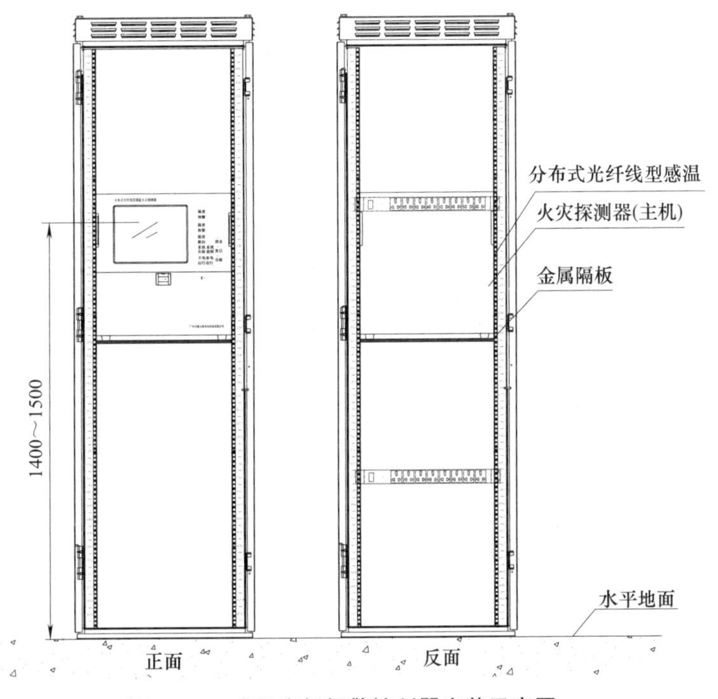

图 9-1-9　感温光纤报警控制器安装示意图

2. 实物效果图

各类设备实物如图 9-1-10～图 9-1-13 所示。

图 9-1-10　消防立柜

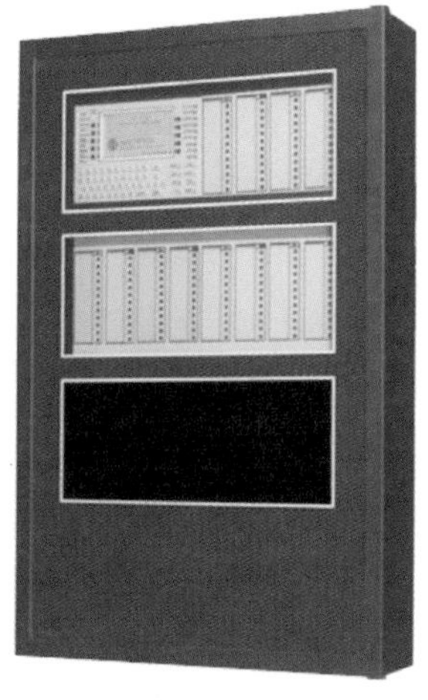

图 9-1-11　火灾报警主机

图 9-1-12　气体灭火控制器

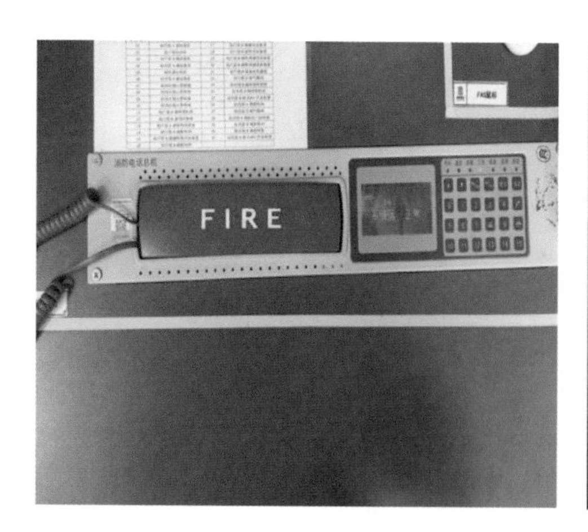

图 9-1-13　消防电话控制器

9.2　末端设备安装

点型火灾探测器是由一个或多个小型传感器组成的、探测同一部位火灾参数的火灾探测器。通常是指点型感烟火灾探测器、点型感温火灾探测器、点型感温感烟复合型火灾探测器。

手动火灾报警按钮是火灾报警系统中的一个报警设备类型，当人员发现火灾时，手动按下手动火灾报警按钮，报告火灾信号，由火灾报警控制器接收。区间隧道内采用防水盒安装，站房内采用明装或嵌入式安装。

消火栓报警按钮也是火灾报警系统中的一个报警设备类型，在消火栓箱内或消火栓附近，它是用来联动启动消火栓泵组，在现场有出现火情的情况下，手动按下消火栓报警按钮，火灾报警控制器逻辑判定后，根据既定的联动程序联动水泵控制柜，启动消火栓水泵。区间隧道内消火栓附近采用防水盒安装，站房内在消火栓箱内安装。

声光警报器又叫声光警号，通过特定频率声音和各种光来向人们发出示警信号的一种报警信号装置。同时或单独发出声、光二种警报信号。

消防电话分机是消防火灾自动报警电话系统中重要的组成部分。消防电话分机按线式可以分为总线式消防电话分机和二线式电话分机。通过消防电话分机可迅速实现对火灾的人工确认，并可及时掌握火灾现场情况，便于指挥灭火工作。消防电话分机采用专用电话芯片。消防电话分机分为手持式和固定式。区间隧道内采用防水盒安装，站房内采用壁挂式安装。

气体灭火控制组件为气体灭火控制盘外围联动控制设备，包括了声光警报器、喷放指示灯、手/自动转换开关、手动紧急启/停按钮、手/自动状态显示装置等。该系列设备作用分别为：声光警报器用于火灾时通知人员疏散、喷放指示灯用于禁止人员在喷放期间内进入保护区、手/自动转换开关用于在人员在保护区内或检修时将灭火设备置于手动状态下防止误喷、手动紧急启/停按钮用于在火灾状态下紧急启动灭火装置或在非火灾状态下紧急停止灭火装置、手/自动状态显示装置显示灭火系统手/自动状态。控制组件气体保护区门内外附近采用明装或嵌入式安装。

9.2.1　工艺流程及要求

1. 预埋盒、设备底座应在装修完成面之前安装，设备安装在装修完成面之后完成。

2. 设备应在导线电阻测试合格后安装，使用500V兆欧表对回路导线接地电阻、绝缘电阻逐一测量，且绝缘电阻值不小于20MΩ。

末端设备安装施工流程如图9-2-1所示。

9.2.2　精细化施工工艺标准

1. 施工准备

（1）根据设计文件和合同要求检查点型火灾探测器、手动火灾报警按钮、消火栓报警按钮、声光警报器、喷放指示灯、手/自动转换开关、手动紧急启/停按钮、手/自动状态显示装置，规格、型号、数量应符合设计文件及合同要求。

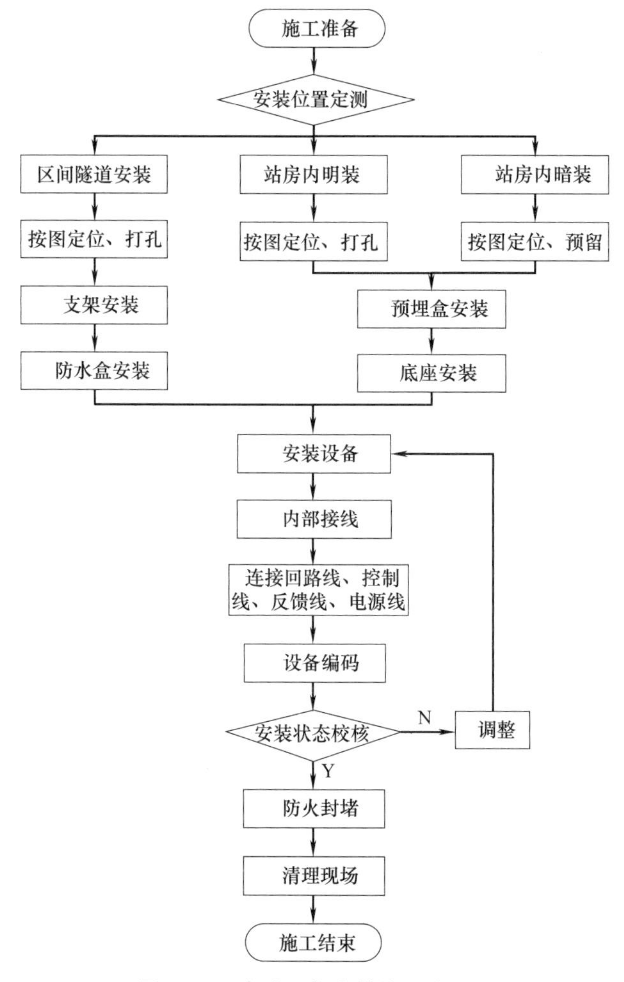

图 9-2-1　末端设备安装施工流程图

（2）检查设备外观，表面应无明显划痕、毛刺等机械损伤、油污、受潮等损伤。测试钥匙、监视电阻等零部件齐全。

（3）清理现场杂物，配备电锤、手枪钻、梯子、脚手架、水平尺、卷尺、墨线仪、扳手、照明灯等施工机具。

（4）根据规范要求及周边相邻设备确定安装位置及标高。

2. 探测器底座安装

（1）探测器底座水平安装，当现场安装条件受限确需倾斜安装时，倾斜角不应大于 45°。

（2）探测器的底座固定牢靠，导线连接应可靠压接。

（3）探测器的“+”线为红色，“−”线为蓝色，其余线根据不同用途采用其他颜色区分，但同一工程中相同用途的导线颜色应一致。

（4）探测器底座的外接导线，在接线盒内留有不小于 200mm 的余量，入端处有明显标识。

（5）探测器底座的穿线孔宜封堵，在安装完毕后的探测器底座采取保护措施。

（6）对于经常有水渍影响的环境，探测器底座应采用防水底座或进行防水处理。

3. 探测器安装

（1）点型火灾探测器安装时符合规范规定，如图 9-2-2 所示。

（2）当梁突出顶棚的高度超过 600mm 时，被梁隔断的每个梁间区域至少设置一个探测器。

（3）在电梯井设置点型火灾探测器时，其安装位置在井道上方的机房顶棚上。

（4）安装在顶棚上的探测器边缘与图 9-2-3 所示设施的边缘水平间距应符合规范规定。

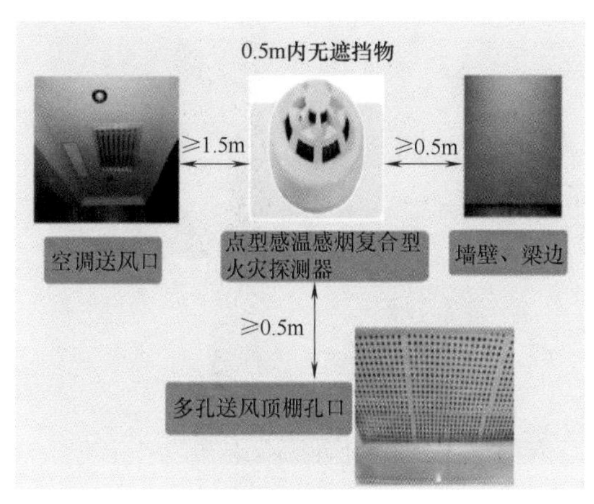

图 9-2-2　点型火灾探测器与梁、墙、风口间安装间距

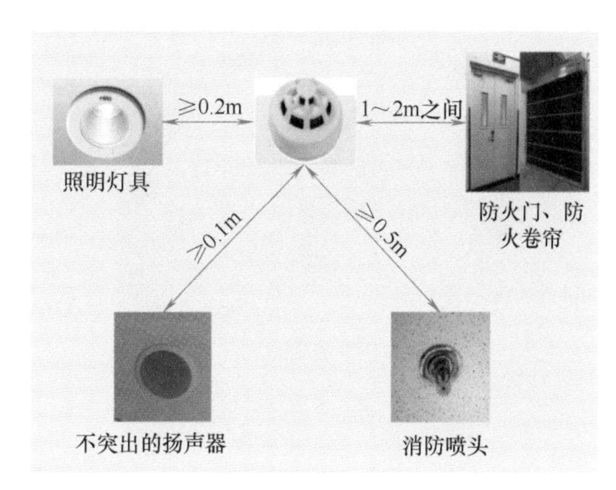

图 9-2-3　探测器与周边设施安装间距

（5）点型感烟火灾探测器在格栅吊顶场所的设置，应符合规范规定，如表 9-2-1 所示。

格栅吊顶处探测器设置　　**表 9-2-1**

序号	镂空面积与总面积的比例	点型感烟火灾探测器设置位置
1	≤15%	格栅吊顶；吊顶
2	>30%	格栅吊顶；(b)；(a)；吊顶；火警确认灯
3	15%～30%	应根据实际试验结果确定
4	30%～70% 注：有活塞风影响的场所	格栅吊顶；吊顶

（6）点型火灾探测器安装具体要求如下：

1）确认探测器类型与图纸或底座标签上要求的类型一致。

2）按照制定的工程图纸设置探测器的位置，机械编码式探测器拨码时应采用平头刀状起子将拨码开关旋转至指定号码，电子编码式探测器应使用厂家提供的专用编码器对探测器进行编码，确保拨码或编码正确，如图 9-2-4、图 9-2-5 所示。

3）将探测器插入底座。

4）顺时针方向旋转探测器直至其落入卡槽中。

5）继续旋转直至探测器锁定就位。

图 9-2-4　机械编码式探测器

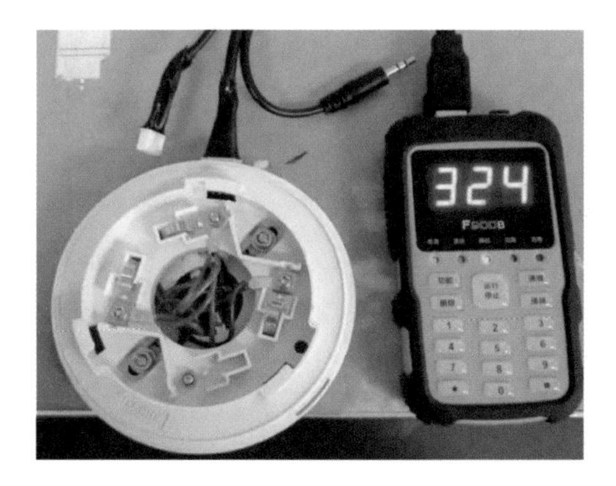

图 9-2-5　电子编码式探测器

4. 按钮底座安装

（1）站内消火栓按钮设置在消火栓箱内，应确保消火栓按钮测试孔部位侧留有不小于 100mm 的操作空间。

（2）区间消火栓按钮应安装在区间消火栓上方，并增设区间防水盒，防水盒安装高度为距离轨顶 900mm。区间防水盒的防护等级应为 IP65 以上。对于经常有水渍影响的环境下场所，也需采用防水盒进行安装。

（3）站内从一个防火分区内的任何位置到最邻近的一个手动火灾报警按钮的步行距离，不大于 30m；手动火灾报警按钮设置在明显和便于操作的部位，其底边距地（楼）面的高度为 1300～1500mm，且设置明显的永久性标识。将手动火灾报警按钮底座直接安装于预埋盒上，安装应牢固，水平、垂直度与周边参照物保持一致。安装在离壁装饰面板上的报警按钮采用专用底盒固定，确保设备安装牢固、线缆穿管保护到位且便于后期维护更换。

（4）区间手动火灾报警按钮应安装在疏散平台侧，位置和消火栓按钮位置相对应，并设在区间防水盒内，其底边距疏散平台的高度为 1300～1500mm。区间防水盒的防护等级应为 IP65 以上。对于经常有水渍影响的环境下场所，也需采用防水盒进行安装。

（5）回路线的“＋”线为红色，“－”线为蓝色，连接导线留有不小于 200mm 的余量，且在其端部设置明显的永久性标识。

按钮底座相关图片如图 9-2-6～图 9-2-13 所示。

（6）对于经常有水渍影响的环境，底座应采用防水底座或进行防水处理。

图 9-2-6 手动火灾报警按钮底座预埋盒

图 9-2-7 报警底座接线

图 9-2-8 离壁墙后按钮底座

图 9-2-9 离壁墙面板手动报警按钮

图 9-2-10 区间消火栓报警按钮管线

图 9-2-11 区间手动火灾报警按钮管线

图 9-2-12 区间隧道防水盒

图 9-2-13 区间隧道防水盒内底座

5. 手动报警按钮和消火栓报警按钮安装

（1）确认手动报警按钮和消火栓报警按钮型号与图纸或底座标签上要求的类型一致。

（2）将手动报警按钮和消火栓报警按钮的编码设置为预定的地址码，机械编码的设备拨码时应采用平头刀状起子将拨码开关旋转至指定号码，电子编码的设备应使用厂家提供的专用编码器进行编码，确保拨码正确。

（3）将手动报警按钮和消火栓报警按钮插入底座。

（4）将钥匙妥善保管，后期移交运营维保、测试用。

（5）安装手动报警按钮和消火栓报警按钮时，在测试孔和复位钥匙侧应留有不小于100mm 的操作空间。

报警按钮安装相关图片如图 9-2-14～图 9-2-17 所示。

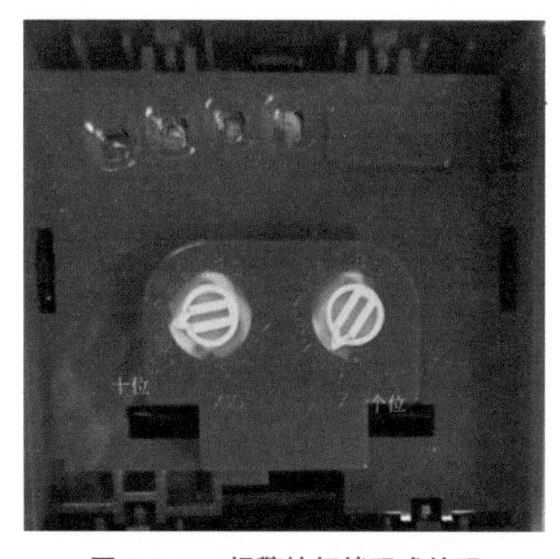

图 9-2-14　报警按钮拨码式编码

图 9-2-15　手动火灾报警按钮

图 9-2-16　站房消火栓箱内消火栓报警按钮

图 9-2-17　区间隧道消火栓报警按钮

6. 气体灭火控制设备预埋盒和底座安装

（1）底座安装牢固，不应倾斜，连接导线留有不小于 200mm 的余量，且在其端部设置明显的永久性标识。

（2）手动紧急启/停按钮、手/自动转换开关底座安装在防护区入口便于操作的部位，设备地边的安装高度应与同一墙面上的开关高度一致。

（3）喷放指示灯底座安装在防护区域外且在门的正上方，不得有遮挡。

（4）防护区内外的声光警报器底座安装符合设计要求，并安装牢固，不得倾斜，如图 9-2-18 所示。

（5）手/自动状态显示装置底座安装在防护区内的明显部位，如图 9-2-19 所示。

图 9-2-18　声光警报器（一）

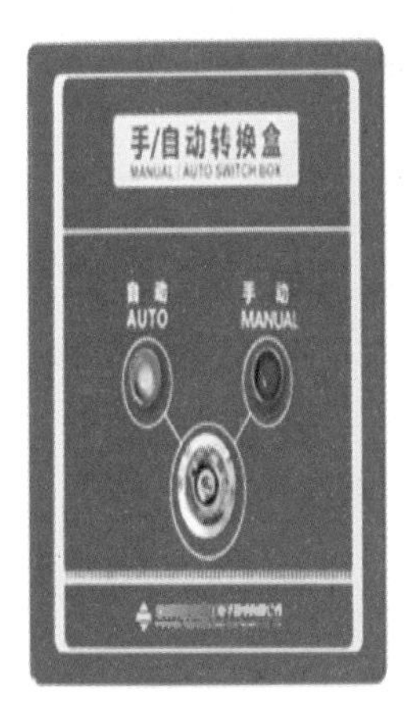

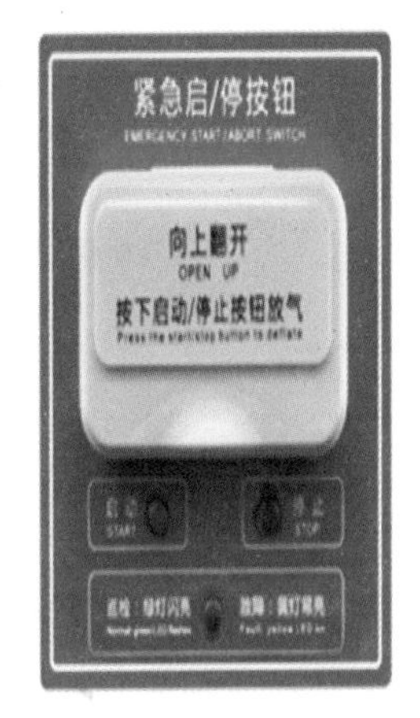

图 9-2-19　手/自动转换开关、手动紧急启/停按钮、手/自动状态显示装置（一）

7. 控制组件安装

（1）防护区内及防护区的出口处设声光警报器，如图 9-2-20 所示，声光警报器底边距地面高度大于 2200mm 且不得有遮挡。

（2）气体灭火系统手自动状态显示装置安装在防护区域内的明显部位，喷放指示灯安装在防护区域外且在门的正上方，如图 9-2-21 所示。

（3）手动紧急启/停按钮、手/自动转换开关安装在防护区入口便于操作的部位，设备底边的安装高度应与同一墙面上的开关高度一致，如图 9-2-22 所示。

（4）气体灭火控制设备安装牢固，表面不应有破损。

图 9-2-20　声光警报器（二）

图 9-2-21　喷放指示灯

8. 防护盒安装

消防电话分机，固定安装在明显且便于使用的部位，并有区别于普通电话的标识，宜设置专用保护盒进行防护，如图 9-2-23 所示。区间隧道内的手报按钮及消防泵启泵按钮，应采用不低于 IP65 的防水盒进行保护。

图 9-2-22　手/自动转换开关、手动紧急启/停按钮、手/自动状态显示装置（二）

图 9-2-23　消防电话分机保护盒

9.2.3　精细化管控要点

1. 检查点型火灾探测器、手动火灾报警按钮、消火栓报警按钮安装位置、数量符合设计要求。

2. 声光警报器、喷放指示灯、手/自动转换开关、手动紧急启/停按钮、手/自动状态显示装置安装位置、高度符合设计要求，并安装牢固。

3. 设备配线整齐美观，不应交叉，并固定牢靠，每个接线端接线不超过 2 根。

4. 线缆在预埋盒预留不小于 200mm 长度余量，线缆芯线号码管均标明编号，并与设计文件一致，字迹清晰且不易褪色。

5. 检查点型火灾探测器距墙壁、梁边、空调送风口、多孔送风顶棚孔口、照明灯、扬声器、消防喷头等距离符合规范要求。

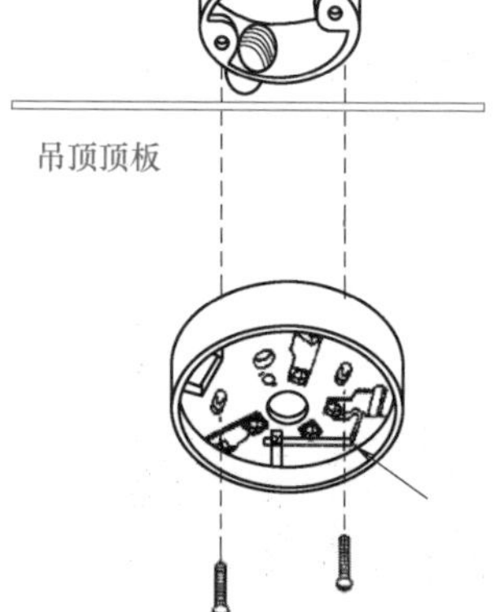

图 9-2-24　预埋盒、底座安装示意图

6. 探测器周围水平距离 500mm 内不应有遮挡物，安装牢固，不应倾斜。

7. 手动火灾报警按钮、消火栓报警按钮安装牢固，水平、垂直度与周边参照物保持一致。

8. 点型火灾探测器、手动火灾报警按钮、消火栓报警按钮编码准确无误。

9. 末端设备安装完成后应加装防护罩进行防尘、防潮、防腐蚀保护，调试过程中及调试后应及时将防护罩恢复。

9.2.4　效果示例

1. 安装示意图

安装示意图如图 9-2-24、图 9-2-25 所示。

2. 实物效果图

实物效果图如图 9-2-26～图 9-2-33 所示。

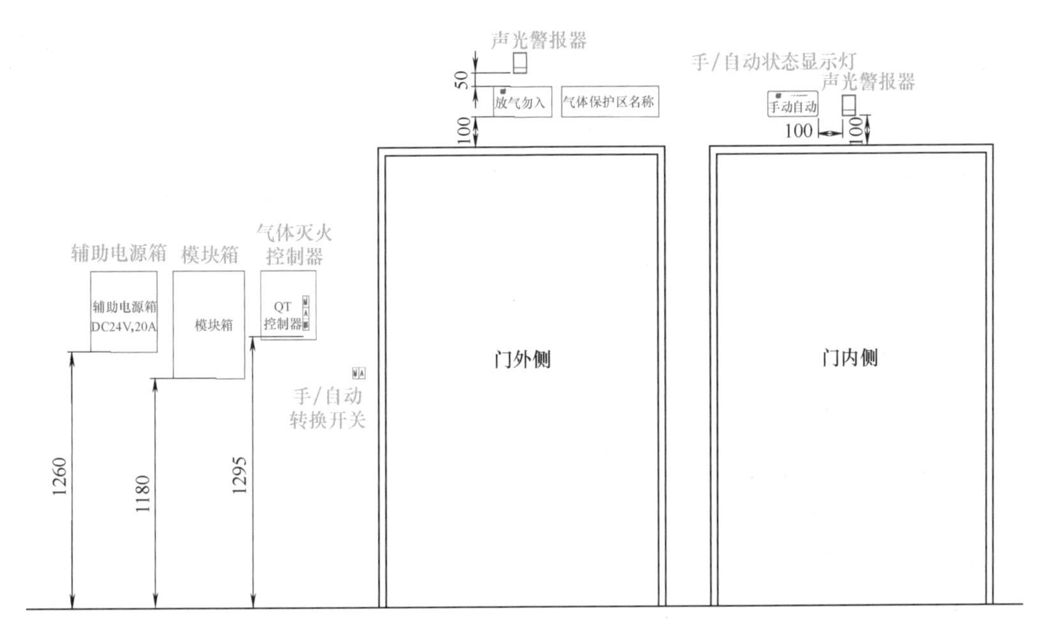

图 9-2-25　气体灭火控制组件安装示意图

图 9-2-26　感烟探测器

图 9-2-27　感温探测器

图 9-2-28　探测器底座

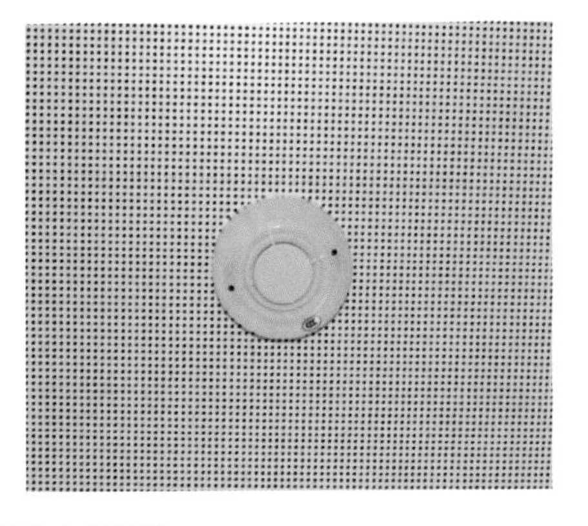

图 9-2-29　点型火灾探测器

图 9-2-30　手动火灾报警按钮

图 9-2-31　气体灭火控制组件

图 9-2-32　消防电话分机

图 9-2-33　手/自动状态显示装置

9.3　线型感温火灾探测器安装

线型感温火灾探测器为探测某一连续线路周围温度参数的火灾报警探测器，它可将温度值信号或是温度单位时间内变化量信号，转换为电信号以达到探测火灾并输出报警信号的目的。

线型感温火灾探测器应由敏感部件和与其相连接的信号处理单元及终端组成。

线型感温火灾探测器通常有缆式线型感温火灾探测器和光纤线型感温火灾探测器等。

缆式线型感温火灾探测器在站台板下的电缆桥架上以 S 形敷设安装，在变压器上以缠绕方式敷设安装。

光纤线型感温火灾探测器主要在区间隧道动力电缆桥架上方以悬挂方式安装。

9.3.1　施工流程

1. 缆式线型感温火灾探测器安装应在站台板下的电缆敷设完成后进行，电缆通电前完成固定连接。

2. 光纤线型感温火灾探测器安装应在区间隧道装修面完成后进行，电缆通电前完成固定连接。

线型感温火灾探测器安装施工流程如图 9-3-1 所示。

9.3.2　精细化施工工艺标准

1. 根据设计文件和合同要求检查线型感温火灾探测器，规格、型号、数量应符合设计文件及合同要求。

2. 检查线型感温火灾探测器外观，表面无明显划痕、毛刺等机械损伤，紧固部位无松动。

3. 清理现场杂物，清扫地面，配备手枪钻、梯子、脚手架、水平尺、卷尺、墨线仪、扳手、照明灯等施工机具。

4. 根据规范要求及周边相邻设备确定线型感温火灾探测器安装位置及标高。

5. 线型感温火灾探测器应在所有受保护电缆敷设完成后施工，防止踩踏损坏。

6. 缆式线型感温电缆、光纤线型感温光纤敷设。

(1) 缆式线型感温电缆

1) 感温电缆在电缆桥架上采用正弦波接触式敷设，固定节距控制在 900～1800mm 之间。

2) 感温电缆在变压器上采用缠绕接触式敷设。

3) 感温电缆信号处理器集中安装，探测长度不宜大于 100m，感温电缆由模块箱引至探测区域。

4) 感温电缆敷设采用无接头、无分支的连续布线方式安装，如需中间接线，应采用专用接线盒连接。

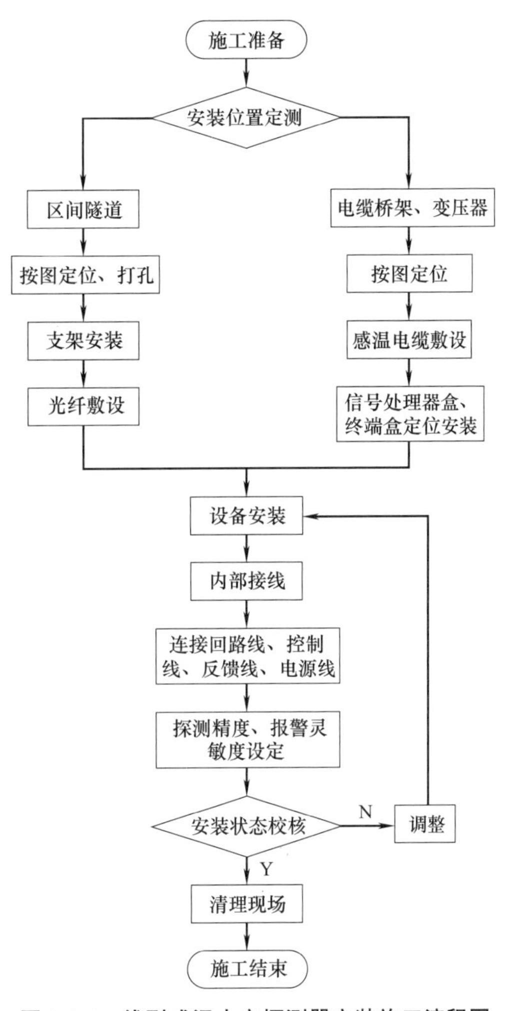

图 9-3-1 线型感温火灾探测器安装施工流程图

5) 感温电缆敷设安装时严禁重力挤压冲击，严禁硬性折弯、扭转，探测器的弯曲半径大于 200mm。

(2) 光纤线型感温光纤

1) 为防止光纤被过度拉力损坏，感温光纤采用铠装护套，光纤布线过程中，拉力应小于 30kg。

2) 光纤沿隧道内电缆桥架自然平行敷设，每 1500mm 设置一个固定支架夹，特殊隧道地段可适当增加。

3) 探测光纤弯曲半径须大于 30mm，穿墙、穿管时不可严重磨损或压坏感温光纤。

4) 光纤布线过程中，每隔 60m 盘留 1000mm 光纤，便于维修。

5) 光纤布线过程中，在适当位置盘留 10m 光纤，作为测试段，通常每路感温光纤预留 1～2 段测试段。

7. 缆式线型感温火灾探测器信号处理器及附件安装。

(1) 信号处理器（转换盒）、终端盒安装牢固，信号处理器、终端盒的水平、垂直度与周边参照物保持一致。

(2) 感温电缆信号处理器 3 个进线孔，分别引入电源线、感温电缆、火警和故障信号输出线，进出线孔处采用防水接头做好防水处理。

(3) 感温电缆在与信号处理器、终端盒连接时保证连接可靠；终端盒内的感温电缆漆包线每根至少需要打磨 50mm 长度，打磨位置应打磨干净并紧密绞合，采用相应规格的线鼻子进行连接，避免后期发生故障。

8. 线型感温火灾探测器安装应符合下列规定：

(1) 配线应整齐，无绞接现象，不同用途线缆分别绑扎成束，绑扎带根据用途采用不同颜色区分。

(2) 导线连接应紧密、不伤线芯、不断股，垫圈下螺栓两侧压的导线截面积应相同。

(3) 线缆芯线的端部均应标明用途、编号及起止点，并应与设计文件一致，字迹应清晰且不易褪色。

(4) 端子排每个接线端接线不应超过 2 根，采用相应规格的线鼻子进行连接，防松垫圈等零件应齐全。

(5) 感温光纤进入光纤控制器时，需熔接尾纤，并接入相应的光纤接口。

(6) 线缆穿管、槽盒处及箱柜进线处，线缆应留有不小于 200mm 的余量，应采用防火堵料封堵严密，并确保美观。

9. 检查。

(1) 信号处理器、终端盒安装牢固，信号处理器、终端盒的水平、垂直度与周边参照物保持一致。

(2) 感温电缆与信号处理器、终端盒连接时保证连接可靠。

(3) 感温电缆在电缆桥架上采用正弦波接触式敷设，在变压器上缠绕方式敷设安装，敷设应平滑，无硬性折弯或扭曲以免损伤感温电缆。

(4) 感温电缆敷设采用产品配套的固定装置固定，固定节距控制在 900～1800mm 之间。

(5) 感温电缆敷设采用连续无接头方式安装，如确需中间接线，应采用专用接线盒连接。

(6) 感温光纤敷设采用连续无接头方式安装，如确需中间接线，应采用熔接方式，感温光纤熔接时应注意熔接质量，并做光纤衰减测试、报警响应能力测试、定位精度测试，确保报警及定位功能正常。

9.3.3 精细化管控要点

1. 在电缆桥架上安装时接触式布置，采用配套的固定装置在电缆上固定，不得固定在桥架上。

2. 缆式线型感温火灾探测器采用正弦波接触式敷设，固定节距控制在 900～1800mm 之间，感温电缆信号处理器集中安装在模块箱内，探测长度为 100m，感温电缆由模块箱引至探测区域。

3. 感温电缆在敷设时，一个保护区内一般不允许有中间接头，如必须接头，则应专用接线盒连接，并做好绝缘处理，并留有明显标记。

4. 感温电缆、感温光纤敷设时防止打结、严重扭折和过度弯曲，其弯曲半径大于 200mm。

5. 终端盒内的感温电缆漆包线每根至少需要打磨 50mm 长，漆包线打磨位置应打磨干净，并紧密绞合，避免后期发生故障。

6. 感温光纤敷设采用连续无接头方式安装，如确需中间接线，应采用熔接方式，感温光纤熔接时应注意熔接质量，并做光纤衰减测试、报警响应能力测试、定位精度测试，确保报警及定位功能正常。

9.3.4　效果示例

1. 安装示意图

安装示意图如图 9-3-2～图 9-3-9 所示。

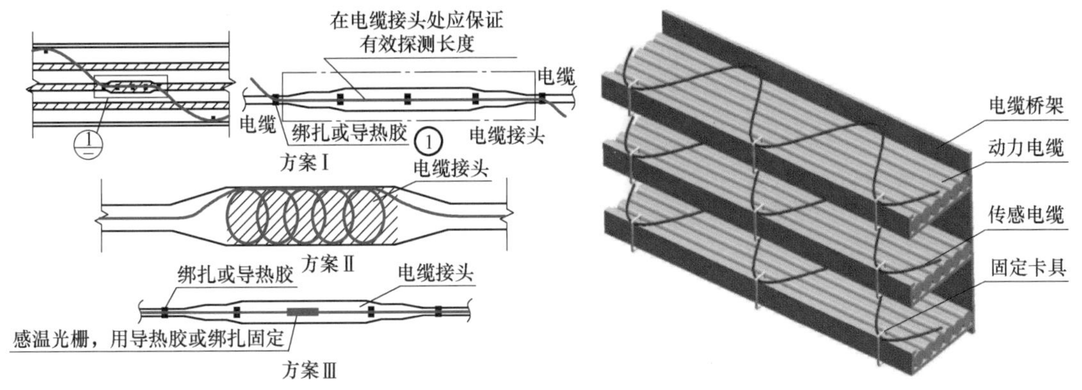

图 9-3-2　感温电缆在电缆接头敷设示意图　　**图 9-3-3　感温电缆电缆桥架敷设示意图**

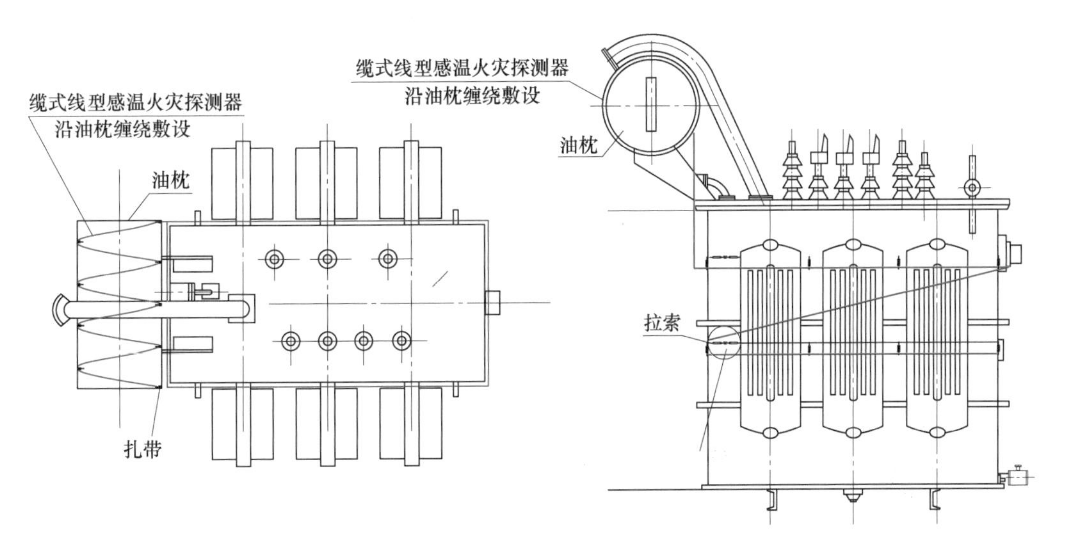

图 9-3-4　缆式线型感温火灾探测器在变压器表面敷设示意图

2. 实物效果图

实物效果图如图 9-3-10、图 9-3-11 所示。

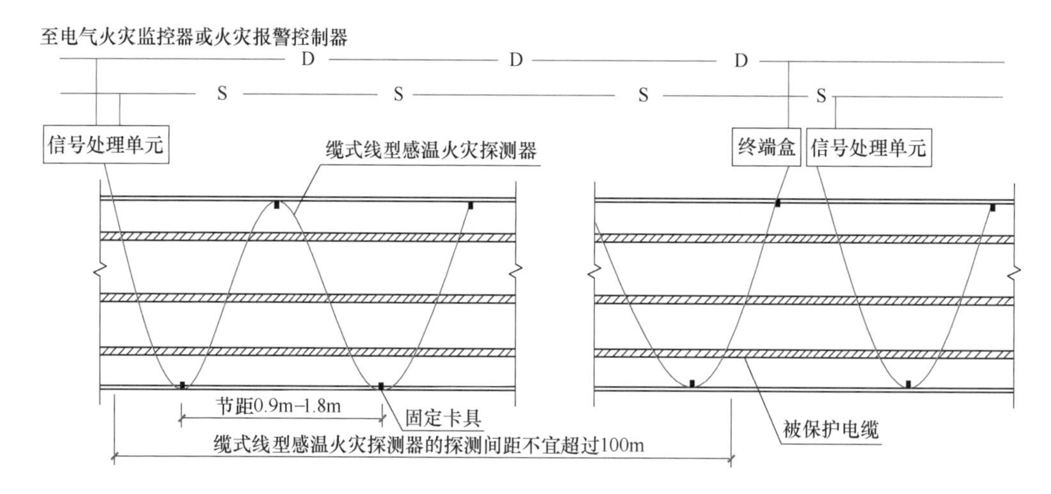

图 9-3-5　缆式线型感温火灾探测器在电缆表面 S 形敷设示意图

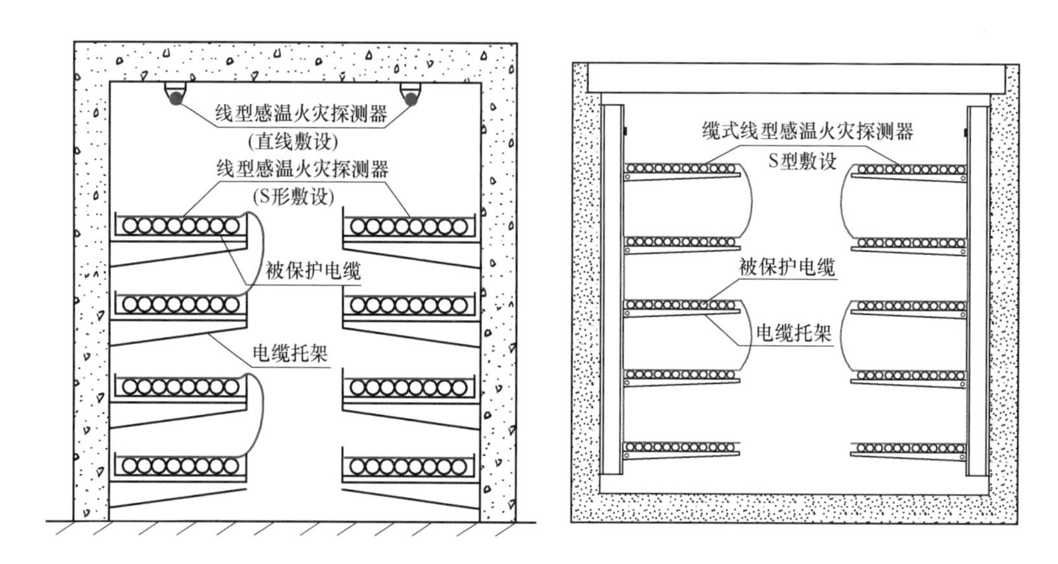

图 9-3-6　电缆沟敷设示意图

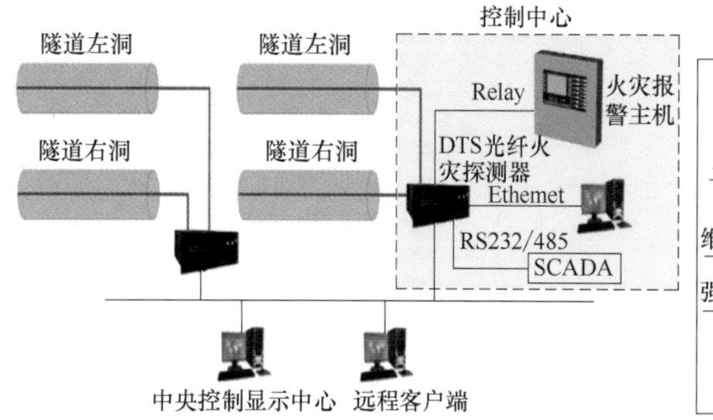

图 9-3-7　光纤线型感温火灾探测器示意图

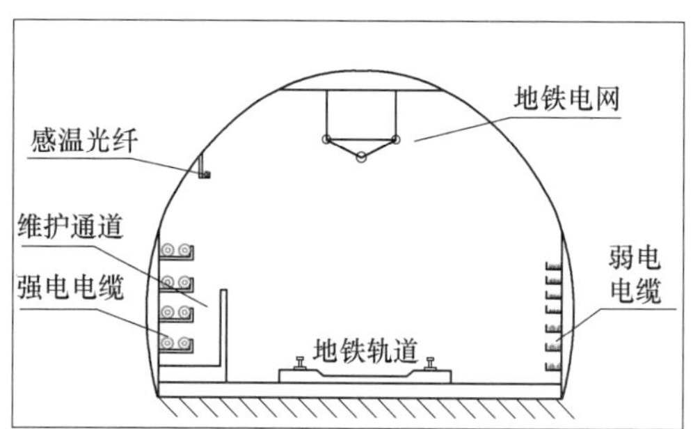

图 9-3-8　隧道感温光纤安装纵向示意图

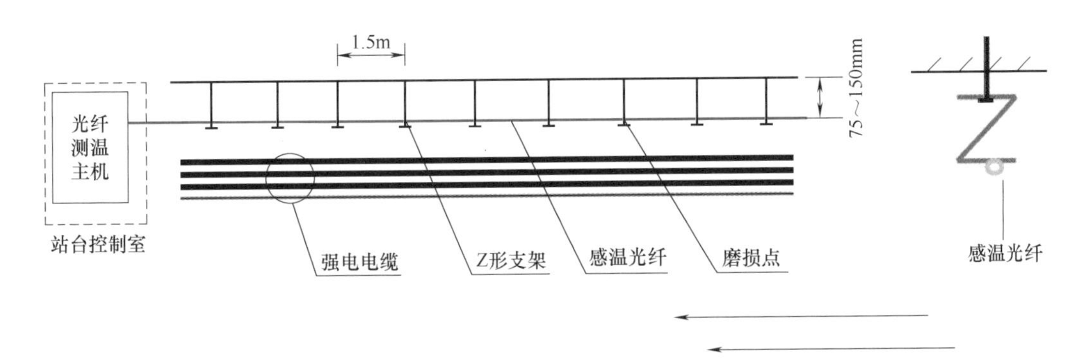

图 9-3-9　隧道感温光纤安装横向示意图

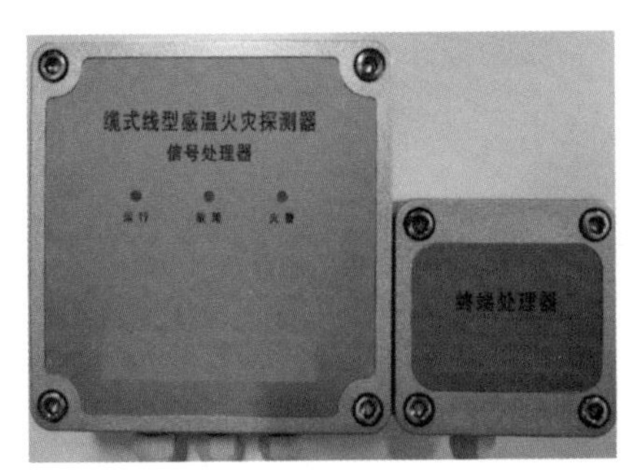

图 9-3-10　缆式线型感温火灾探测器信号处理器和终端盒

图 9-3-11　区间隧道感温光纤

9.4　吸气式感烟火灾探测器安装

吸气式感烟火灾探测器又叫空气采样火灾探测器，就是通过在防护空间布置空气采样管网，并在采样管网上开采样孔，通过采样孔把保护区的空气吸入探测器内腔进行分析从而进行火灾探测的早期预警探测器。

9.4.1　施工流程

1. 吸气式感烟火灾探测器底座、采样管、采样孔及固定支（吊）架应在装修面完成前进行安装。

2. 探测器设备和采样毛细管安装应在装修面完成后进行。

吸气式感烟火灾探测器安装施工流程如图 9-4-1 所示。

9.4.2　精细化施工工艺标准

1. 根据设计文件和合同要求检查吸气式感烟火灾探测器，规格、型号、数量应符合设计文件及合同要求。

2. 检查吸气式感烟火灾探测器及采样管、采样孔等外观，表面无明显划痕、毛刺等机械损伤，紧固部位无松动。

3. 清理现场杂物，清扫地面，配备电锤、手枪钻、梯子、脚手架、水平尺、卷尺、墨线仪、扳手、照明灯等施工机具。

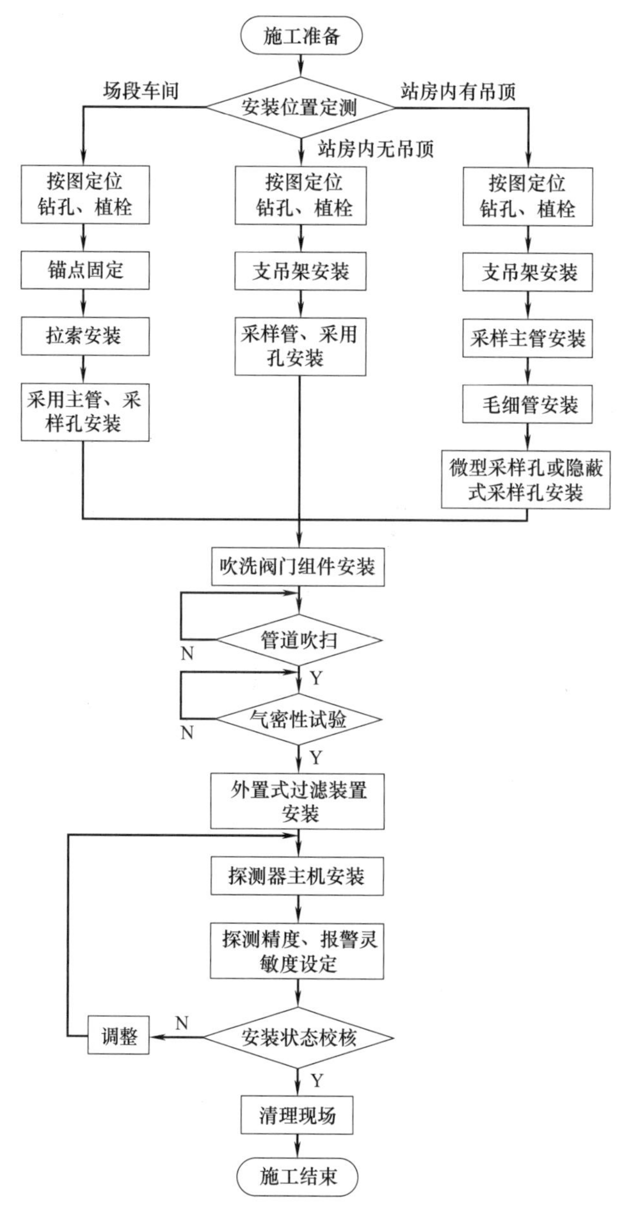

图 9-4-1　吸气式感烟火灾探测器安装施工流程图

4. 根据规范要求及周边相邻设备确定吸气式感烟火灾探测器安装位置及标高。

5. 施工前应对采样管道敷设路径进行摸排，确保路径通畅，采样管道接头密封并固定，ABS 管材应采用专用密封胶水。

6. 采样管安装。

(1) 采样管选用外径 25mm，壁厚不低于 1.8mm（允许偏差＋0.4mm）的管材，使用外形美观、硬度良好的低烟、无卤、阻燃 ABS 管材，采样孔、微型采样孔、隐蔽式采样孔采用防积尘成品采样孔，如图 9-4-2 所示。

(2) 针对混凝土结构的空气采样管安装，采用采样管贴梁底安装固定，使用吊杆与灯笼卡组合的安装方式，梁间直线段每隔 1000～1200mm 设置一个管夹吊点或支点，吊装采

样管的吊杆直径 10mm。管卡采用灯笼吊箍（吊头 M10），管卡比采样管径大一号，避免管路弯曲变形，如图 9-4-3 所示。

（3）针对钢结构顶部的空气采样管安装。

车辆段、停车场屋顶结构多采用钢结构，FAS 专业空气采样管布置在紧贴屋顶处，空气采样管下方为接触网及车辆，如空气采样管固定件松动导致脱离，极易造成接触网或车辆受损，为降低风险减少固定件与下方物体的接触面积，推荐采用方式一和方式二两种固定方式。

图 9-4-2　防积尘成品采样孔

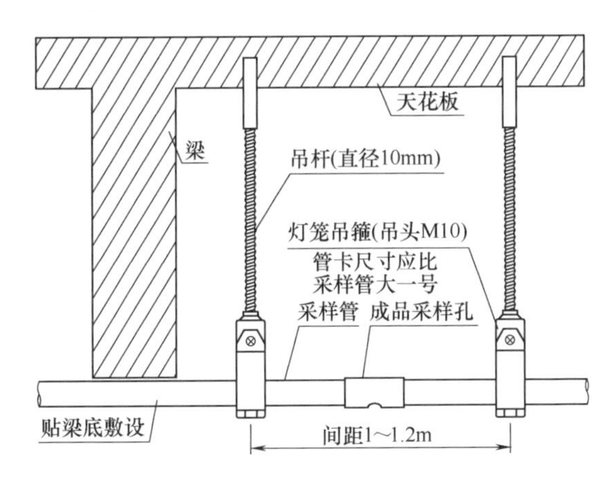

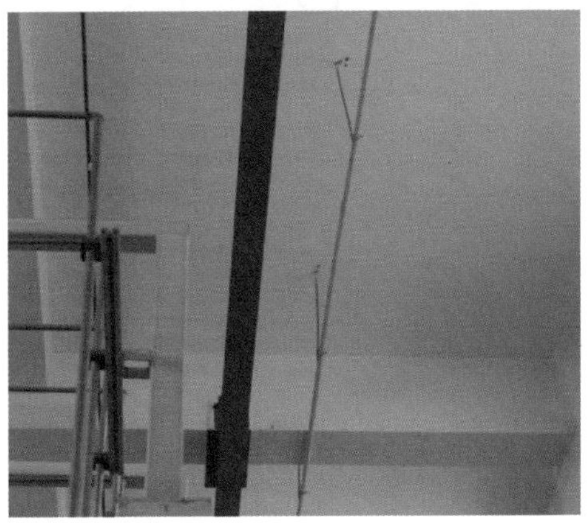

图 9-4-3　混凝土结构的空气采样管安装

方式一：采用老虎夹与灯笼卡组合的安装方式，沿钢结构纵向支架固定，直线段每隔 1000～1200mm 设置一个固定点，灯笼卡比采样管径大一号，避免管路弯曲变形，如图 9-4-4 所示。

方式二：采用 304 不锈钢卡箍与 304 不锈钢灯笼卡组合的安装方式，沿钢结构纵向支架固定，直线段每隔 1000～1200mm 设置一个固定点，灯笼卡比采样管径大一号，避免管路弯曲变形，如图 9-4-5 所示。

图 9-4-4　钢结构上老虎夹与灯笼卡组合安装

图 9-4-5　钢结构上卡箍与灯笼卡组合安装

方式三：采用带护套钢丝绳的安装方式，固定点应稳定牢固，采样管应保持水平状态。每根钢丝绳应在末端配置1个不锈钢开体花篮钢丝绳，绳索拉紧伸缩器，防止钢丝绳热胀冷缩下垂，采样管与钢丝绳之间固定应采用专用卡件，钢丝绳卡头固定点之间距离为1500mm且不应遮挡采样孔，如图9-4-6～图9-4-9所示。

图9-4-6　钢丝绳

图9-4-7　钢丝绳固定

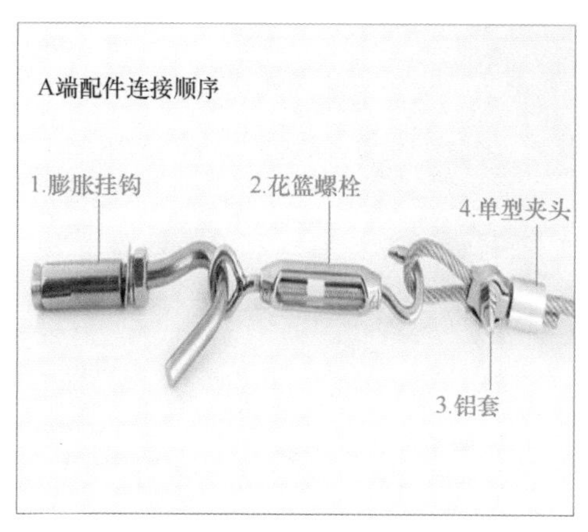

图9-4-8　绳索拉紧收紧伸缩器连接顺序

图9-4-9　钢丝绳方案采样管安装

（4）由于竖向采样管上侧为弯头，下侧主机固定牢固，两边均无良好的伸缩空间，因此采样管竖向安装时采用离墙码固定的安装方式，管卡与采样管尺寸保持一致，管卡间距应为800～1000mm。

（5）采样管路加装管路吹洗阀门组件及外置式过滤装置，吹洗阀门组件及外置式过滤装置接口不得使用密封胶，便于维修、更换过滤器。

（6）当梁突出顶棚的高度小于200mm时，可不计梁的影响；当梁突出顶棚的高度在200～600mm之间时，每个采样孔的保护面积、保护半径应满足点型感烟火灾探测器的保护面积、保护半径的要求。

7. 探测器主机设备安装。

（1）探测器主机安装高度为底边距完成地面1500mm，安装在便于日常维护的区域，不应安装在公共区域，探测主机、电源箱安装牢固，水平、垂直度与周边参照物保持一致。

（2）确保在进气管和进线点周围有150mm的净空间，便于管道和电缆进入。

（3）由于探测器内部结构紧凑，在去除探测器主机进线孔金属盖板时应小心谨慎，避免损坏设备内部的电子器件。

（4）安装托架时应固定牢固，确保探测器固定牢固且不倾斜，如图9-4-10所示。

（5）采样管未与探测主机进气口连通前，采样管末端应封闭，避免灰尘和其他碎屑进入，同时探测主机的进气口塞子在采样管安装前不应打开。

对于经常有水渍影响的环境下，设置探测器主机防水盒，防水等级不低于IP65，进出线口应做防水处理。

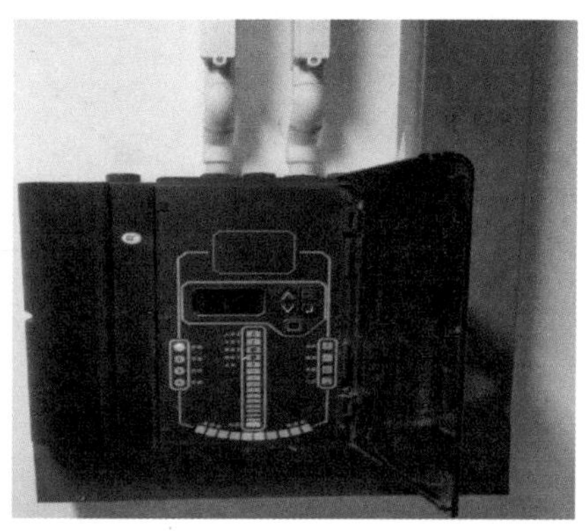

图9-4-10　探测主机

8. 检查。

（1）探测主机、电源箱安装牢固，水平、垂直度与周边参照物保持一致。

（2）采样管敷设横平竖直，管卡间距符合设计要求并且安装牢固。

（3）一个探测单元的采样管总长不超过200m，单管长度不超过100m，同一根采样管不得穿越防火分区。

（4）一个探测单元的采样孔总数不超过100个，单管上的采样孔数量不超过25个。

9.4.3　精细化管控要点

1. 采样管采用低烟、无卤、阻燃ABS管材，采样孔、微型采样孔、隐蔽式采样孔采用防积尘成品采样孔。

2. 采样管竖向安装时采用离墙码卡死的安装方式，管卡与采样管尺寸一样，管卡间距800～1000mm。

3. 采样管路加装管路吹洗阀门组件及外置式过滤装置，吹洗阀门组件及外置式过滤装置接口不得使用密封胶，便于维修、更换过滤器。

4. 采样管在和主机进气口连接之前，末端封堵，避免灰尘和其他碎屑进入，主机在和采样管连接前不得打开主机上的进气口堵塞。

5. 钢结构顶部的空气采样管安装，采用沿钢结构纵向支架固定，使用老虎夹与灯笼卡组合的安装方式，直线段每隔1000～1200mm设置一个固定点，管卡尺寸比采样管管径大一号，避免管路弯曲变形。

6. 不同电压等级和交流与直流的线路，不得布在同一管内或槽盒的同一槽孔内，220V电源线应单独配管。

9.4.4 效果示例

1. 安装示意图

探测主机及空气采样孔安装示意图如图 9-4-11、图 9-4-12 所示。

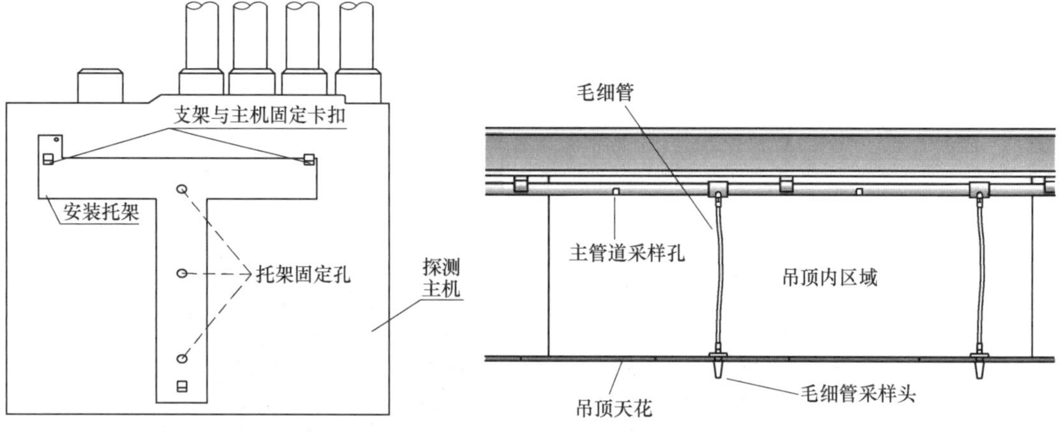

图 9-4-11　探测主机安装示意图

图 9-4-12　空气采样孔安装示意图

2. 实物效果图

实物效果图如图 9-4-13～图 9-4-16 所示。

图 9-4-13　探测主机、电源箱安装

图 9-4-14　竖向空气采样管安装

图 9-4-15　横向空气采样管安装

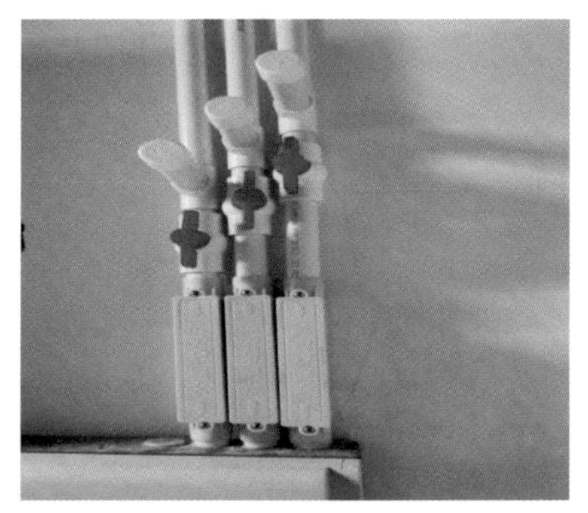
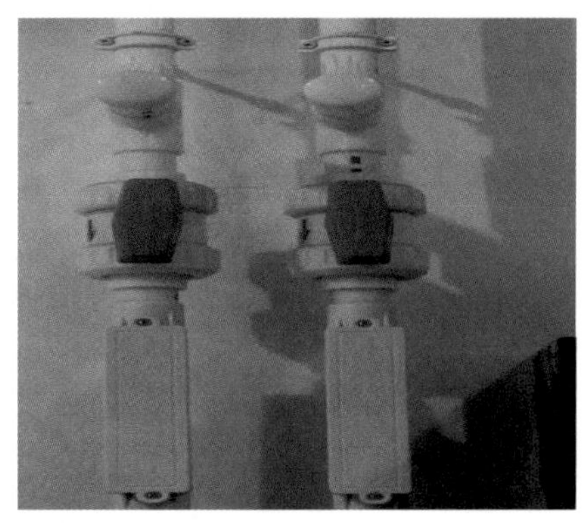

图 9-4-16　吹洗阀门组件及外置式过滤装置安装

9.5　FAS 模块箱安装

FAS 模块箱是用于安装火灾报警模块（输入模块、输出模块、隔离模块及中继模块等），配有接线端子和继电器。

消防设施的线路先引线到接线端子排上，再连线到各继电器或不同功能模块上对应的电源、输入或输出端子。

模块箱安装形式有明装式和嵌入式。

9.5.1　施工流程

1. 模块箱固定支（吊）架及穿线管（槽）应在装修面完成前进行安装。

2. 模块箱安装应在装修面完成后进行。

3. 模块、继电器安装、接线应在模块箱和线路检查完成后进行。

模块箱安装施工流程如图 9-5-1 所示。

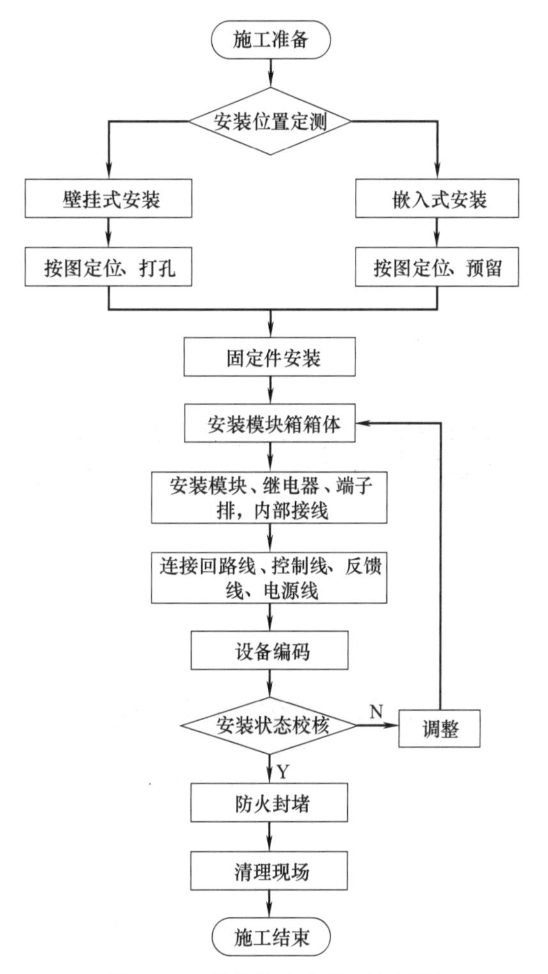

图 9-5-1　模块箱安装施工流程图

9.5.2　精细化施工工艺标准

1. 根据设计文件和合同要求检查模块箱及配件，规格、型号、数量应符合设计文件及合同要求。

2. 检查模块箱及配件外观，表面应无明显划痕、毛刺等机械损伤，紧固部位应无松动。

3. 清理现场杂物，清扫地面，配备电锤、切割机、角磨机、手枪钻、梯子、脚手架、水平尺、卷尺、墨线仪、扳手、照明灯等施工机具。

4. 根据规范及周边相邻设备确定模块箱安装位置及标高，如墙面为轻质墙体，应有加固方案。

5. 模块箱内模块组装应由专业人员统一组装，组装图纸应根据设计图纸及接口文件进行深化，并经设计院确认。

6. 模块箱组装。

（1）根据设计图纸绘制模块箱编码图，完善模块箱编码表及接线图。

（2）模块箱内设备固定牢固、排布整齐美观，模块、继电器、端子排、线槽排布合理、紧凑。

（3）根据模块箱编码表及接线图对模块逐一编码，并确保号码正确无重码、漏拨。

（4）模块箱应严格按照深化接线图及控制柜、盘内的接线工艺要求加工制作，模块箱内的电缆或导线，符合下列要求：

1）配线应整齐，避免交叉，固定牢靠。

2）电缆芯线和所配导线的端部，均应标明编号，并与图纸一致，字迹清晰不易退。

3）端子板的每个接线端，接线不得超过2根。

4）模块的连接导线应留有不小于200mm的余量，其端部应有明显的永久性标识。

（5）模块箱组装完成后需进行通电测试，测试合格后对模块箱按图纸编号做好标识，便于现场安装。

7. 模块箱安装。

（1）模块箱壁挂式明装，采用前侧检修的方式，两侧留有不少于200mm的线槽敷设空间，正面操作距离不小于1200mm，靠近门轴的侧面距离不小于500mm，底边距地板完成面1000mm（照明配电室、环控电控室、通风空调机房内应与其他专业箱体安装于同一水平线上），出线方式为下进下出线方式，应做好防火封堵，防水处理，如图9-5-2所示。

图9-5-2　壁挂式明装模块箱

（2）模块箱嵌入式暗装，采用前侧检修的方式，正面操作距离不小于1200mm，靠近门轴的侧面距离不小于500mm，底边距地板完成面1000mm（照明配电室、环控电控室、通风空调机房内应与其他专业箱体安装于同一水平线上），应做好防火封堵，防水处理。

（3）模块箱应安装牢固，水平、垂直度与周边参照物保持一致。

（4）安装在轻质墙上时，应采取加固措施。

8. 引入线缆成端。

（1）模块箱引入线缆在线槽内整齐布线，不得交叉。

（2）线缆芯线的号码管均标明编号，并与设计文件一致，字迹清晰且不易褪色。

（3）模块箱内每个接线端子接线数量不超过 2 根。

（4）线缆预留长度不小于 200mm 的线缆余量。

（5）模块箱的接地线固定牢固、连接可靠，并设置明显的永久性标识。

9. 检查。

（1）模块箱安装位置、高度、正面操作距离符合设计要求，并安装牢固。

（2）配线整齐，不得交叉，并固定牢靠、连接可靠，每个接线端子接线数量不超过 2 根。

（3）模块箱线槽内线缆预留长度不小于 200mm 的线缆余量，线缆芯线的号码管均应标明编号，并与设计文件一致，字迹清晰且不易褪色。

（4）模块箱内模块编码正确，与模块箱编码表和接线图保持一致。

9.5.3　精细化管控要点

1. 模块箱安装牢固，4 个安装孔均用紧固件可靠固定。

2. 将引入线缆整理平整放进箱内线槽里，并预留不小于 200mm 余量。

3. 对照图纸制作引入线缆号码管，对线缆接头进行压接处理，核实接线的正确性并进行绑扎，箱内接线、编码与模块箱接线图保持一致。

4. 模块箱组装完成后逐一进行通电测试，测试合格后按图纸编号做好标识。

5. 模块终端电阻用于检测模块与监控部件连线的短路、断路状态，应安装在监控部件末端接线端子处，确保有效检测模块与监控部件之间连线的实际情况，现场逐一检查。

9.5.4　效果示例

1. 安装示意图

模块箱安装示意图如图 9-5-3 所示，其内部布置示意图如图 9-5-4 所示。

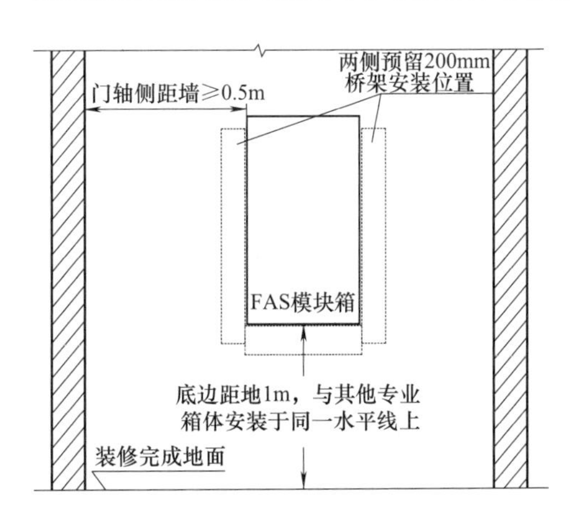

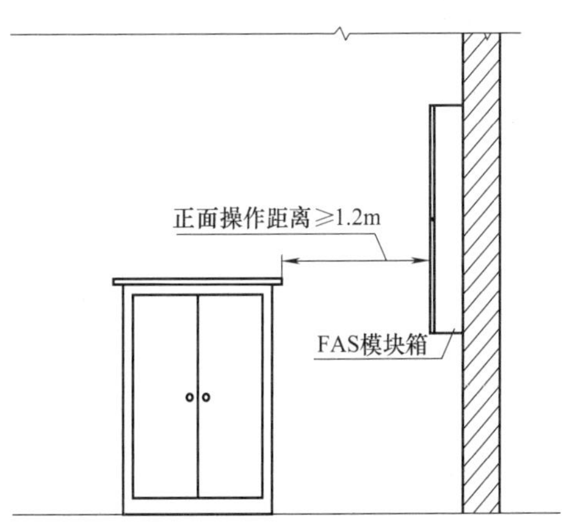

图 9-5-3　模块箱安装示意图

2. 实物效果图

模块箱及各种线路安装如图 9-5-5～图 9-5-7 所示。

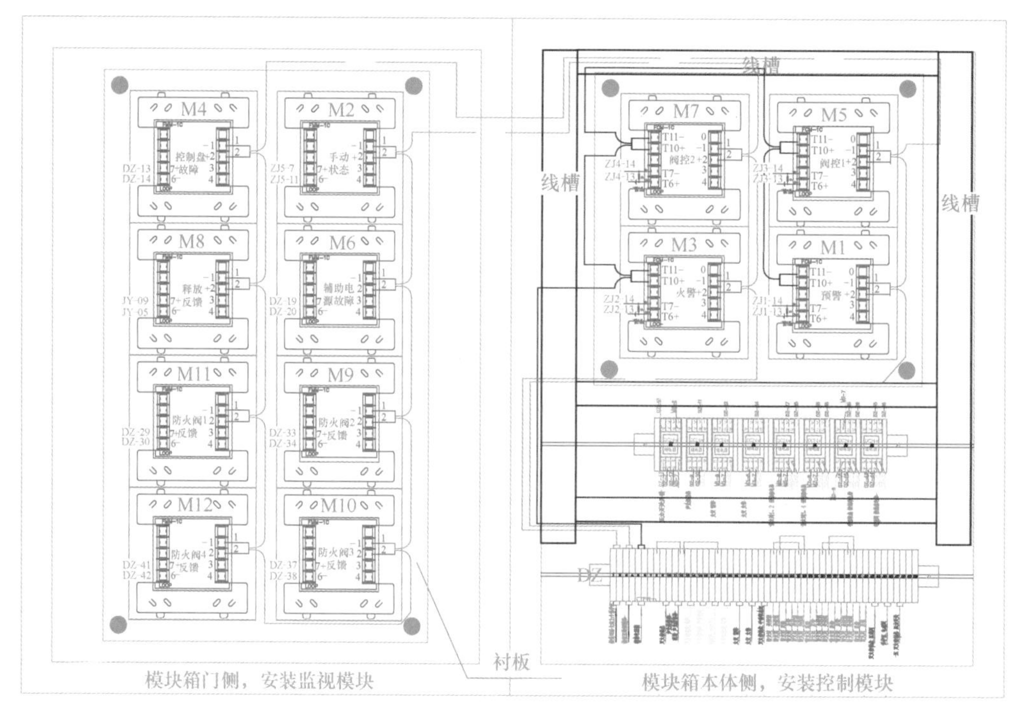

图 9-5-4　模块箱内部布置示意图

图 9-5-5　模块箱

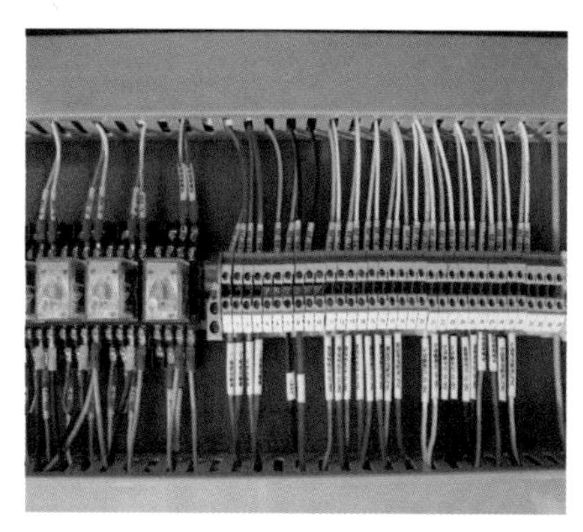

图 9-5-6　模块箱引入线缆接线

图 9-5-7　模块箱内模块及线路安装

9.6 气体灭火系统管网设备安装

气体灭火系统主要由气体灭火设备和气体灭火管网系统组成。

气体灭火设备系统主要部件由灭火剂瓶组、选择阀、安全泄压装置、单向阀、驱动气体瓶组、低泄高封阀、信号反馈装置、减压装置、固定支架等组成。存储灭火剂，并按照设计分配逻辑，控制瓶组释放灭火剂到对应保护区的选择阀及管网系统。

气体灭火管网系统主要部件由喷嘴、管道、管道附件及支吊架固定设备等组成。管道采用高压无缝钢管，连接方式有螺纹式和法兰式。

气体灭火系统的灭火剂输送管道安装完毕后应进行管道强度试验和管道气密性试验，强度试验主要检验管道强度和是否有泄漏，气密性试验主要检验管道严密性。强度试验和气密性试验，是验证施工质量的有效手段，也是系统安全运行的必要保障措施。

气体灭火系统的喷头安装在保护区内灭火系统管网的末端，是保证灭火的关键点，能否把气体灭火剂均匀喷放到保护区内任一位置是评判其质量的重要标准。

防护区泄压装置，是指当气体灭火系统中的灭火剂喷放时，防护区内的压力值达到规定值时自动泄压的装置，简称泄压口，也称保护区自动泄压装置。

灭火装置瓶组储存灭火系统的灭火剂，灭火剂瓶组安装在装置框架上，瓶组容器阀出口连接集流管，由启动装置来控制灭火剂瓶组按照设定的启动数量开启。

其他系统组件包括选择阀、减压装置、单向阀及选择阀出管组件。其作用分别为：选择阀用于控制灭火剂流向保护区的控制阀门、减压装置用于惰性气体灭火系统气体灭火剂减压、单向阀用于控制气体流向、选择阀出管组件用于连接灭火系统主干管。

9.6.1 施工流程

1. 管道采用综合支吊架安装时，超过规范要求的间距需加装支吊架。喷头应在灭火剂输送管道强度试验、吹扫合格后安装。

2. 管道强度试验。

(1) 施工人员不得靠近试验区域，应在试验区域及气瓶间拉设警戒线，直至试验结束解除警戒。

(2) 检查灭火剂输送管道安装情况，管道支吊架是否牢固；各固定支吊架制作、安装符合规范要求才可试压。

(3) 管网安装喷嘴处的堵头安装牢固并无漏点才可进行试压试验。

(4) 试压试验用压力表须有计量鉴定合格标识并在标定有效期内。

3. 灭火设备安装应在装修面完成后进行。管网强度试验和气密性试验完成后，瓶组、启动管路、选择阀、减压装置、单向阀及选择阀出管组件应在集流管强度试验、吹扫、气密性试验合格后安装。最后连接灭火控制系统的电磁阀和信号反馈装置线路。

气体灭火系统管网设备安装施工流程如图 9-6-1 所示。

9.6.2 精细化施工工艺标准

1. 根据设计文件和合同要求检查灭火剂输送管道及连接件、喷头、保护区泄压装置、瓶组、单向阀、安全阀、减压装置、选择阀及出管组件等，规格、型号、性能参数及数量

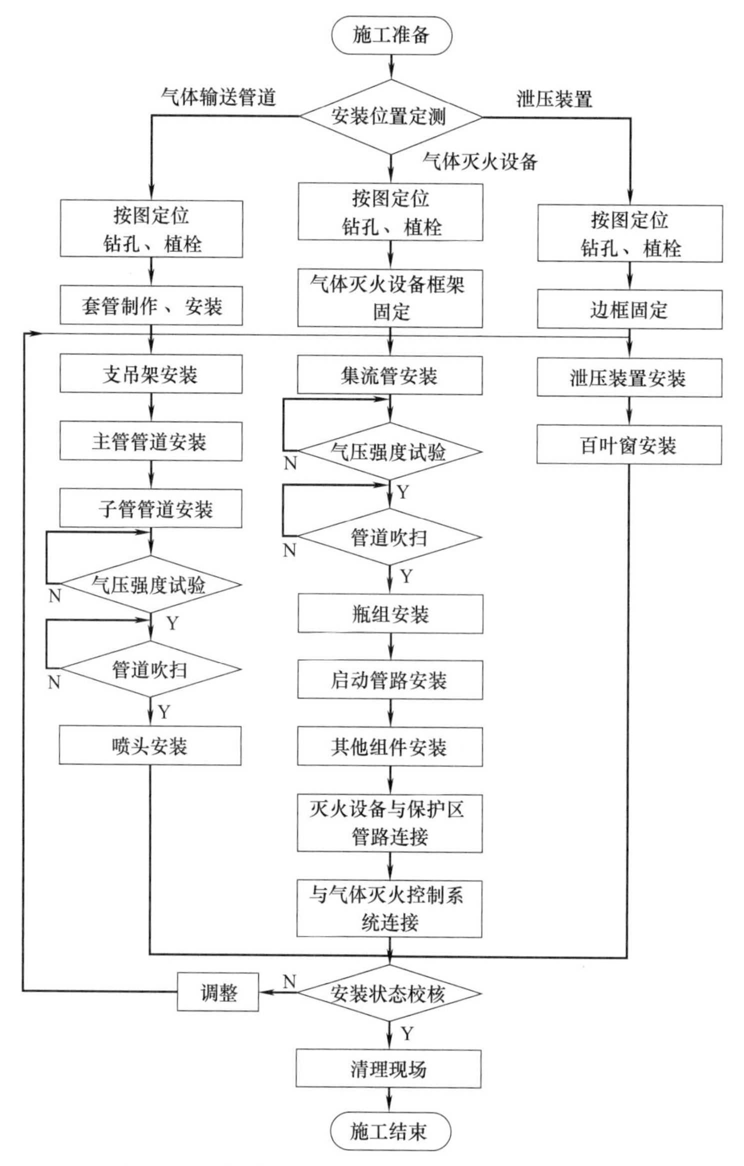

图 9-6-1　气体灭火系统管网设备安装施工流程图

应符合设计文件及合同要求。

2. 检查输送管道及连接件、保护区泄压装置、单向阀、安全阀、减压装置、选择阀及出管组件外观，应符合下列要求：

1）镀锌层不得有脱落、破损等缺陷。表面无明显划痕、毛刺等机械损伤。

2）螺纹连接管道连接件不得有缺纹、断纹等现象。

3）法兰盘密封面不得有缺损、裂痕。

4）组件所有外露接口均设有防护堵盖，且封闭良好，接口螺纹和法兰密封面无损伤。

5）铭牌、标识清晰、牢固、方向正确。

6）密封垫片完好无划痕。

3. 检查瓶组容器外观，应符合下列要求：

1）系统组件无碰撞变形及其他机械性损伤。

2）组件外露非机械加工表面保护涂层完好。

3）组件所有外露接口均设有防护堵盖，且封闭良好，接口螺纹和法兰密封面无损伤。

4）铭牌、标识清晰、牢固、方向正确。

5）同一规格的灭火剂储存容器，其高度差不宜超过 20mm。

6）同一规格的驱动气体储存容器，其高度差不宜超过 10mm。

4. 采用钢尺和游标卡尺，对管道每一品种、批次、规格产品按 20%数量测量管材、管道连接件的规格尺寸、厚度及允许偏差符合其产品标准和设计要求。

5. 检查防护区预留孔洞，孔洞位置、尺寸符合图纸及产品安装要求。

6. 检查灭火剂瓶组和启动装置瓶组。

(1) 模拟测试驱动气体瓶的电磁铁芯，其行程能满足系统启动要求，且动作灵活，无卡阻现象。

(2) 检查气动驱动装置储存容器内气体压力，应不低于设计压力且不得超过设计压力的 5%。

(3) 清理气瓶间的现场杂物，气瓶间内应干燥且地面平整，温湿度条件能满足储瓶正常存储条件。

(4) 根据气瓶间设备排布图，定位储瓶固定框架及管道支架的安装位置，确保设备安装牢固并满足储瓶运输空间需求。

7. 工器具。

(1) 配备电锤、切割机、角磨机、手枪钻、梯子、脚手架、水平尺、卷尺、墨线仪、扳手、照明灯等施工机具。

(2) 配备 25MPa 压力表 2 个、高压气泵、压力表接头、高压阀门、警示牌及警戒线、扳手、管钳、照明灯和对讲机等通信和施工机具。

8. 管道支架安装。

(1) 管道固定牢靠，管道支架、吊架之间最大间距符合表 9-6-1 的规定。

管道支架、吊架之间最大间距　　表 9-6-1

DN(mm)	15	20	25	32	40	50	65	80	100	150
最大间距(m)	1.5	1.8	2.1	2.4	2.7	3.0	3.4	3.7	4.3	5.2

(2) 管道末端采用防晃支架固定，支架与末端喷嘴间的距离不大于 500mm。

(3) 公称直径大于或等于 50mm 的主干管道，垂直方向和水平方向至少各安装 1 个防晃支架，当穿过建筑物楼层时，每层设 1 个防晃支架。当水平管道改变方向时，增设防晃支架。

支架、吊架、套管材料规格见表 9-6-2，相关实物图如图 9-6-2、图 9-6-3 所示。

支架、吊架、套管材料规格表（mm）　　表 9-6-2

管径 *DN*	单管托架				管径 *DN*	单管吊架		
	支承角钢	斜撑角钢	钢板 $A \times B \times \delta$	胀锚螺栓		角钢	钢板 $A \times B \times \delta$	胀锚螺栓
15～65	∟50×5	∟50×5	80×180×8	M12×110	15～65	∟50×5	80×180×8	M12×110
80～100	∟63×6	∟63×6	100×200×8	M12×110	80～150	∟63×6	100×200×10	M16×150
125～150	∟75×7	∟75×7	120×230×10	M16×150				

续表

管径 DN	双管托架			
	支承角钢	斜撑角钢	钢板 $A\times B\times\delta$	胀锚螺栓
15～50	∟50×5	∟50×5	80×180×80	M12×110
65～80	∟63×6	∟63×6	100×200×8	M12×110
100～125	∟75×7	∟75×7	120×230×10	M16×150
150	∟90×8	∟90×8	130×250×10	M20×170

管径 DN	双管吊架		
	角钢	钢板 $A\times B\times\delta$	胀锚螺栓
50～80	∟50×5	80×180×8	M12×110
100～150	∟63×6	100×200×10	M16×150

管径	穿墙、穿楼板钢套管					
DN	15～25	32～50	65	80	100	125～150
DN_1	50	80	100	125	150	200

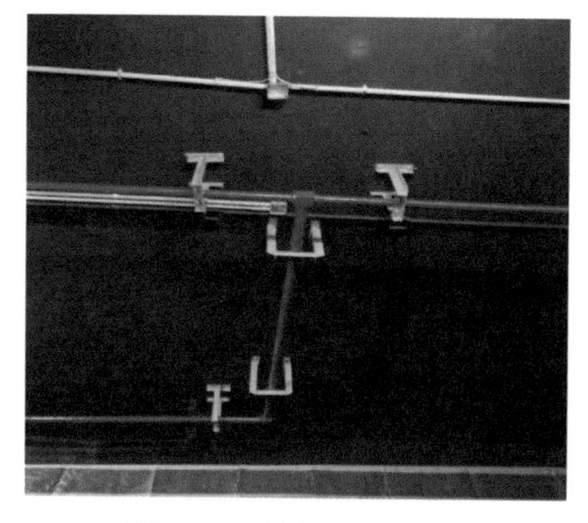

图 9-6-2　管道支架、吊架

图 9-6-3　管道末端防晃支架、吊架

9. 管道安装。

（1）采用螺纹式连接时，如图 9-6-4 所示，管材宜采用机械切割；螺纹不得有缺纹、断纹等现象；螺纹连接的密封材料应均匀附着在管道的螺纹部分，拧紧螺纹时，不得将填料挤入管道内；安装后的螺纹根部应有 2～3 丝外露螺纹；连接后，应将连接处外部清理干净并做好防腐处理。

（2）采用法兰式连接时，如图 9-6-5 所示，衬垫不得凸入管内，其外边缘宜接近螺栓，不得放双垫或偏垫。连接法兰的螺栓，直径和长度应符合标准，拧紧后，凸出螺母的长度不应大于螺杆直径的 1/2 且保证有不少于 2 丝外露螺纹。

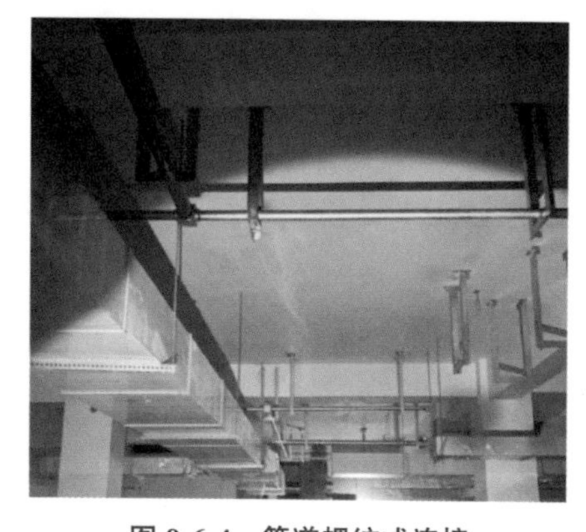

图 9-6-4　管道螺纹式连接

图 9-6-5　管道法兰式连接

（3）已经防腐处理的无缝钢管不宜采用焊接连接，与选择阀等个别连接部位需采用法兰焊接连接时，应对被焊接损坏的防腐层进行二次防腐处理。

（4）管道穿过墙壁、楼板处安装套管。套管公称直径比管道公称直径至少大2级，穿墙套管长度与墙厚相等，穿楼板套管长度高出地板50mm。管道与套管间的空隙采用防火封堵材料填塞密实，如图9-6-6、图9-6-7所示。

图9-6-6　管道穿楼板封堵

图9-6-7　管道穿墙封堵

（5）当管道穿越建筑物的变形缝时，应设置柔性管段，如图9-6-8、图9-6-9所示。

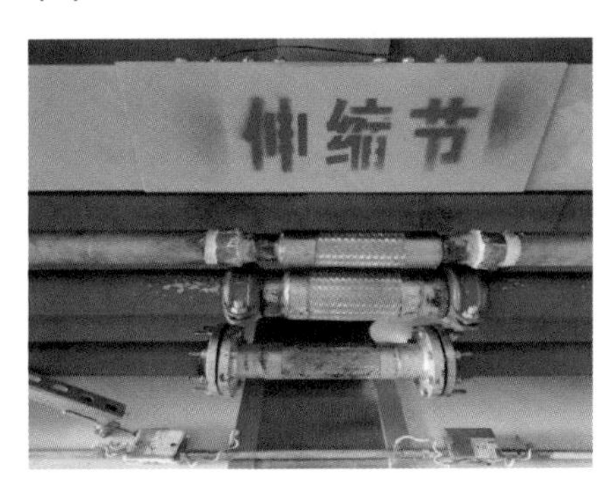

图9-6-8　管道穿越变形缝连接方法

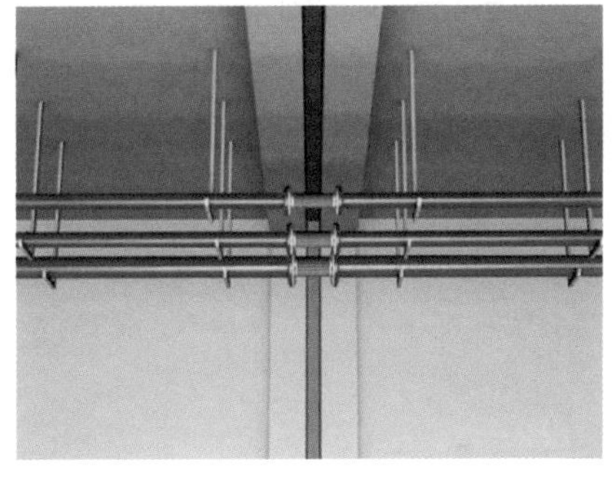

图9-6-9　管道穿越变形缝安装

（6）灭火剂输送管道的外表面宜涂红色油漆。

（7）检查。

1）管道走向符合图纸设计要求。

2）管道支、吊架、防晃支架的设置符合规范要求。

3）管道穿过墙壁、楼板处套管的设置符合规范要求。

4）螺纹式连接、法兰式连接均符合规范要求。

10. 气压强度试验、气密性试验及吹扫。

（1）IG541混合气体灭火系统强度试验采用气压强度试验，气压强度试验压力为10.5MPa，试验介质采用空气（试验结束时，应先泄压，后拆除试验设备与试验管道的连接，试验应由有专业知识的操作人员操作设备），如图9-6-10所示。

（2）试验前，必须用加压介质进行预试验，预试验压力宜为0.2MPa。

（3）预试验合格后开始试验，应逐步缓慢增加压力，当压力升至试验压力的50%时，如未发现异状或泄漏，继续按试验压力的10%逐级升压，每级稳压3min，直至试验压力。保压检查管道各处无变形，无泄漏为合格。

（4）经气压强度试验合格且在试验后未拆卸过的管道可不进行气密性试验。

图 9-6-10　管道强度试验

图 9-6-11　管道吹扫

（5）管道吹扫。

1）试压合格后将防护区的试压堵头全部拆下进行管道吹扫，如图 9-6-11 所示。

2）吹扫时安装喷头的接口下方应无人、无机柜等设备，如下方有机柜，应采取防护措施，以防止喷射出的异物造成二次伤害。

3）吹扫管道可采用压缩空气或氮气，吹扫时，管道末端的气体流速不应小于 20m/s，采用白布检查，直至无铁锈、尘土、水渍及其他异物出现。

（6）检查。

1）气压强度试验的试验压力不小于 10.5MPa，管道各处无变形，无泄漏，支架、吊架牢固无变形。

2）吹扫时管道末端的气体流速不应小于 20m/s，采用白布检查无异物出现。

11. 喷头安装。

（1）喷头安装时按设计要求逐个核对其型号、规格和喷孔方向，符合设计要求的方可安装。

（2）管道末端采用防晃支架固定，支架与末端喷嘴间的距离不大于 500mm。

（3）安装在吊顶下不带装饰罩的喷头，其连接管管端螺纹不应露出吊顶。安装在吊顶下带装饰罩的喷头，其装饰罩紧贴吊顶。

（4）喷头安装牢固。

（5）检查。

1）喷头的型号、规格和喷孔方向，符合设计要求。

2）喷头安装位置、标高符合图纸设计要求。

3）喷头的安装应牢固。

12. 保护区泄压装置安装。

（1）百叶风口从防护区外墙或走道外墙泄压孔上安装，满足防雨雪、装饰和防盗的作用。

（2）百叶风口水平及垂直度应与周围参照物保持一致，且固定牢固。

（3）泄压装置不宜设置在剪力墙体上，在土建施工阶段应预留孔洞，洞口宽度超过 300mm 应设置过梁。

（4）检查。

1）泄压装置安装位置、标高符合图纸设计要求。

2）泄压装置安装横平竖直、固定牢固。

3）防护区外泄压装置的百叶风口外侧无风管、桥架等遮挡物。

13. 瓶组框架及瓶组安装。

（1）框架安装

1）框架整体供货时，按照施工图的设计布置要求，先将框架布置到位，再用膨胀螺栓 M10×95 固定在地面上。

2）框架拆散供货时，参照框架装配说明进行框架组装，如图 9-6-12、图 9-6-13 所示。框架组装完成应按照施工图的设计布置要求，将框架布置到位，再固定在地面上。

图 9-6-12　灭火剂瓶组框架

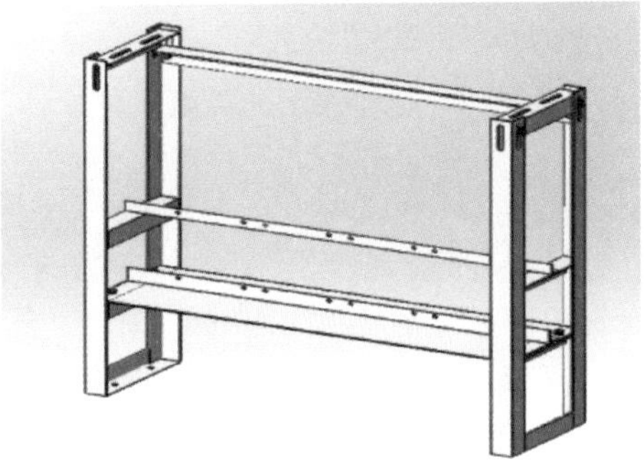

图 9-6-13　启动瓶框架

（2）瓶组安装

1）灭火剂瓶组的安装要求如下：

① 搬运瓶组前，不得将瓶头阀保护罩卸下，防止瓶头阀误动作。

② 瓶组的充装标识牌应朝向正面（容器阀上的压力表面朝向操作面），再用挂钩、压板和靠垫将瓶组牢靠地固定在框架上。

2）驱动气体瓶组的安装要求如下：

① 驱动气体瓶组应牢靠固定在框架或箱体上。

② 驱动气体瓶组的操作说明牌应朝向操作面，容器阀上的压力表面朝向操作面。

③ 驱动气体瓶组上应设置标明对应防护区的名称或编号。

各类瓶组如图 9-6-14～图 9-6-16 所示。

图 9-6-14　带保护罩的灭火剂瓶组存放

图 9-6-15　灭火剂瓶组

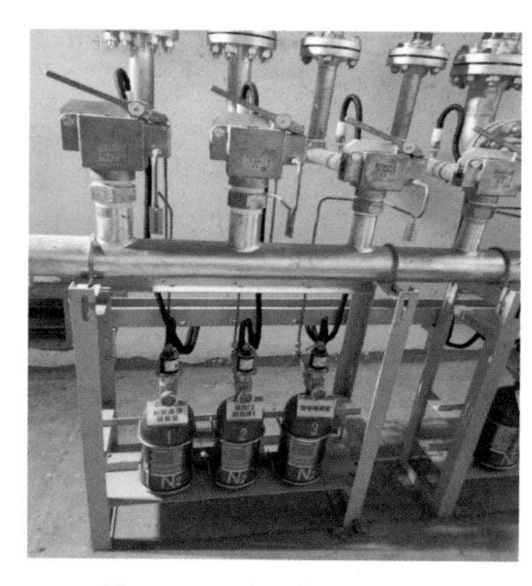

图 9-6-16　集流管、选择阀、启动装置瓶组

（3）检查

1）无碰撞变形及其他机械性损伤。

2）组件外露非机械加工表面保护涂层完好。

3）组件所有外露接口均设有防护堵盖，且封闭良好，接口螺纹和法兰密封面无损伤。

4）铭牌清晰、牢固、方向正确。

5）系统框架及钢瓶布置符合设计要求，固定牢固。

14. 选择阀、减压装置、安全阀及选择阀出管组件安装。

（1）集流管强度试验符合要求后，拆下选择阀接口堵盖、液流单向阀接口堵头和安全阀接口堵头，将安全阀、液流单向阀、选择阀和减压装置按照装置设计图要求安装在集流管上。

（2）再将选择阀出管组件与选择阀连接，出管组件的法兰面应采用水平仪调整，确保法兰面处于水平状态。

（3）螺纹式连接时，在外螺纹上涂抹一圈 703 硅橡胶后，再缠绕生料带进行密封。涂胶和缠绕生料带前，应将内外螺纹清理干净，并除去锈迹、灰尘和油污等。

（4）选择阀安装前应先安装减压装置，选择阀操作手柄应朝向操作面。选择阀上应设置相应防护区的名称或编号的永久性标志牌，并应将其固定在操作手柄附近。当选择阀安装高度超过 1700mm 时应采取便于操作的措施。

各类装置如图 9-6-17～图 9-6-19 所示。

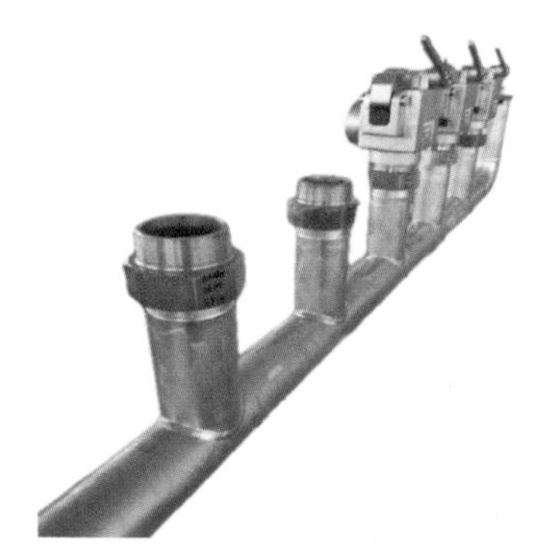

图 9-6-17　选择阀、减压装置

图 9-6-18　安全阀

（5）检查

1）采用螺纹连接的选择阀组件，安装后的螺纹根部应有 2～3 丝外露螺纹，选择阀与管网连接处宜采用活接头。

2）选择阀操作手柄应安装在操作面一侧，当安装高度超过 1700mm 时应采取便于操作的措施。

3）选择阀上应设置标明防护区域或保护对象名称或编号的永久性标志牌，并应便于观察。

4）选择阀、减压装置、单向阀的流向指示箭头应指向介质流动方向。

15. 单向阀、信号反馈装置安装。

（1）液流单向阀应牢固地安装于集流管上，固定牢固后与金属软管连接。液流单向阀安装前，应将其上下位置进行翻转，确认阀中的密封钢球滚动灵活才可安装。

（2）气流单向阀与启动管路相连接，其安装位置和方向应符合图纸设计要求。气流单向阀安装前，应用直径为3mm左右的非金属圆棒从进口端推动其活塞，检查其启闭灵活，无卡阻现象才可安装。

图 9-6-19　出管组件

（3）启动管路的安装应符合下列要求：

1）启动管路的安装应符合图纸设计要求，其中单向阀的安装方向应符合图纸设计要求。

2）管路布置应横平竖直。平行管道或交叉管道之间的间距应保持一致。

3）管路应采用支架固定，支架的间距不宜大于600mm。

4）平行管路宜采用管夹固定。管夹的间距不宜大于600mm。转弯处应增设一个管夹。

5）启动管路的支架、管夹固定应牢固。

（4）将信号反馈装置反馈线接入灭火控制盘，连接后应检查线路与接线图的符合性及各连接点的可靠性。

（5）安装前应判断信号反馈装置与防护区是否一致：

1）将信号反馈装置反馈线临时接入灭火控制盘。

2）人工启动信号反馈装置，确认对应防护区门外的气体喷放指示灯能正常工作。

3）拆下信号反馈装置临时引线，将信号反馈装置安装在选择阀出管组件上。

4）信号反馈装置正式接线，正确地与灭火控制盘连接。

（6）检查。

1）采用螺纹连接的控制阀组件，安装后的螺纹根部应有2～3丝外露螺纹。

2）信号反馈装置上应设置标明防护区域或保护对象名称或编号的永久性标志牌，并应便于观察。

3）信号反馈装置安装牢固，线缆穿管保护到位。

9.6.3　精细化管控要点

1. 螺纹连接时，安装后的螺纹根部有2～3丝外露螺纹；连接后，将连接处外部清理干净并做好防腐处理。

2. 法兰连接时，不得放双垫或偏垫。连接法兰的螺栓，直径和长度符合标准，拧紧后，凸出螺母的长度不大于螺杆直径的1/2且保证有不少于2丝外露螺纹。

3. 管道支、吊架、防晃支架材料规格严格按照规范、图集要求选型。

4. 与选择阀等个别连接部位需采用法兰焊接连接时，对被焊接损坏的防腐层进行二

次防腐处理。

5. 灭火剂输送管道安装完毕后，用堵头对安装喷头的各个孔口进行封堵牢固。灭火剂输送管道试验合格后，拆除试验堵头并将喷头牢固安装在管道上，拆除试验用法兰堵盖并将管道与选择阀出管组件连接牢靠。

6. 试压完毕，防护区中的管道穿越孔洞采用防火封堵材料填塞密实。

7. 喷头安装时严格按防护区将喷头分类，核查防护区喷头规格，特别是同一管径不同喷孔孔径的喷头，符合设计要求的方可安装。

8. 管道末端采用防晃支架固定，支架与末端喷嘴间的距离不大于500mm。

9. 安装在吊顶下不带装饰罩的喷头，其连接管管端螺纹不露出吊顶；安装在吊顶下带装饰罩的喷头，其装饰罩紧贴吊顶。

10. 开设的泄压孔与防护区墙体外表面垂直，墙体表面平整一致，洞口尺寸大于300mm时，应放置过梁。每侧过梁从孔口边缘深入墙体深度不应小于250mm，宽度与墙体相同。

11. 泄压装置不可倒装，否则无法正常工作。泄压装置有固定框架组件，应先从防护区内墙将其嵌入到泄压孔内，并用膨胀螺钉固定，然后再安装泄压装置。

12. 根据IG541的温度/压力曲线图核查灭火剂瓶组内的充装压力为相应温度下的贮存压力，其偏差不应超过贮存压力的1.5%。

13. 根据氮气（N_2）的温度/压力曲线图核查驱动气体瓶组内气体压力不应低于相应温度下的储存压力，且不应超过储存压力的5%。

14. 系统框架及钢瓶布置符合设计要求，固定牢固。

15. 系统框架组装好后，应按照施工图的设计布置要求，将框架布置到位，固定在地面上应牢固。

16. 选择阀安装后应检查选择阀的状态，确保处于关闭状态，铅封完好。

17. 气流单向阀安装位置及方向应符合图纸设计要求，否则会改变组合分配方案。

18. 信号反馈装置应选择配套的软管接头，确保线缆穿管保护到位。

19. 在安装过程中和调试、开通前严禁将驱动气体瓶组上电磁容器阀出口接嘴与启动管路进行连接，防止误动作。

20. 系统调试完成后需拧松电磁阀上的止动挡片的固定螺钉，缓慢地从止动位置向外抽出止动挡片到指定位置，再将螺钉紧固，否则系统将无法正常启动。

21. 系统调试完成后需拆下所有容器阀上的固定套，并将固定套进行反装或用挂链可靠地挂在容器阀上，固定螺钉装回原位，否则系统将无法正常启动。

22. 调试完成后，连接所有接口和电气线路。

9.6.4 效果示例

1. 安装示意图

各设备及装置安装示意图如图9-6-20～图9-6-24所示。

2. 实物效果图

实物效果图如图9-6-25～图9-6-35所示。

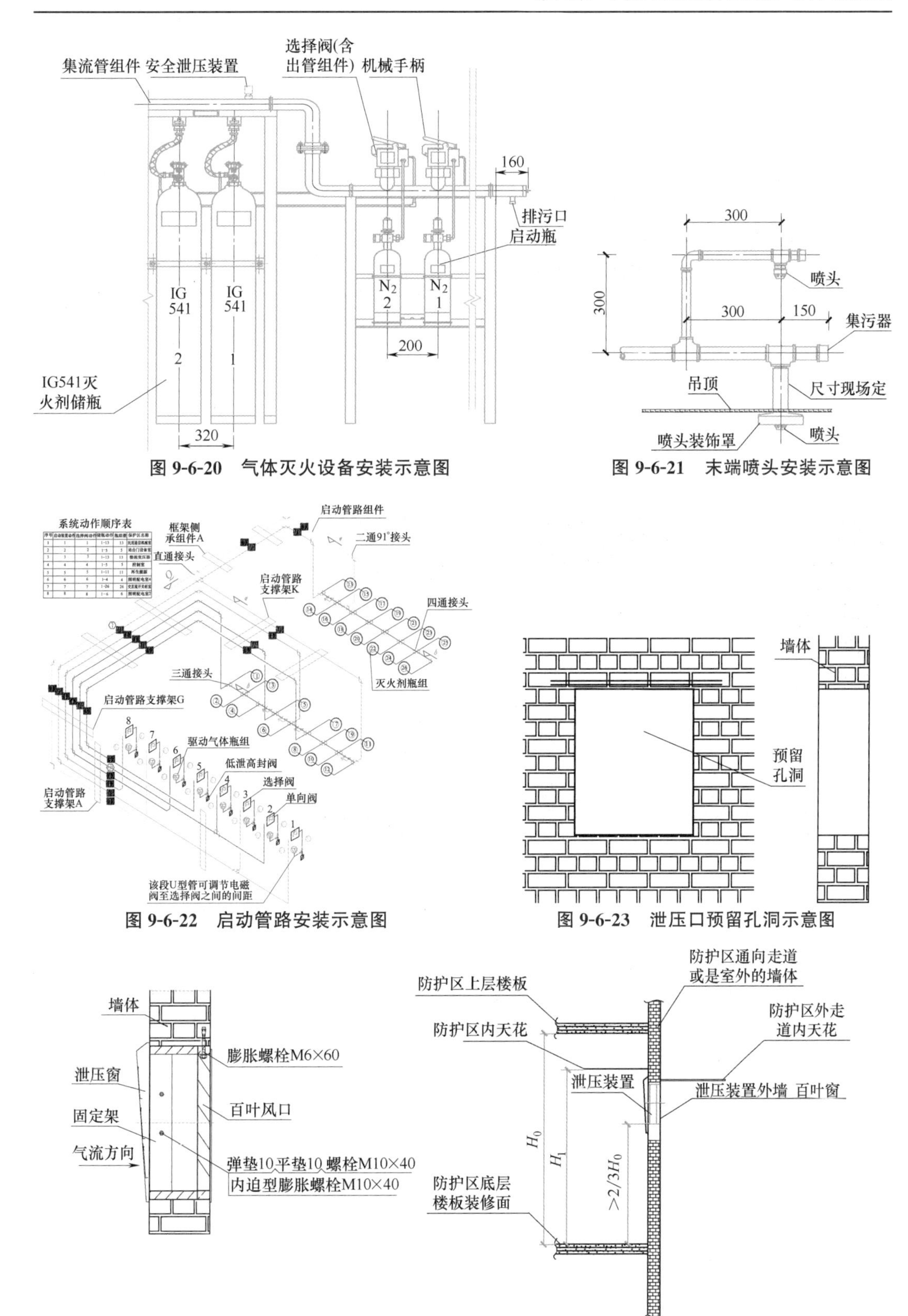

图 9-6-20　气体灭火设备安装示意图

图 9-6-21　末端喷头安装示意图

图 9-6-22　启动管路安装示意图

图 9-6-23　泄压口预留孔洞示意图

图 9-6-24　泄压装置安装示意图

图 9-6-25　灭火剂输送管道

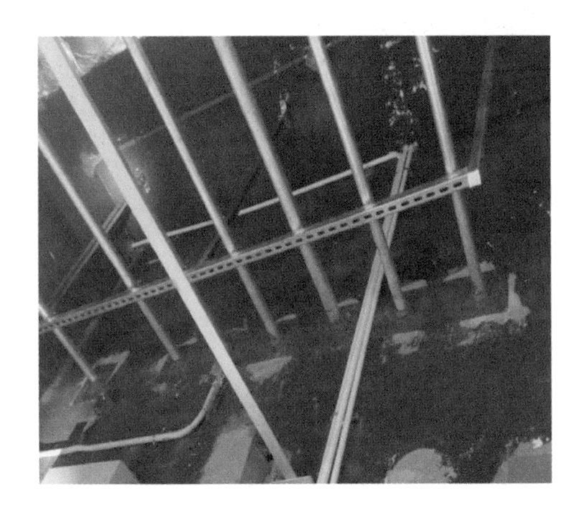

图 9-6-26　防火封堵

图 9-6-27　吊顶下喷头安装

图 9-6-28　无吊顶喷头安装

图 9-6-29　泄压装置

图 9-6-30　泄压口百叶风口

图 9-6-31　连接管、单向阀

图 9-6-32　信号反馈装置

图 9-6-33　启动管路及支架

图 9-6-34　气体灭火装置-灭火剂瓶组

图 9-6-35　气体灭火装置-启动装置、选择阀

第十章

自动售检票系统

自动售检票系统是一种由计算机集中控制的自动售票（包括半自动售票）、自动检票以及自动收费和统计的封闭式自动化网络系统。系统基于计算机、通信、网络、自动控制等技术，实现城市轨道交通售票、检票、计费、收费、统计、清分等管理全过程自动化。本章将自动售检票系统安装工程划分为防水线槽安装、售检票终端设备线缆敷设、自动检票机安装、自动售票机及智能售票终端设备安装、智能客服中心安装、售检票终端设备接地安装等内容。

10.1 防水线槽安装

防水线槽预埋于站厅垫层内，槽体设置强弱电隔板，包括出线盒、分向盒、检修盒、防水连接器、出线口等配件。

10.1.1 施工流程

1. 施工场地应满足以下要求：

（1）结构地面至1米线的距离$\geqslant 1\text{m}+h_{地}+h_{槽}$，$h_{地}$指线槽上部石材铺贴所需高度，$h_{槽}$指线槽高度。

（2）与线槽定位相关的轴线已标注齐全，墙体的预留孔洞位置正确无误。妨碍测量定位、线槽安装的障碍物已移除。

2. 施工前应与装饰装修专业核对导向灯位置，与通信专业核对PIS屏位置，与安防专业核对摄像机位置，与导向专业核对导向标识牌位置，确保各终端位置相匹配。

3. 施工完成后应做好线槽的成品保护，设置明显的警示标识，并做好宣贯工作。

防水线槽安装施工流程如图10-1-1所示。

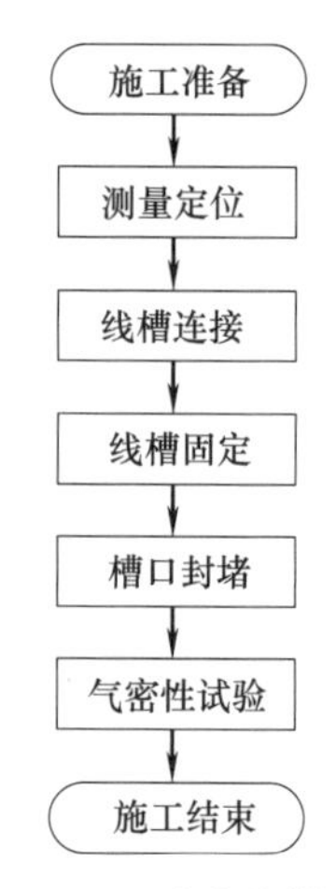

图10-1-1　防水线槽安装施工流程图

10.1.2 精细化施工工艺标准

1. 线槽进场时应进行检查，其型号、规格、数量应满足设计要求。整体防护等级不宜低于IPX7。机械强度应能承受4kN/m^2及以上的压力。

2. 定位测量的基准应为标注的轴线，定位应准确。

3. 线槽连接应满足下列要求：

（1）线槽、接线盒和分向盒接口内应处理光滑、无毛刺，金属管槽不应有生锈现象。管槽切割后应清理毛刺，镀锌金属管槽切割后的端口面应进行防腐处理，线槽内清洁干净无杂物。

（2）线槽应有可靠电气连接并接地，接地电阻符合设计要求。

（3）线槽、接线盒、出线盒的连接应紧密牢固，不因后续施工而产生松动，连接后应无扭曲变形。

（4）线槽的安装位置、出线口位置、检修盒的设置间隔应满足设计要求。

（5）线槽应使用专用防水连接器，连接器安装紧固牢靠，其性能满足防水要求。

（6）同一直线段线槽强弱电的隔板应位于同一位置。

（7）出线盒位置、盒间距应与设备进线口位置相匹配。

（8）槽、盒的端口应标注安装控制线，用于被连接线槽间的间隙控制，连接器线槽连接器水平居中安装于控制线内，不应歪斜。

（9）设备出线口高出装修面的高度应符合设计及运营部门的要求，不宜小于50mm。

（10）设备区走道、公共区线槽进入房间时宜设置变高防水弯，防水弯应满足线缆弯曲半径的要求。房间内墙体与防水弯之间宜用整体线槽。

（11）静电地板下的出线口、检修盒盖板不应与地板撑脚冲突，其位置上部应有合理

的操作空间。

（12）当地面线槽与柱面、墙面线槽连接，应设置上翘弯，其转角满足线缆弯曲半径要求。

4. 线槽固定安装应符合以下要求：

（1）与地面固定牢固可靠。

（2）线槽直线段固定最大间距须符合表 10-1-1 要求，连接器两端 300mm 内应各安装一个固定管卡。

线槽直线段固定最大间距　　表 10-1-1

线槽宽度 W(mm)	50≤W≤150	W>150
线槽固定最大距离(m)	3	2

（3）线槽安装应横平竖直，排列整齐。

（4）选用不小于 M8 的膨胀螺栓进行线槽固定。

（5）线槽固定后的标高应满足大理石铺设的要求。

5. 槽口封堵应符合以下要求：

（1）施工不能连续时，应安装临时堵头密封，防止泥浆、杂物进入槽道。

（2）检修口盖板、出线盒防护盖板固定螺栓齐全、紧固牢固。

6. 气密性试验应符合下列要求：

（1）气密性测试的方法与步骤应严格按照线槽相关指导手册进行。

（2）气密性测试根据施工进度合理分段进行，及时对漏气点进行排查处理。全部安装完成后，进行整体气密性测试。

（3）测试过程中做好相应记录。

10.1.3　精细化管控要点

1. 根据线缆敷设规划，合理优化线槽强、弱电分腔的位置，节省有限的线槽空间。

2. 利用红外水平仪以柱面 1 米线为参考点测量地面标高时，应修正红外水平射线在标尺上的读数，修正值为：测量值±测量点与参考点间坡向水平距离×放坡系数。

3. 当施工前结构地面标高测量结果不满足要求时，可参照表 10-1-2 并结合线槽供货周期、工程进度节点、建设单位意见确定应对方案。

标高不满足要求的应对方案　　表 10-1-2

测量结果	原因	可以采取的方案
局部标高不满足要求	结构混凝土浇筑过厚	凿除过厚混凝土
	结构钢筋(含保护层)干涉	1. 改变线槽路由。 2. 线槽变径。 3. 装修层局部放坡消化
大面积标高不满足要求	结构混凝土浇筑过厚	1. 凿除过厚混凝土。 2. 线槽变径。 3. 协调抬高装修 1 米线
	结构钢筋(含保护层)干涉	1. 协调抬高装修 1 米线。 2. 线槽变径

注：采取线槽变径方案时其截面尺寸应满足线缆敷设要求，线槽变宽后不应影响固定设备的化学锚栓种植。并根据需要在变径部位一侧或者两侧增设检修盒。

4. 安装完成后应对出线盒位置、间距全部进行测量，确保准确、无误。

5. 隐蔽前纠正受外力移位的线槽，更换被损坏变形的线槽，并及时做好气密性试验。

6. 站厅施工现场交叉施工情况较为普遍，经过的载重运输车辆易造成线槽移位和变形的主要原因。应积极与相关单位进行沟通，运输路径应尽量避开地面线槽。无法避开的线槽做好护坡、覆盖等措施。

7. 向地面石材铺装施工单位交底石材开口位置、尺寸要求。

10.1.4 效果示例

相关实物效果如图 10-1-2～图 10-1-7 所示。

图 10-1-2 出线盒、分向盒盖板固定

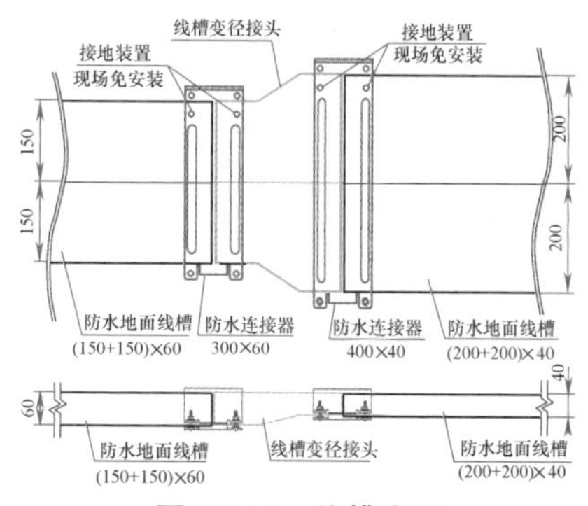

图 10-1-3 线槽变径

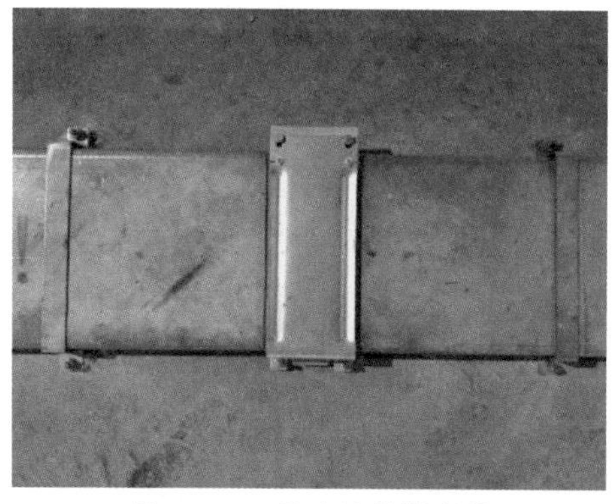

图 10-1-4 防水连接器安装

图 10-1-5 线槽安装排列

图 10-1-6 出线口防护盖板安装

图 10-1-7 防水线槽成品保护警示标识

10.2 售检票终端设备线缆敷设

售检票终端设备线缆种类包括数据线缆、电源电缆、控制电缆、检票机过桥线等，实现设备的电源供应、数据通信、检票机释放等功能。

10.2.1 施工流程

1. 线缆敷设宜在地面装饰石材铺贴完成后进行。

2. 线缆敷设前确认线槽的分向盒、检修盒、出线盒上部无遮挡。石材开口尺寸满足线槽检修盒、出线盒、分向盒盖板打开要求。

3. 出线口的高度应符合要求，出线口应无毛刺、快口。

4. 检查线槽内应无渗水、无杂物，线槽开口处光滑无毛刺。

售检票终端设备线缆敷设施工流程如图 10-2-1 所示。

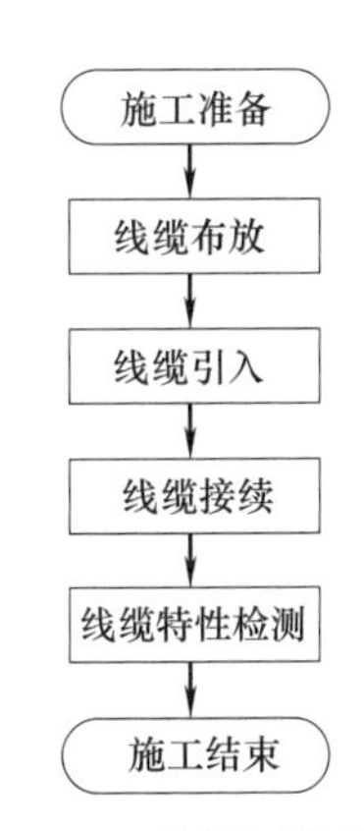

图 10-2-1 售检票终端设备线缆敷设施工流程图

10.2.2 精细化施工工艺标准

1. 线缆布放应符合下列要求：

(1) 数据线缆、电源电缆和控制电缆的型号、规格、数量、质量及敷设路径、敷设方式、排布间距应满足设计要求。

(2) 数据线缆、控制电缆与电源应分槽敷设。

(3) 电源布线应符合下列规定：

1) 交流电源线和直流电源线线缆应分开布放，不应绑在同一束内。

2) 电源线缆应采用整段线料，整段线料中不得有接头，布线不受外力的挤压和损伤。

3) 电源线缆与数据线缆交叉敷设时宜成直角，当平行敷设时，电源线缆与数据线缆的间距应满足设计要求。

(4) 线缆两端及经过分线盒应有标识和标签，应标明线缆的型号、起点、终点和用途，标识和标签应齐全、清晰、准确、牢固，标签选用防水、防刮、防撕的材料。

(5) 线缆敷设平直、无扭绞、打圈、表面护层划伤开裂等现象，

(6) 线槽敷设截面利用率应符合相关标准和规范要求。

(7) 线缆敷设完成后，恢复检修盒盖板，盖板螺栓安装齐全、紧固。

(8) 盘留在地面上的线缆应绑扎整齐，盘留位置安全、可靠。

2. 线缆引入应符合下列要求：

(1) 线缆引入时，引入口处应采取防护措施。

(2) 配线设备端子跳线排列应整齐顺直。

(3) 线缆引入的长度应满足设备成端要求。

(4) 线缆引入完成后，机柜、设备底部应做好防火封堵。

3. 线缆接续应符合下列要求：

(1) 终端设备内的光缆终端盒安装应牢固，光缆的加强芯应紧固在接头盒内，光纤收容时弯曲半径不应小于 40mm，光缆的弯曲半径不应小于外护套的 20 倍。

（2）电力线缆的芯线与设备的连接应符合下列规定：

1）截面积在 10mm² 及以下的单股铜芯线，应直接与设备端子连接。

2）2.5mm² 及以下的多股铜芯线，应拧紧搪锡或压接端子后再与设备端子连接。

3）截面积大于 2.5mm² 的多股铜芯线，除设备自带插接式端子外，应焊接或压接端子后再与设备端子连接，多股铜芯线与插接式端子连接前，端部应拧紧搪锡。

4）每个设备的端子接线不应多于两根。

（3）电力线缆的芯线连接管和端子规格应与芯线的规格适配，且不应采用开口端子。

（4）同一工程中，电线绝缘层颜色应选择一致。

4. 光缆特性检测应符合下列要求：

（1）每根光纤接续损耗平均值 α 应符合下列规定：

1）单模光纤取值范围应为 $\alpha \leqslant 0.1$dB。

2）多模光纤取值范围应为 $\alpha \leqslant 0.2$dB。

（2）光缆段每根光纤接头损耗平均值 α 应符合下列规定：

1）单模光纤取值范围应为 $\alpha \leqslant 0.08$dB；

2）多模光纤取值范围应为 $\alpha \leqslant 0.2$dB；

（3）每根光纤活动连接器损耗平均值 α 应符合下列规定：

1）单模光纤取值范围应为 $\alpha \leqslant 0.7$dB；

2）多模光纤取值范围应为 $\alpha \leqslant 1.0$dB；

（4）光缆中继段光纤线路的测试值应小于光缆中继段光纤线路衰减计算值。其计算值应按下式计算：

$$\alpha_1 = \alpha_0 L + \bar{\alpha} n + \bar{\alpha}_c m \text{(dB)}$$

式中：α_0——光纤衰减标称值（dB/km）；

$\bar{\alpha}$——光缆中继段每根光纤接头平均损耗（dB）；

$\bar{\alpha}_c$——光纤活动连接器平均损耗（dB）；

L——光中继段长度（km）；

n——光缆中继段内每根光纤接头数；

m——光缆中继段内每根光纤活动连接器数。

（5）光缆布线链路的衰减在规定的传输窗口应符合表 10-2-1 的规定。

光缆布线链路的衰减　　表 10-2-1

布线	链路长度(m)	衰减			
		单模光纤		多模光纤	
		1310nm	1550nm	850nm	1300nm
水平(dB/km)	100	≤2.2	≤2.2	≤2.5	≤2.5
水平配线子系统(dB/km)	500	≤2.7	≤2.7	≤3.9	≤2.6
垂直干线子系统(dB/km)	1500	≤3.6	≤3.6	≤7.4	≤3.6

（6）光纤布线链路的最小回波损耗应符合表 10-2-2 的规定。

光纤布线链路的最小回波损耗　　表 10-2-2

类别	单模光纤		多模光纤	
波长(nm)	1310	1550	850	1300
光回波损耗(dB)	≥26	≥26	≥20	≥20

5. 对照施工设计图纸和技术规范的要求，按照先主干后分支的顺序布放缆线。编制线缆敷设点表，点表中应注明各点位预留要求。

6. 合理规划线缆径路和分槽的使用，尽量减少交叉。线缆敷设到位后，逐个分向盒进行检查，回抽堆积的缆线，使各线缆在盒内呈平铺状态。

10.2.3　精细化管控要点

1. 线缆敷设前应放开扭绞。

2. 线缆进入槽、管处应做好防刮措施。

3. 控制线缆、电力线缆敷设完成后，应进行绝缘测试，及时更换敷设过程中绝缘损坏的线缆。

4. 正确区分过桥线主、副端，按设备布置正确敷设。

10.2.4　效果示例

安装效果如图 10-2-2、图 10-2-3 所示。

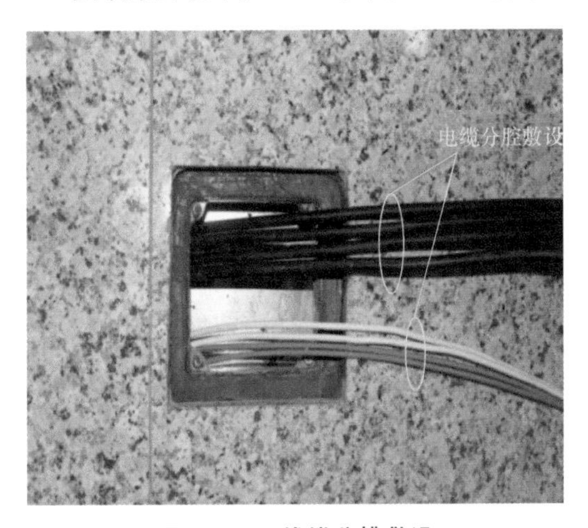

图 10-2-2　线缆分槽敷设

图 10-2-3　线缆分类绑扎并保持间距

10.3　自动检票机安装

自动检票机包括进站检票机、出站检票机、双向宽通道检票机。通常检票机阵列的交换机安装于阵列两边的检票机内。检票机与装饰栏杆、边门等一起分隔付费区与非付费区。

10.3.1　施工流程

1. 与自动检票机安装相关的地面石材铺贴已完成、场地已清理，具备安装条件。

2. 已安装的分区栏杆间预留宽度≥阵列整体宽度＋设备门拆卸所需空间宽度。

3. 安装设备后无法引入的各类线缆已敷设到位，预留长度符合要求，自动检票机过桥线主副端正确无误。

4. 检查跨自动检票机底部石材无破损、开裂现象。

5. 盲道的设置与宽通道检票机位置相符，施工单位应在石材铺设前对宽通道检票机的安装位置进行交底。

6. 自动检票机安装完成后应做好防尘、防潮、防碰撞的保护措施。

自动检票机安装施工流程如图 10-3-1 所示。

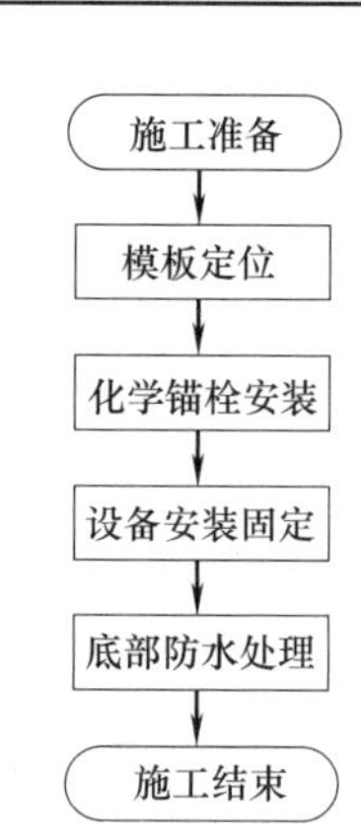

图 10-3-1　自动检票机安装施工流程图

10.3.2　精细化施工工艺标准

1. 自动检票机进场时应开箱检查，设备及附件应完好无缺，资料应齐全

2. 模板定位应符合下列要求：

（1）不同类型自动检票机外形宽度有差异时，放置安装模板时应注意各类检票机模板的区分。

（2）模板数量宜与最大阵列的检票机数量相等。

（3）阵列两边距栏杆的距离宜相等。至柱面、墙面按设计留出操作和维护空间。

（4）模板定位后横平竖直、各模板的头尾应位于同一直线，进线口与线槽出线口应留有合理空隙。定位位置满足设计要求。

（5）根据模板标记锚栓打孔位置，标记准确、清晰。

3. 化学锚栓安装应符合下列要求：

（1）选用的化学锚栓类型、规格符合设计要求。

（2）化学锚栓的安装和固化严格按照其产品说明书进行。

（3）化学锚栓高出装修完成面的长度，应满足设备安装要求。

4. 自动检票机安装固定应符合下列要求：

（1）自动检票机的安装位置应满足设计要求。

（2）自动检票机设备安装的通道宽度应满足设计要求。

（3）自动检票机安装垂直偏差和水平偏差不应大于 3‰。

（4）自动检票机水平间隔偏差不应大于 5‰。

5. 安装于自动检票机上方的顶棚导向显示设备应牢固、安装位置满足设计要求。

6. 地面石材开口不应外露于设备底部。

7. 设备固定完毕后，在设备底部与大理石衔接处用防水密封胶进行勾缝处理，宜采用设备底座同色或透明的防水密封胶。

8. 自动检票机的接地阻值应符合设计要求。

10.3.3　精细化管控要点

1. 施工人员应能熟练区分进站检票机、出站检票机、双向宽通道检票机。

2. 准确定位模板，模板的使用应特别注意其尺寸与底框尺寸是否一致，模板使用不当易造成地面石材开口无法隐蔽于设备底部。模板数量宜与阵列检票机数量相等。

3. 化学锚栓植入前安装孔应做好清灰处理，固化时间满足产品要求。

4. 化学锚栓打孔时注意控制力度，防止地面石材崩裂。宜采用石材专用开孔器。

5. 化学锚栓植入时保持垂直。固化前对化学锚栓植入区域进行防护隔离，防止误碰撞引起偏移。

6. 自动检票机安装垂直度偏差、水平偏差、水平间隔偏差并做好记录。

7. 自动检票机接地连接应可靠、牢固，接地电阻满足设计要求。测试全部自动检票机接地电阻，并做好记录。

10.3.4　效果示例

安装效果如图 10-3-2～图 10-3-7 所示。

图 10-3-2　模板定位

图 10-3-3　自动检票机成品保护

图 10-3-4　锚栓安装

图 10-3-5　自动检票机安装（一）

图 10-3-6　自动检票机安装（二）

图 10-3-7　底部防水处理

10.4　自动售票机及智能售票终端设备安装

自动售票机、智能售票终端设备安装于车站公共区为旅客提供售票服务。安装方式包括嵌入式安装、公共区落地明装。

10.4.1 施工流程

1. 与自动售票机、智能终端安装相关的地面石材铺贴已完成、场地已清理，具备安装条件。

2. 安装后无法引入的各类线缆已敷设到位，预留长度符合要求。

3. 安装前检查自动售票机、智能终端设备底部石材无破损、开裂现象。

自动售票机及智能售票终端设备安装施工流程如图10-4-1所示。

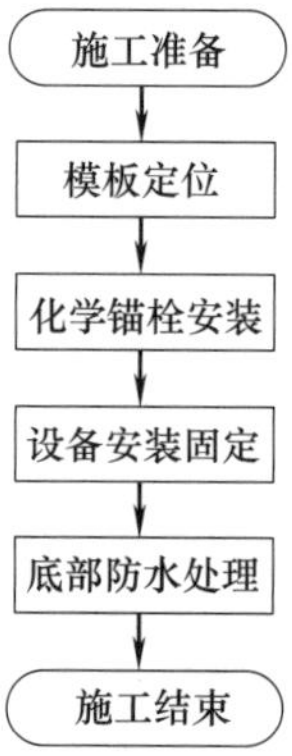

施工准备 → 模板定位 → 化学锚栓安装 → 设备安装固定 → 底部防水处理 → 施工结束

图10-4-1 自动售票机及智能售票终端设备安装施工流程图

10.4.2 精细化施工工艺标准

1. 设备进场时应开箱检查，设备及附件应完好无缺，资料应齐全。

2. 模板定位应符合下列要求：

（1）根据施工图在站厅层大理石面划出相应的定位轴线，使用配套的模板进行定位。

（2）模板定位后横平竖直、各模板的应位于同一直线。模板的进线口与线槽出线口不宜紧贴。

（3）根据模板孔位标记地面化学锚栓打孔位置，标记准确、清晰。

3. 化学锚栓安装应符合下列要求：

（1）选用的化学锚栓类型、规格符合设计要求。

（2）化学锚栓的安装和固化严格按照其产品说明书进行。

（3）化学锚栓高出装修完成面的长度，应满足设备安装要求。

4. 设备安装固定应符合下列要求：

（1）设备的安装位置应满足设计要求。

（2）设备安装垂直偏差和水平偏差不应大于3‰。

5. 底部防水处理应符合下列要求：

设备固定完毕后，在设备底部与大理石衔接处用防水密封胶进行勾缝处理，宜采用设备底座同色或透明的防水密封胶。

6. 设备内嵌式安装时应向装修单位交底设备相关尺寸，配合做好设备的收边收口工作。

10.4.3 精细化管控要点

1. 模板定位应准确、无误。

2. 化学锚栓植入前安装孔应做好清灰处理，固化时间满足产品要求。

3. 设备安装垂直度偏差、水平偏差满足设计要求。

4. 设备完成安装后应做好防尘、防潮、防碰撞的保护措施，嵌入式安装的设备周围有钢架焊接施工时，应用防火布覆盖，屏幕位置应进行双重保护，并在防护表面张贴醒目警示标语。

5. 设备与周围建筑构造物之间的空间距离满足维护要求。设备内嵌式安装时，设备门打开角度不受装饰面限制。

6. 设备的接地阻值应符合设计要求。

7. 以整组中最高的设备为基准，其他设备与其平齐。设备间的缝隙上下均匀。

10.4.4　效果示例

安装效果如图 10-4-2～图 10-4-7 所示。

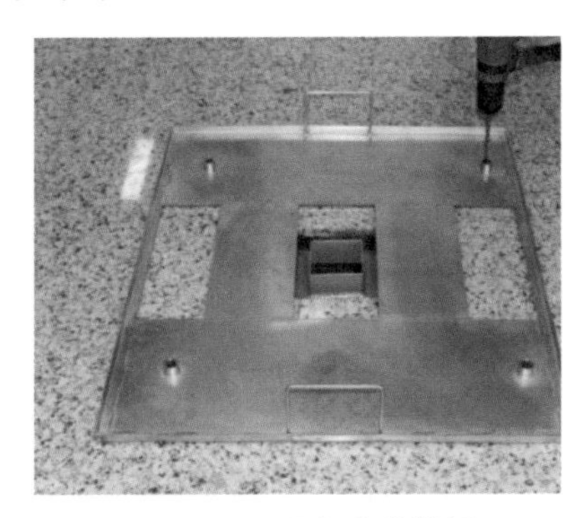

图 10-4-2　设备安装模板

图 10-4-3　成品保护

图 10-4-4　自动售票机间隔安装

图 10-4-5　自动售票机嵌入式安装

图 10-4-6　自动售票机连续安装

图 10-4-7　智能售票终端

10.5　智能客服中心安装

智能客服中心安装于站厅公共区，集自助票务、语音问询、周边景点、商圈等生活咨询提供等功能于一体，为乘客提供便捷的一体化网络服务。

10.5.1　施工流程

1. 智能客服中心安装应在大理石铺贴完成、上部其他专业施工完毕后进行。

2. 施工完成后做好成品保护措施。

智能客服中心安装施工流程如图 10-5-1 所示。

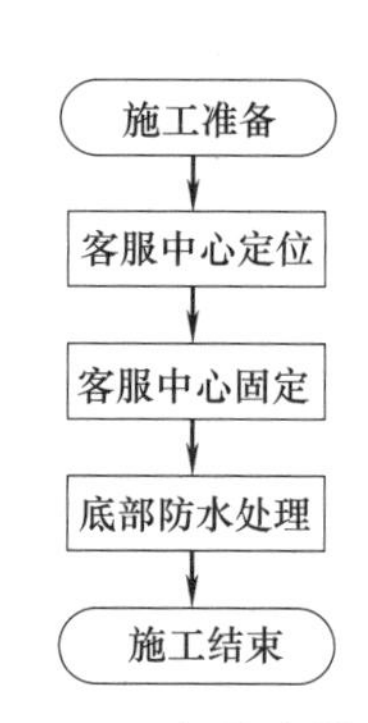

图 10-5-1　智能客服中心安装施工流程图

10.5.2　精细化施工工艺标准

1. 智能客服中心进场时应进行检查，其外形、漆面、预装设备完好无破损。相关附件齐全。

2. 智能客服中心定位应符合下列要求：

(1) 定位位置符合设计要求。

(2) 摆放应横平竖直。

(3) 上部的导向牌相适应。

3. 智能客服中心固定应符合下列要求。

(1) 选用的化学锚栓规格符合设计要求。

(2) 化学锚栓的固化时间应满足锚栓产品说明书的要求。

(3) 内部的出线口位置，应满足线缆敷设要求。

(4) 安装位置正确、固定牢固可靠。

(5) 智能客服中心的水平度应满足设计要求。

4. 智能客服中心固定完毕后，在底部与大理石衔接处用防水密封胶进行勾缝处理，宜采用与智能客服中心底部同色或透明的防水密封胶。

5. 附件设备安装位置准确、垂直度符合相关要求。操作面应留有合理的操作空间。

6. 智能客服中心及其附件设备应可靠接地。

10.5.3　精细化管控要点

1. 定位时应参照定位基准线精准测量。

2. 用红外水平仪对智能客服中心进行水平度测量，以地面最高点为基准，低的部分应用铁片垫实、垫平后进行固定。

3. 积极与导向单位沟通，智能客服中心与上部导向设置位置应相匹配。

10.5.4　效果示例

智能客服中心安装效果如图 10-5-2 所示。

图 10-5-2　智能客服中心

10.6　售检票终端设备接地安装

通过接地线缆与检票机、售票机等终端设备金属外壳可靠连接，不仅可以避免设备金属外壳漏电伤害人体，还可以减少设备在工作时的相互干扰。

10.6.1　施工流程

售检票终端设备接地安装施工流程如图 10-6-1 所示。

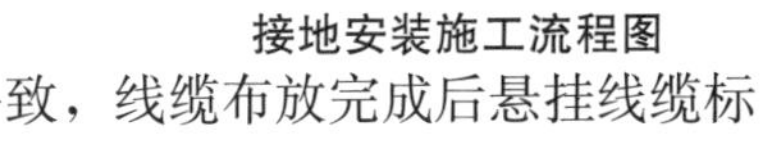

图 10-6-1　售检票终端设备接地安装施工流程图

10.6.2　精细化施工工艺标准

1. 接地线缆敷设应符合下列要求：

（1）线缆型号、规格应满足设计文件要求。

（2）线缆的弯曲半径应符合设计和规范要求。

（3）接地连接导线不应有接头。

2. 接地线缆成端应符合下列要求：

（1）接地线缆布放横平竖直、弧度优美统一，间距一致，线缆布放完成后悬挂线缆标识牌，标签识别清晰，内容符合相关要求。

（2）接地线缆与接线端子连接时，需用相应型号的铜接头压接后再与接线端子连接，连接牢固可靠，用手扯动时不应有松动现象。

（3）接地线缆两端标识清晰，起点、终点、线缆型号、用途等标注齐全。

3. 接地方式、设备接地端子排列、地线接入及连接应满足设计要求。

4. 接地铜排间、接地铜排与线缆接地端子间连接牢固、可靠。

5. 接地连接绝缘铜芯导线截面积应满足设计要求。

6. 接地连接应可靠、牢固，接地电阻值满足设计要求，用钳形接地电阻测试仪测试并做好记录。

10.6.3　精细化管控要点

1. 采用与线缆铜芯截面积相匹配的铜接头，铜芯导线进入铜接头的长度应符合规范要求。用专用工具进行压接，压接完成后验证压接牢固度。

2. 铜排、铜接头固定螺栓的规格选用适当，平垫、弹垫等配件齐全。固定后摇动铜接头根部应无晃动现象。

10.6.4　效果示例

接地成端效果如图 10-6-2、图 10-6-3 所示。

图 10-6-2　售票机接地成端

图 10-6-3　检票机地线成端

第十一章

安防系统

安防系统是城市轨道交通的一道重要安全关卡，能有效防止危险物品进入车站区域，以避免突发的危险事件发生，保证乘客及公共财产的安全。安防系统主要由站内摄像机安装、室外立柱摄像机安装、场段电子围栏安装、场段振动光缆安装、入侵探测器安装、门禁控制箱安装、读卡器及开门按钮安装、安检设备安装组成。

11.1 站内摄像机安装

通过固定摄像机、半球摄像机、球形摄像机对车站及区间各重要区域进行监控，摄像机利用壁装支架、吊装支架或吸顶的方式进行安装。

11.1.1 施工流程

站内摄像机安装施工流程如图 11-1-1 所示。

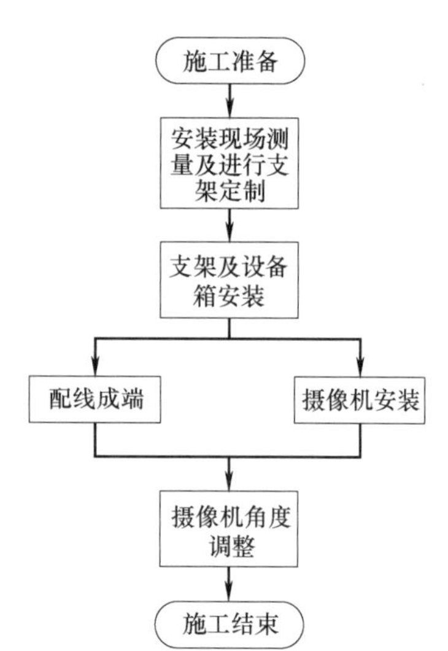

图 11-1-1 站内摄像机安装施工流程图

11.1.2 精细化施工工艺标准

1. 室内摄像机安装应符合下列要求：

（1）核查摄像机支架的材质、尺寸应满足设计要求，摄像机的型号、规格应符合设计及合同要求。

（2）与装饰装修专业对接装修吊顶标高、站内装修样式及格栅间距等，确认摄像机吊杆长度满足要求，摄像机吊杆与格栅无冲突；与导向、通信等专业对接导向标识牌、时钟、乘客信息等终端设备位置，确认摄像机正常取景不受影响。

（3）安装位置所能监视的目标、照射的范围应符合设计及运营要求。

（4）成端前，摄像机线缆应敷设完成，光、电缆预留应符合设计要求。

2. 测量定位应符合下列要求：

（1）根据施工图纸对现场进行核对，确定摄像机安装位置、安装高度。

（2）摄像机安装位置应与装修格栅、其他系统终端设备无冲突，如有冲突应及时协调进行安装点位调整。

（3）站厅、站台层与紧急电话联动的摄像机应能照射到紧急电话区域，同时兼顾公共区的照射；楼扶梯摄像机应能照射整个楼扶梯通道；站台屏蔽门摄像机在同侧站台安装位置应在同一直线，照射范围应覆盖整个站台屏蔽门并均匀分布，不应存在盲区。

（4）室外出入口摄像机安装前应与装饰装修专业确认出入口的结构、构造，非格栅吊顶需预留摄像机安装孔。室外出入口处的楼扶梯摄像机宜安装在卷帘门内。

（5）站内公共区及出入口走廊的摄像机，安装位置与其他系统的构件（风管、水管、支架等）存在冲突且均无法更改安装位置时，应定制异形安装支架进行安装。

（6）站台端门外摄像机应结合现场情况合理选用吊装或壁装方式。

（7）车控室摄像机安装位置还应符合运营要求，摄像机照射范围应兼顾各系统操作终端。

（8）区间摄像机安装应注意安装完成后，摄像机安装位置不侵限，摄像机照射角度符合设计、运营要求，安装方式宜为壁装，管片的区间严禁打孔的，采用卡槽安装。

（9）摄像机安装采用吊装方式时宜选用可调节高度支架，如图 11-1-2 所示。

3. 支架及设备箱安装应符合下列要求：

（1）选用可调节高度支架时，其适用范围应与摄像机安装高度相匹配。

（2）摄像机支架安装钻孔时应避开结构的伸缩缝、渗水漏水部位，壁装时还应避开预埋管线，如图 11-1-3、图 11-1-4 所示。

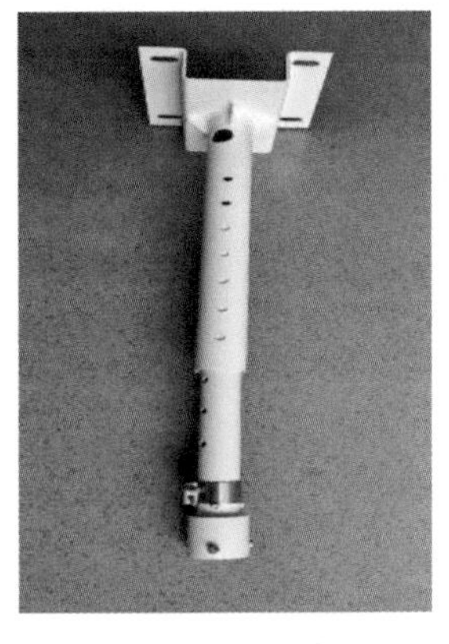

图 11-1-2　可调节高度支架

图 11-1-3　吊装支架

图 11-1-4　壁装支架

（3）在钢结构上钻孔时，位置、孔径应同时符合装饰装修专业要求，严禁使用气割开孔。

（4）摄像机支架应安装稳固，吊装、壁装时支架应横平竖直，异形支架安装方向应正确。

（5）摄像机设备箱与支架连接件应安装牢固，设备箱安装高度应高于装修吊顶。

4. 摄像机安装应符合下列要求：

（1）用螺栓将摄像机固定在支架上，连接应牢固，如图 11-1-5～图 11-1-7 所示。

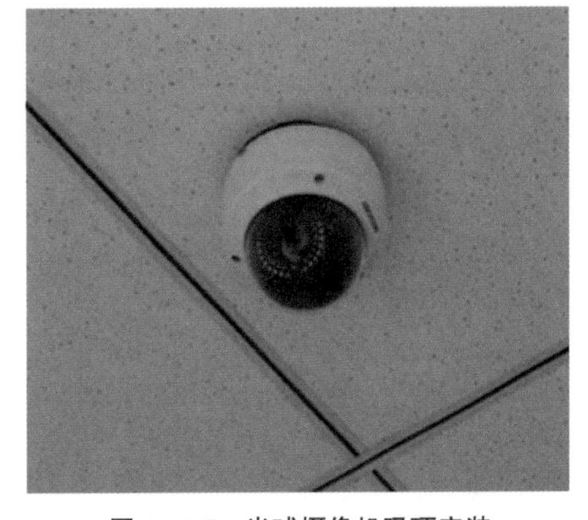

图 11-1-5　半球摄像机吸顶安装

图 11-1-6　球形摄像机吊装

图 11-1-7　枪型摄像机吊装

（2）摄像机安装后应进行照射角度、俯仰角粗调，并进行角度固定。

5. 配线成端应符合下列要求：

（1）光、电缆从防护管引出后，应使用金属软管防护，预留缆线可进行盘留，弯曲半径应符合设计要求，如图 11-1-8 所示。

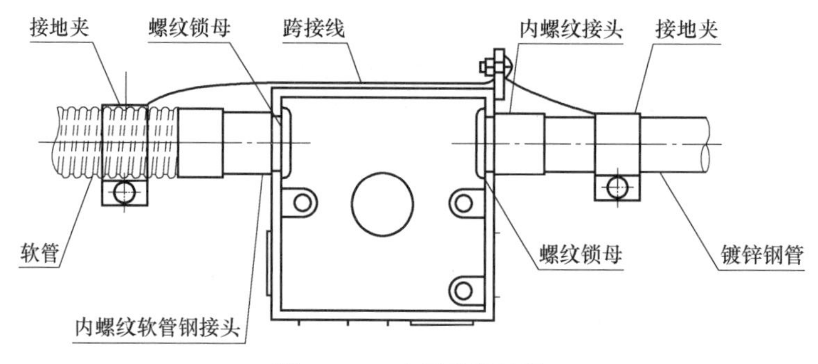

图 11-1-8　金属软管连接

（2）光、电缆进出设备箱应有防护措施。

（3）从摄像机引出的电缆预留，不得影响摄像机的转动。

（4）防护管及配线应走向合理、绑扎牢固，整齐美观。

（5）光、电缆应根据缆线规格型号、设备接口类型进行成端，并与设备可靠连接。

（6）光缆成端后，应进行光路衰耗测试，衰耗测试结果应满足摄像机对光路衰耗值的要求；对电缆进行绝缘电阻及导通测试，测试结果应满足设计及规范要求。

（7）完成光、电路测试后，对光、电缆进行台账记录，并张贴线号标签。

6. 配合调试应符合下列要求：

（1）根据使用单位要求并结合设计要求的照射角度，对摄像机进行角度调整。

（2）照射角度满足要求后，对摄像机使用紧固螺栓进行紧固，避免角度偏移。

7. 检查验收应符合下列要求：

（1）安装位置应符合设计及运营要求。

（2）通过安防系统平台检查摄像机照射角度应符合设计及运营要求。

（3）室内摄像机支架安装应符合设计及运营要求。

（4）摄像机的出线部分应采取防护措施。

（5）线缆的标签标识内容应符合相关要求。

11.1.3　精细化管控要点

1. 摄像机支架安装时应注意和装修的配合，支架的颜色应全线保持一致。

2. 安装位置应符合施工图纸要求，同区域的摄像机安装高度宜统一。

3. 摄像机应结合安装位置、装修方案、导向牌设置等统筹考虑安装方式。

4. 公共区的摄像机安装应避免交叉施工造成损坏，宜在吊顶施工完成后再进行终端安装。

5. 公共区摄像机支架上部吊杆不应露出吊顶；遇封闭式吊顶时，支架下部吊杆伸出位置需装修专业配合开孔；遇格栅式吊顶时，支架下部吊杆应从格栅的缝隙中伸出。

6. 区间摄像机安装时，应注意不侵限，膨胀螺栓应具备防锈、防腐蚀性能。

7. 在装修单位进行喷黑施工时，支架露出吊顶部分应采取保护措施，避免二次污染。

8. 摄像机连接处光电缆及尾纤的引入、引出、预留应采用保护管防护。

9. 支架安装应牢固，横平竖直，前后位于一条直线上。采用可调节高度的支架时，上、下部吊杆应连接牢固。

10. 摄像机照射角度应符合设计及运营要求。

11. 电动云台摄像机的转动半径内应无障碍物。

12. 根据现场环境应做好摄像机（含安装杆）及设备箱的成品保护。

11.1.4　效果示例

安装效果如图 11-1-9 所示。

图 11-1-9　站厅层吊挂枪型摄像机安装

11.2　室外立柱摄像机安装

应用于摄像机无法借助于建筑结构进行安装的场景，摄像机安装于室外立柱上，使其照射范围满足要求。

11.2.1　施工流程

1. 核查接地体、预埋件、立柱等构件材料的材质、规格、尺寸应满足设计要求，立柱应具备防锈、防腐蚀性能。

2. 核查摄像机的型号、规格应符合设计及合同要求。

3. 核查摄像机的设备防护等级满足设计及规范要求。

4. 成端前，摄像机缆线应敷设完成，光、电缆预留应符合设计要求。

室外立柱摄像机安装施工流程如图 11-2-1 所示。

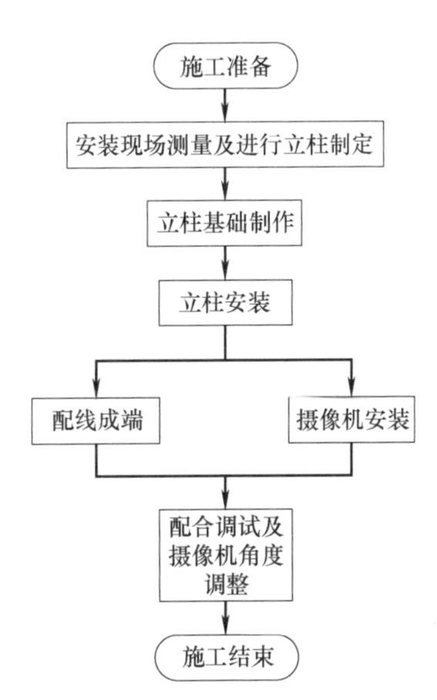

图 11-2-1　室外立柱摄像机安装施工流程图

11.2.2　精细化施工工艺标准

1. 测量定位应符合下列要求：

（1）与装饰装修单位确定出入口最终标高。

（2）与设计及运营单位确定最终安装位置。

2. 立柱基础制作应符合下列要求：

（1）立柱基础开挖尺寸、深度应符合设计要求。

（2）接地体应符合设计要求，接地电阻应小于 10Ω。

（3）预埋件安装时，地脚螺栓垂直度、间距应符合设计要求，螺栓露出的长度应保持一致并满足安装需求。

（4）缆线预埋管出口高度应高于基础顶面，并进行防水措施。

（5）立柱基础浇筑模具的尺寸应符合设计要求，浇筑的混凝土应符合规范要求。

（6）立柱基础养护方式、养护期应符合相关技术标准的规定。

3. 立柱安装应符合下列要求：

（1）立柱安装应牢固，柱体垂直。

（2）立柱上预留的缆线引出孔洞，应采取防水措施。

（3）摄像机安装支架连接牢固，支架方向应符合设计要求。

（4）摄像机设备箱与立柱连接件安装牢固，高度符合设计要求。

（5）立柱上应安装避雷针，确保安装的设备在有效保护范围之内；避雷针接地引下线应符合设计要求，如图 11-2-2 所示。

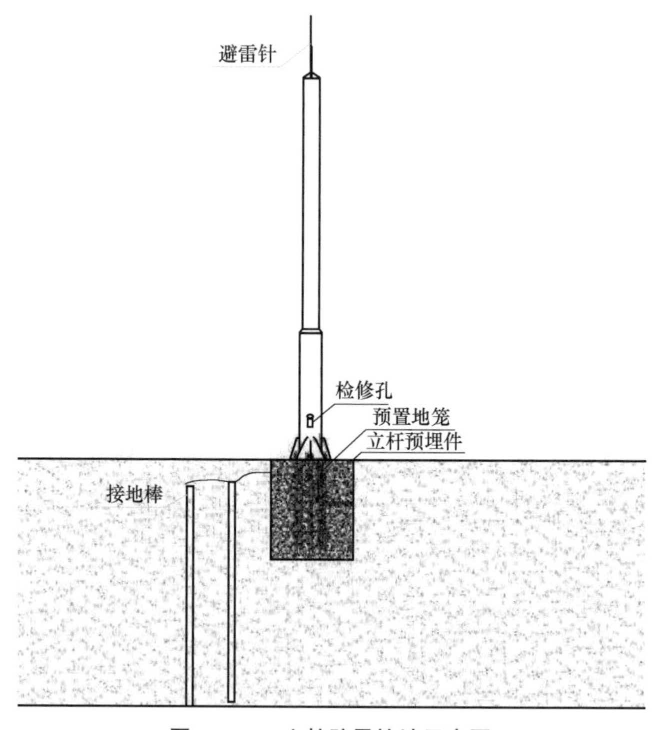

图 11-2-2　立柱防雷接地示意图

4. 摄像机安装应符合下列要求：

（1）摄像机的安装型号应符合设计要求。

（2）利用螺栓将摄像机固定在支架上面，连接应牢固，如图 11-2-3、图 11-2-4 所示。

（3）配置万向节的摄像机，应先将万向节固定至摄像机支架上，再将摄像机固定在万向节上面，安装须牢固可靠。

（4）摄像机安装后应进行照射角度、俯仰角粗调，并进行角度固定。

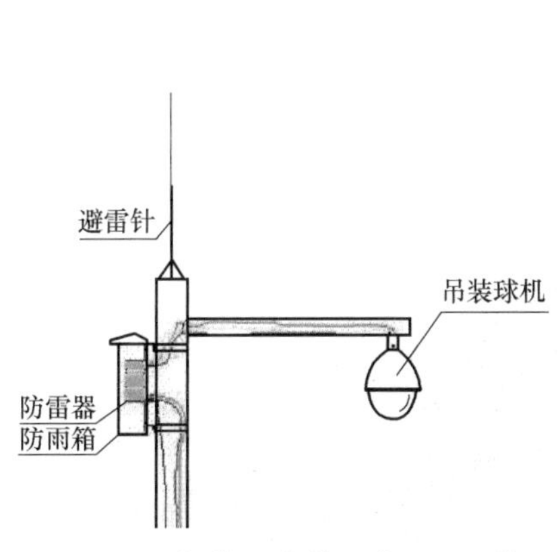

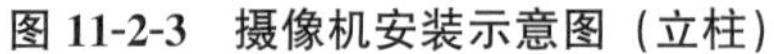

图 11-2-3　摄像机安装示意图（立柱）

图 11-2-4　摄像机安装

（5）摄像机立杆应与基础连接牢固，连接螺栓应具备防锈、防腐蚀性能。

5. 配线成端应符合下列要求：

（1）光、电缆进出设备箱应有防护措施。

（2）设备接线时，缆线通过立柱预留孔接入摄像机。

（3）从摄像机引出的电缆预留，不应影响摄像机的转动。

（4）光、电缆应根据缆线规格型号、设备接口类型进行成端，并与设备可靠连接。

（5）光缆成端后，应进行光路衰耗测试，衰耗测试结果应满足摄像机对光路衰耗值的要求；对电缆进行绝缘电阻及导通测试，测试结果应满足设计及规范要求。

（6）完成光、电路测试后，对光、电缆进行台账记录，并张贴线号标签。

6. 配合调试应符合下列要求：

（1）根据使用单位要求并结合设计要求的照射角度，对摄像机进行角度调整。

（2）照射角度符合要求后，对摄像机使用紧固螺栓进行紧固，避免角度偏移。

7. 检查验收应符合下列要求：

（1）安装位置应符合设计及运营要求。

（2）通过安防系统平台检查摄像机照射角度应符合设计及运营要求。

（3）室外摄像机支柱安装应符合设计及运营要求。

（4）室外摄像机、室外机箱的防雷接地应符合设计要求。

（5）摄像机的出线部分应采取防护措施。

（6）线缆的标签标识内容应符合相关要求。

11.2.3　精细化管控要点

1. 接地体连接可靠，连接处应做好防腐处理，接地电阻应小于 10Ω。

2. 摄像机立柱的埋深应符合设计要求。

3. 混凝土基础的强度等级应符合设计要求，养护方式、养护期应符合相关技术标准的规定。

4. 立柱避雷针安装位置及高度应符合设计要求，避雷针安装牢固、端正。

5. 摄像机照射角度应符合设计及运营要求。

11.2.4 效果示例

安装效果如图 11-2-5、图 11-2-6 所示。

图 11-2-5 地面段室外摄像机

图 11-2-6 停车场室外摄像机

11.3 场段电子围栏安装

场段电子围栏是周界电子报警系统的前端部分，主要由防区控制箱、终端杆、终端杆绝缘子、承力杆、承力杆绝缘子、中间杆、中间杆绝缘子、万向底座、合金线、高压线、线对线连接器、紧线器、避雷器、警示牌、声光警灯等组成。

11.3.1 施工流程

1. 核查电子围栏设备的型号、规格应符合设计及合同要求。

2. 对设防区域进行施工调查，合理划分防区；确定防区控制箱安装位置。

3. 电子围栏径路与植物间最小间距 200mm（植物摇摆时不能碰到电子围栏），与通信线路间距不小于 2000mm。

4. 安装前，场段围墙或栅栏应施工完成。

场段电子围栏安装施工流程如图 11-3-1 所示。

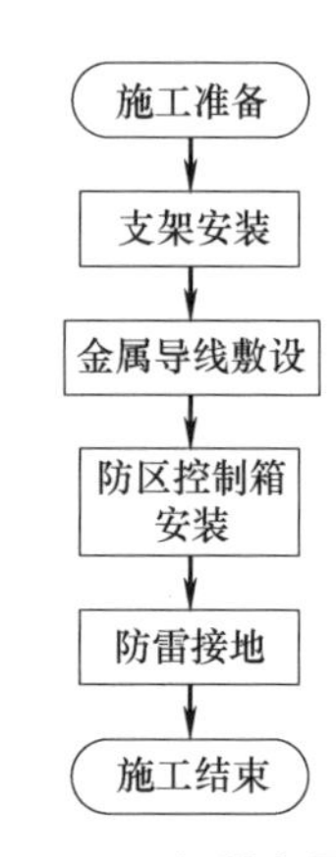

图 11-3-1 场段电子围栏安装施工流程图

11.3.2 精细化施工工艺标准

1. 支架安装应符合下列要求：

（1）支架安装前对安装材料及辅材进行核查，支撑支架、膨胀螺栓、连接螺栓应具备防锈、防腐蚀性能。

（2）防区终端受力杆、防区区间受力杆、防区区间支撑杆的组装应符合产品说明书要求，连接牢固。

(3) 使用膨胀螺栓将支架固定在围墙或栅栏立柱上，安装方式、倾斜角度应符合设计要求，安装应牢固，如图 11-3-2、图 11-3-3 所示。

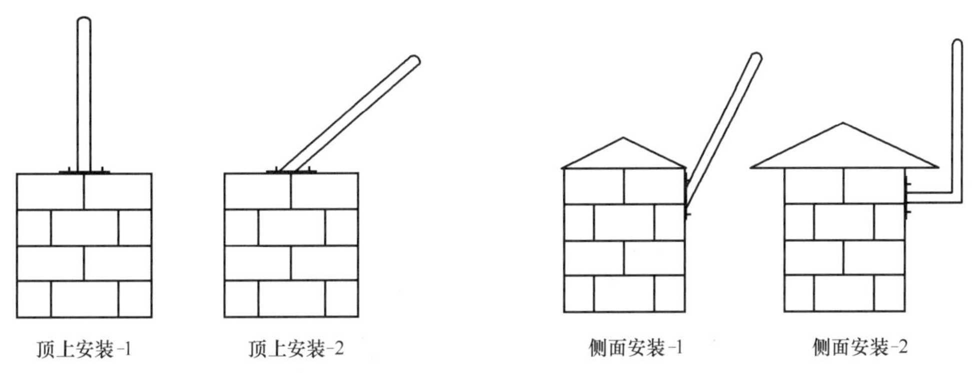

图 11-3-2　顶上安装示意图　　**图 11-3-3　侧面安装示意图**

(4) 每个防区长度不宜大于 50m，防区区间受力杆之间或与防区终端受力杆间距应不大于 25m，支架的间距应小于 5m，如图 11-3-4 所示。

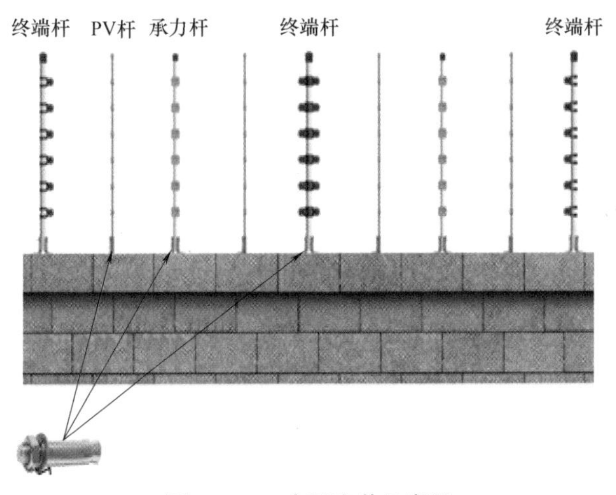

图 11-3-4　支架安装示意图

(5) 防区内，拐角位置应安装防区区间受力杆；拐角的角度小于 120°时，应使用防区终端受力杆。

2. 金属导线敷设应符合下列要求：

(1) 金属导线穿过支架上的绝缘子，并根据产品说明书要求收紧。

(2) 电子围栏最下面一根金属导线距围墙或栅栏距离、电子围栏底部三根金属导线间距均为 120±10mm，其他金属导线间距均为 150±10mm，电子围栏最上一根金属导线距围墙或栅栏距离应不小于 800mm。

(3) 高压绝缘导线应根据产品说明书的要求使用，连接应可靠。

(4) 电子围栏上醒目的位置，每隔 10m 至少悬挂一块警示牌，警示牌有一端固定在支架上。警示牌应有醒目的防止触电标识，字迹清晰，夜间荧光，不易脱落，如图 11-3-5 所示。

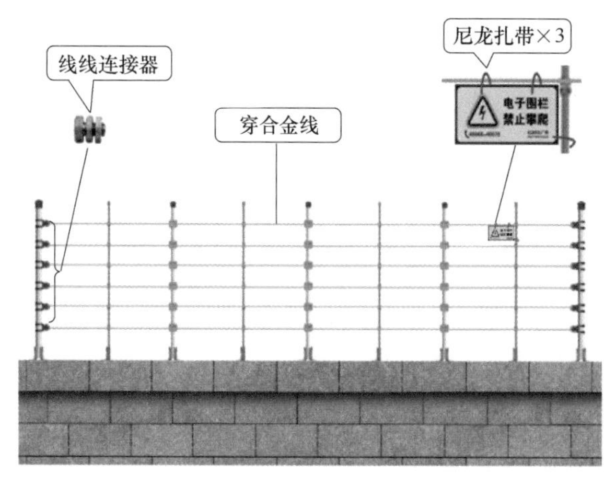

图 11-3-5　金属导线敷设示意图

3. 防区控制箱安装应符合下列要求：

（1）固定防区控制箱时应避开预埋管线，可使用膨胀螺栓固定，应连接牢固。

（2）缆线进出防区控制箱应有防护措施。

（3）根据缆线规格型号、设备接口类型进行成端，并与设备可靠连接。

4. 防雷接地应符合下列要求：

（1）接地体应符合设计要求，接地电阻应小于 10Ω。

（2）电子围栏前端接地不能与其他系统防雷接地、通信接地相连接。

（3）使用接地线缆将电子围栏前端接地桩、避雷器可靠连接，如图 11-3-6 所示。

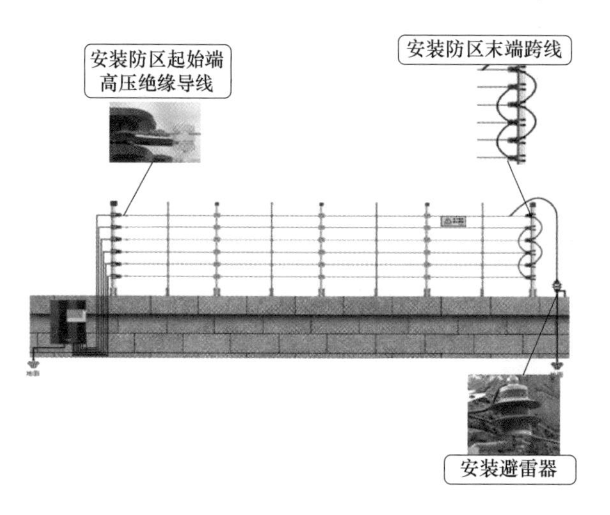

图 11-3-6　防雷接地安装示意图

5. 检查验收应符合下列要求：

（1）支架及设备安装牢固、可靠。

（2）金属导线敷设间距符合验收标准，并已收紧。

（3）防区设置应符合设计和验收标准的要求。

（4）防雷接地应符合设计要求。

11.3.3　精细化管控要点

1. 施工调查阶段应明确划分防区，记录防区拐角位置及角度。

2. 根据施工调查结果合理配置防区终端受力杆、防区区间受力杆、防区区间支撑杆。

3. 支架组装应按照产品说明书要求，绝缘子间距应符合金属导线间距要求。

4. 金属导线敷设后应及时收紧并固定，金属导线与植物、通信线路间距应符合验收标准。

5. 接地体应埋设在导电性能良好的地方，连接应可靠。

11.3.4　效果示例

安装效果如图 11-3-7 所示。

图 11-3-7　电子围栏

11.4　场段振动光缆安装

振动光缆安装于场段围墙上，当光纤传感器受到外界干扰影响时，光纤中传输光的部分特性（即衰减、相位、波长、极化、模场分布和传播时间）随之改变。光的特性变化通过报警控制器的特殊算法和分析处理，区分第三方入侵行为与正常干扰，实现报警及定位功能。

11.4.1　施工流程

1. 核查振动光缆及设备的型号、规格应符合设计及合同要求。

2. 对设防区域进行施工调查，结合施工图及现场合理划分防区；确定防区控制箱安装位置。

3. 安装前，场段围墙或栅栏应施工完成应具备安装振动光缆支架条件。

场段振动光缆安装施工流程如图 11-4-1 所示。

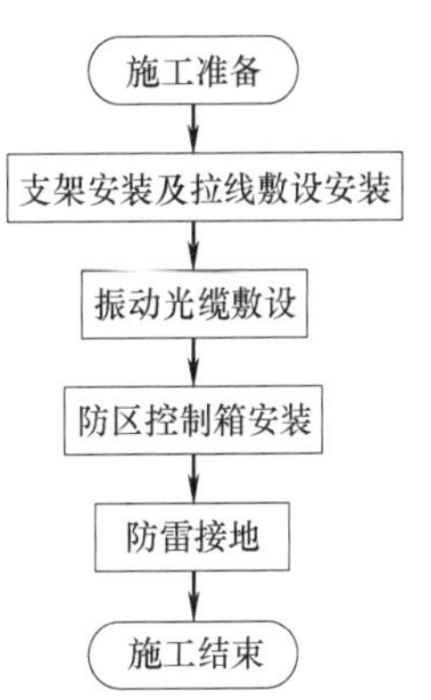

图 11-4-1　场段振动光缆安装施工流程图

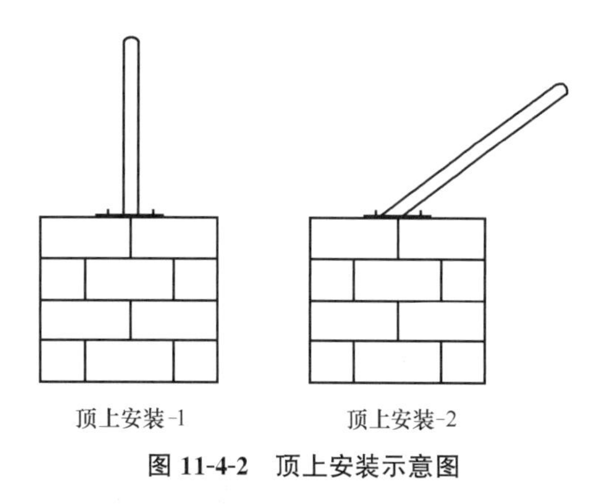

图 11-4-2　顶上安装示意图

11.4.2　精细化施工工艺标准

1. 支架安装及拉线敷设应符合下列要求：

(1) 使用膨胀螺栓将支架固定在围墙或栅栏立柱上，安装方式、倾斜角度应符合设计要求，安装应牢固，支架及膨胀螺栓应具备防锈、防腐蚀性能，如图 11-4-2 所示。

(2) 支架间隔应符合设计要求，拐角位置应安装支架。

(3) 根据设计和产品说明书的要求敷设拉线并收紧。

2. 振动光缆敷设应符合下列要求：

(1) 根据产品说明书及作业指导书敷设振动光缆，并固定在拉线上；固定方式、固定间距、振动光缆弯曲半径应符合设计和产品说明书的要求，如图 11-4-3 所示。

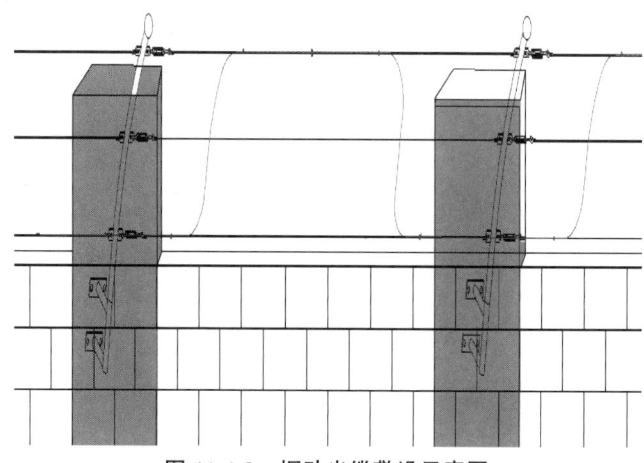
图 11-4-3　振动光缆敷设示意图

(2) 敷设、固定过程中宜对振动光缆的衰耗进行监测，出现较大衰耗时应进行调整。

(3) 场段周界报警应用振动光缆，提高了报警定位的准确度，实现了多入侵点同时识别、同时报警，有效提高了对场段的安全防范能力。

3. 防区控制箱安装应符合下列要求：

(1) 固定防区控制箱时应避开预埋管线，可使用膨胀螺栓固定，应连接牢固。

(2) 缆线进出防区控制箱应有防护措施。

(3) 根据缆线规格型号、设备接口类型进行成端，并与设备可靠连接。

4. 防雷接地应符合下列要求：

(1) 接地体应符合设计要求，接地电阻应小于 10Ω。

(2) 振动光缆前端接地不能与其他系统防雷接地、通信接地相连接。

(3) 使用接地线缆将振动光缆前端接地桩、避雷器可靠连接。

5. 检查验收应符合下列要求：

(1) 支架及设备安装牢固、可靠。

（2）拉线敷设间距符合设计要求，并已收紧。

（3）振动光缆弯曲半径应符合设计要求，固定牢靠。

（4）防区设置应符合设计和验收标准的要求。

（5）防雷接地应符合设计要求。

11.4.3　精细化管控要点

1. 施工调查阶段应明确划分防区，记录防区拐角位置。根据施工调查结果合理配置支架。

2. 拉线敷设后应及时收紧并固定。

3. 振动光缆弯曲半径应符合产品说明书的规定，固定松紧适宜。敷设过程中宜进行衰耗监测，及时发现问题并调整。

4. 接地体应埋设在导电性能良好的地方，连接应可靠。

11.4.4　效果示例

安装效果如图 11-4-4 所示。

图 11-4-4　振动光缆

11.5　入侵探测器安装

入侵探测器安装于布防位置墙面，利用传感器技术自动检测发生在布防监测区域内的入侵行为，将相应信号传输至报警监控中心的报警主机。

11.5.1　施工流程

1. 入侵探测器的型号、规格应符合设计及合同要求。

2. 安装位置的墙面工序应已完成，墙面无渗水，已进行二次粉刷。

入侵探测器安装施工流程如图 11-5-1 所示。

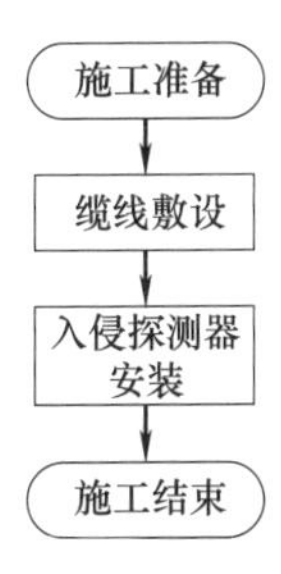

图 11-5-1　入侵探测器安装施工流程图

11.5.2　精细化施工工艺标准

1. 线缆敷设应符合下列要求：

（1）根据施工图纸找到预埋出线盒并清理干净。

（2）缆线敷设应符合第二章通用施工的相关要求。

（3）对缆线逐一对号，确认缆线敷设正确，通路正常，无短路、断路。

（4）核对完成后及时进行台账记录，并张贴标签。

2. 入侵探测器安装应符合下列要求：

（1）安装前检查入侵探测器是否有磕碰、划痕或出现破损，接线端子完好无破损。

（2）入侵探测器安装于预埋出线盒，应整齐美观。

（3）防护对象应在入侵探测器的有效探测范围内。

（4）根据缆线规格型号、接口类型进行成端，并可靠连接。

3. 检查验收应符合下列要求：

（1）入侵探测器安装位置符合设计要求。

（2）入侵探测器安装牢固、美观。

（3）入侵探测器配线正确、连接可靠。

（4）检查入侵探测器是否有盲区，如有盲区应立即进行整改。

11.5.3　精细化管控要点

1. 入侵探测器符合设计和规范要求，合格证、质量检验报告等质量证明文件应齐全。

2. 线缆测试合格，端接正确、整齐。

3. 入侵探测器安装高度、位置符合设计要求，避免有盲区。

11.6　门禁控制箱安装

门禁控制箱主要由门禁控制器及接口模块组成，是门禁系统的主要设备。

11.6.1　施工流程

1. 核查门禁控制箱的型号、规格应符合设计及合同要求。

2. 与装修装饰专业确认 1 米线标高线，安装位置墙面、顶板无渗水、漏水。

门禁控制箱安装施工流程如图 11-6-1 所示。

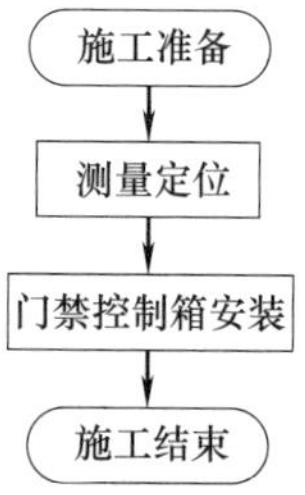

施工准备 → 测量定位 → 门禁控制箱安装 → 施工结束

图 11-6-1　门禁控制箱安装施工流程图

11.6.2　精细化施工工艺标准

1. 测量定位应符合下列要求：

（1）根据施工图纸对现场进行核对，确定门禁控制箱安装位置、安装高度。

（2）门禁控制箱安装位置应结合现场实际情况，避免与其他专业设备位置冲突、避开预埋管线，并方便检修。

（3）按照箱体的实际尺寸，在墙上划出外框，试挂箱体并在安装孔做十字标记。

2. 门禁控制箱安装应符合下列要求：

（1）按拟选用的膨胀螺栓规格确定钻孔尺寸选用相应钻头。

（2）孔眼垂直，不得呈喇叭状，做好清灰处理。

（3）门禁控制箱固定平稳、牢固、无晃动，多个箱体并列安装时排列整齐，如图 11-6-2、图 11-6-3 所示。

（4）所有箱门开启后应留有足够检修空间。

（5）站厅公共区门禁控制箱安装在客服中心内，采用底部进线方式。其他设备区及管理区就地控制箱宜安装在 2000mm 以上位置。

（6）缆线进出门禁控制箱应有防护措施。

（7）根据缆线规格型号、设备接口类型进行成端，并与设备可靠连接。

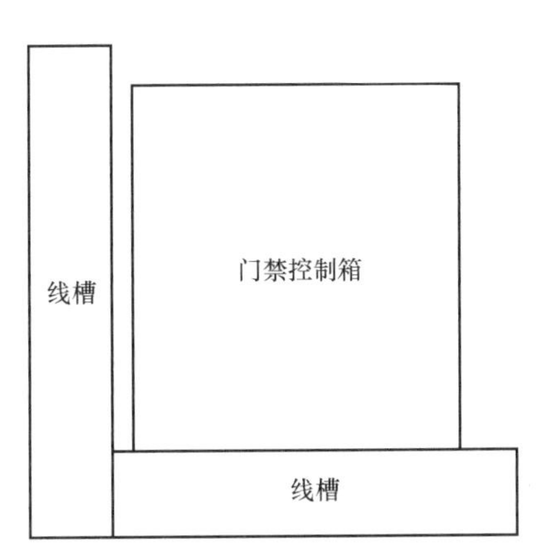

图 11-6-2　门禁控制箱安装示意图

图 11-6-3　门禁控制箱安装

3. 检查验收应符合下列要求：

（1）门禁控制箱安装位置符合设计要求。

（2）门禁控制箱安装牢固、美观。

（3）设备配线正确、连接可靠。

（4）配线完成后，标签标识内容应符合相关要求。

11.6.3　精细化管控要点

1. 门禁控制箱型号、规格和质量应符合设计和合同要求，合格证、质量检验报告等质量证明文件应齐全。

2. 门禁控制箱安装横平竖直，整齐美观、固定牢靠不晃动。

3. 门禁控制箱的箱体应接地可靠，门和箱体的接地端子间应用裸编织铜线或软地线连接。

11.6.4　效果示例

安装效果如图 11-6-4、图 11-6-5 所示。

图 11-6-4　门禁控制箱

图 11-6-5　门禁控制箱内配线

11.7 读卡器及开门按钮安装

读卡器是门禁系统的重要组成部分，具有对通行人员的身份进行识别和确认的作用，是门禁系统信号输入的关键设备，关系着整个门禁系统的稳定性。出门按钮用于释放门磁使人员可正常通行。读卡器、开门按钮安装于门体两侧，以便于操作为原则。

11.7.1 施工流程

1. 核查读卡器及开门按钮的型号、规格应符合设计及合同要求。

2. 安装位置的墙面工序应完成，墙面无渗水，宜先完成二次粉刷。

读卡器及开门安装施工流程如图 11-7-1 所示。

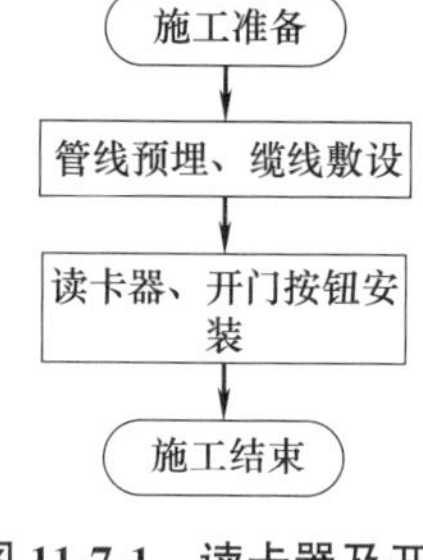

图 11-7-1 读卡器及开门安装施工流程图

11.7.2 精细化施工工艺标准

1. 线缆敷设应符合下列要求：

（1）根据施工图纸找到出线盒并清理干净。

（2）缆线敷设应符合第二章通用施工的相关要求。

（3）对缆线逐一对号，确认缆线敷设正确，通路正常，无短路、断路。

（4）核对完成后及时进行台账记录，并张贴标签。

2. 读卡器及开门按钮安装应符合下列要求：

（1）检查读卡器盒体是否有磕碰、划痕、挤压变形或出现破损，如图 11-7-2 所示。

（2）读卡器附带的线缆外皮应无破损、挤压变形情况。

（3）开门按钮接线端子完好，按键应灵活易于按压。

（4）紧急出门按钮玻璃盖板、接线端子完好无破损，如图 11-7-3 所示。

（5）读卡器、开门按钮安装于预埋出线盒，应横平竖直、整齐美观，并排安装时间隔均匀。

图 11-7-2 读卡器安装

图 11-7-3 紧急开门按钮安装

（6）根据缆线规格型号、接口类型进行成端，并可靠连接。

3. 检查验收应符合下列要求：

（1）读卡器及开门按钮安装位置符合设计要求。

（2）读卡器及开门按钮安装牢固、美观。

（3）读卡器及开门按钮配线正确、连接可靠。

11.7.3　精细化管控要点

1. 读卡器、开门按钮符合设计和规范要求，合格证、质量检验报告等质量证明文件应齐全。

2. 线缆逐根核对测试合格，接线符合成端工艺要求。

3. 读卡器、开门按钮安装高度、位置符合设计要求，在同区域内与其他面板高度保持一致，整齐美观。

4. 紧急疏散通道的读卡器安装方向应正确。

11.7.4　效果示例

安装效果如图 11-7-4、图 11-7-5 所示。

图 11-7-4　读卡器

图 11-7-5　保护标识

11.8　安检设备安装

安检设备是借助于输送带将被检查行李送入 X 射线检查通道而完成检查的电子设备，用于发现旅客携带的违禁物品，由 X 射线检测设备、操作台、显示器、辅助摄像机、阅图工作站、安检门等设备组成。

11.8.1　施工流程

1. 核查安检设备的型号、规格应符合设计及合同要求。

2. 检查安装区域的地面装修情况，其进度应满足安检设备的安装要求。

3. 检查安检设备顶部其他专业的施工情况，其进度应满足安检设备的安装要求。

4. 现场提前踏勘运输线路，如需使用大型吊装设备，需编制运输方案，并报监理审核通过后，方可运输安装。

5. 确认电源插座、网络接口面板位置满足安检设备安装的要求。

安检设备安装施工流程如图 11-8-1 所示。

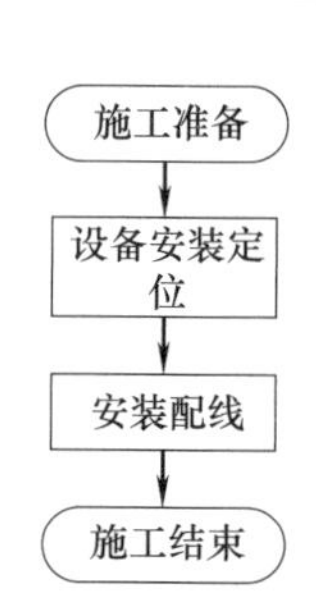

图 11-8-1　安检设备安装施工流程图

11.8.2　精细化施工工艺标准

1. 设备安装定位应符合下列要求：

（1）依据设计图纸，结合运营单位和公安需求确定设备最终定位，预留空间应满足安检设备安装需求，如图 11-8-2 所示。

（2）设备附近电源插座类型、数量、额定电流应符合设备安装要求。电源插座和网络接口面板宜设置在靠近阅图工作站一侧。

2. 安装配线应符合下列要求：

（1）将设备搬运到指定安装位置，保留设备维修所需空间。

（2）按照产品说明书要求装配设备各部件。

（3）摆放操作台、显示器、操作键盘，位置应符合运营单位要求。

（4）应根据产品说明书连接好电源电缆、操作键盘电缆、USB 电缆和显示器信号电缆等线缆，如图 11-8-3 所示。

图 11-8-2　安检预留空间

图 11-8-3　设备电缆连接

（5）设备安装后应静置 30min，静置期间禁止通电。

3. 检查验收应符合下列要求：

（1）安检机的传输带应在同一水平面。

（2）安检机的罩板安装应严丝合缝。

（3）入口和出口摄像机的照射范围应覆盖全面。

（4）一键报警器信号需覆盖站厅公共区域、警务室及车控室。

11.8.3　精细化管控要点

1. 安检机的传输带应在同一水平面。

2. 入口和出口区域应全部在摄像机照射范围内。

3. 检查安检机的罩板，应安装严丝合缝，避免射线泄漏剂量超标。

4. 安检机在投入使用之前，应做好设备成品保护，以免设备在其他专业施工期间造成破坏或污染。

5. 所有安检设备应设置专用保护接地线进行接地。

11.8.4　效果示例

安装效果如图 11-8-4、图 11-8-5 所示。

图 11-8-4　整体效果图

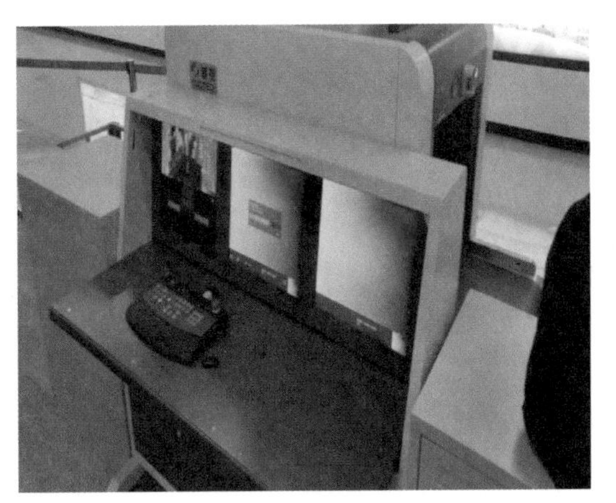

图 11-8-5　阅图工作站

参考文献

[1] 中华人民共和国国家标准. 地铁设计规范 GB 50157—2013 [S]. 北京：中国建筑工业出版社，2013.
[2] 中华人民共和国国家标准. 综合布线系统工程验收规范 GB/T 50312—2016 [S]. 北京：中国计划出版社，2016.
[3] 中华人民共和国国家标准. 城市轨道交通信号工程施工质量验收标准 GB/T 50578—2018 [S]. 北京：中国计划出版社，2018.
[4] 中华人民共和国国家标准. 城市轨道交通通信工程质量验收规范 GB 50382—2016 [S]. 北京：中国计划出版社，2016.
[5] 中华人民共和国国家标准. 城市轨道交通自动售检票系统工程质量验收标准 GB/T 50381—2018 [S]. 北京：中国计划出版社，2018.
[6] 中华人民共和国国家标准. 建筑防火封堵应用技术标准 GB/T 51410—2020 [S]. 北京：中国计划出版社，2020.
[7] 中华人民共和国国家标准. 城市轨道交通工程项目规范 GB 55033—2022 [S]. 北京：中国建筑工业出版社，2022.
[8] 王著龄，等. 电力系统工程设计（第三版）[M]. 北京：中国电力出版社，2017.
[9] 童岩峰，等. 城市轨道交通供电技术（第 2 版）[M]. 北京：人民交通出版社，2023.
[10] 王城，等. 牵引供电与信号 [M]. 北京：中国铁路出版社，2018.
[11] 北京市轨道交通建设管理有限公司，中铁四局集团电气化工程有限公司. 城市轨道交通信号系统工程安装技术指南 [R]. 北京：中国城市轨道交通协会，2018.
[12] 贾毓杰，王红光. 城市轨道交通通信与信号（第三版）[M]. 北京：中国铁道出版社，2019.
[13] 魏强. 郑州城市轨道交通消防安全管理水平提升对策研究 [C]. 郑州：郑州大学，2019.
[14] 李玮. 轨道交通屏蔽门技术与工程管理 [M]. 北京：人民交通出版社，2017.
[15] 冯耕途. 轨道交通自动售检票系统技术与应用（第二版）[M]. 北京：人民交通出版社，2019.
[16] 荆怡. 轨道交通安防技术与管理 [M]. 北京：人民交通出版社，2017.
[17] 地铁工程机电设备系统重点施工工艺 14ST201-1～7 [S]. 北京：中国计划出版社，2014.
[18] 中华人民共和国国家标准. 气体灭火系统设计规范 GB 50370—2005 [S]. 北京：中国计划出版社，2006.
[19] 中华人民共和国国家标准. 气体灭火系统施工及验收规范 GB 50263—2007 [S]. 北京：中国计划出版社，2007.
[20] 中华人民共和国国家标准. 火灾自动报警系统施工及验收标准 GB 50166—2019 [S]. 北京：中国计划出版社，2018.
[21] 气体消防系统选用、安装与建筑灭火器配置 07S207 [S]. 北京：中国计划出版社，2007.
[22] 火灾自动报警系统设计规范图示 14X505-1 [S]. 北京：中国计划出版社，2015.
[23] 中华人民共和国行业标准. 城市轨道交通站台屏蔽门系统技术规范 CJJ 183—2012 [S]. 北京：中国建筑工业出版社，2012.
[24] 中华人民共和国国家标准. 地下铁道工程施工质量验收标准 GB/T 50299—2018 [S]. 北京：中国建筑工业出版社，2018.
[25] 中华人民共和国行业标准. 城市轨道交通站台屏蔽门 CJ/T 236—2022 [S]. 北京：中国计划出版社，2022.